KB131891

대한민국

물따라 산따라
자전거로 즐기는
생애 가장
건강한 휴가

자전거길 가이드

이준휘 지음

대한민국 자전거길 가이드

물따라 산따라
자전거로 즐기는
생애 가장 건강한 휴가

이준휘 지음

중앙books

프롤로그

내 생애 첫 자전거여행은 대학교 3학년 여름방학이었다. 1990년대 그럭저럭 대학생활을 하고 있던 필자는 남아도는 시간과 젊은 혈기를 주체하지 못하고 있었다. IMF 사태가 터지기 전이어서 요즘같이 빡빡하지 않았고 스펙 쌓기란 용어도 등장하기 전이었다. 취업 준비에 열 올릴 일도 없던 아주 편안한 호시절이었다. 그래도 곧 졸업반이 되고 사회에 나갈 텐데 그전에 뭔가 기억에 남을 만한 일을 해보고 싶었다. 천성적으로 돌아다니는 것을 좋아했던 탓에 방학이 되면 죽이 맞는 친구와 종주 산행을 즐겼지만, 그해에는 더 특별한 걸 해보고 싶었다. 방학을 며칠 앞둔 어느 날, 동해로 자전거여행을 떠나고 싶다는 생각이 불쑥 떠올랐다.

지금 생각해도 특이한 일이었다. 자전거조차 없던 학생이 왜 그런 생각을 했을까? 대책 없는 걸 좋아하던 친구 한 녀석과 의기투합했다. 낡은 배낭에 옷가지와 코펠, 버너 그리고 2인용 텐트를 주섬주섬 나눠 담고 찢어진 청바지에 운동화를 신고 무작정 강릉으로 길을 나섰다. 강릉에 도착해 처음으로 할 일은 자전거를 구하는 것이었다. 별로 가진 게 없던 우리에게 100,000원에 육박하는 생활형자전거는 그림의 떡이었다. 자전거 가게 몇 곳을 돌아다니던 우리들은 초라한 현실을 깨닫고 작전을 바꿨다. 경포대로 발걸음을 옮겼다. 지금도 그렇지만 경포호 일대에는 자전거 대여소가 있었다. 그곳에서 영업하던 대여소 사장님께 사정을 말씀 드리고 중고자전거를 1대당 20,000원에 구입했다. 드디어 우리는 자전거 여행자가 된 것이다. 자전거의 형태는 단순했다. 무단 기어에 짐받이도 없었고 정말 바퀴와 브레이크만 달려 있었다. 게다가 노란색 프레임은 때 구정물이 꼬질꼬질하게 묻어 있었다. 그야말로 요즘처럼 멋들어진 자전거와는 비교도 안 되는 수준이었지만, 고생 끝에 얻은 자전거라 그조차도 감격했다. 20,000원으로 이렇게 좋은 자전거를 구한 건 행운이라며 서로 격려하고 여행의 기세를 한껏 끌어올렸다.

드디어 출발! 배낭 바깥에 대충 구겨 넣은 전국지도 한 장에 의지해 우리는 7번 국도를 타고 남쪽을 향해 달리기 시작했다. 스마트폰도, 내비게이션도 없던 시절이었으니 복잡한 강릉시내를 빠져 나오는 길을 찾는 데도 한참 걸렸다. 현지에서 길을 물어보는 사람마다 서로 다른 방향을 알려주니 정말 환장할 노릇이었다. 어찌 어찌 시내를 벗어나 첫 번째 오르막길과 조우했다. 안인해변 근처라는 건 나중에 알았다. 때는 장마가 끝난 7월 중순, 아스팔트의 열기에 이미 온몸은 땀에 흠뻑 젖어버렸고, 짐받이가 없어 어깨에 메고 있던 배낭은 점점 살갗을 파고들었다. 지금 생각해보면 백패킹 배낭을 멘 상태로 픽시자전거를 타고 전국 일주에 나선 꼴이었다. 물론 프레임 사이즈도 안 맞았다. 남는 것은 시간이요 가진 건 체력밖에 없던 그 무모한 시절에도 끌바로 언덕을 오를 땐 '뭔가 잘못 생각한 게 아닌가' 하는 후회와 두려움이 잠시 뇌리를 스쳐 지나갔다. 간신히 언덕 위에 오르자마자 자리에 털썩 주저앉아버렸다. 당시 흡연자였던 나는 담배 한 개비를 꺼내 피우며 거칠어진 호흡을 가라 앉혔다. 맥박과 호흡이 가라 앉자 그제야 주변 풍경이 눈앞에 들어오기 시작했다.

바다다! 눈부신 태양 아래 한껏 푸르른 동해바다가 눈앞에 있었다. 잠시 정신줄을 놓았던 우리는 해안도로를 타고 기세 좋게 내리막을 달리다가 언덕을 만나면 다시 끌바를 반복했다. 그리고 얼마 지나지 않아 그 유명한 정동진역에 도착했다. 지금이야 서울의 어느 유흥가 못지않게 수많은 상점으로 둘러싸여 있는 관광명소지만, 당시에는 드라마 〈모래시계〉가 방영되기 전이어서 새하얀 모래밭 위 작은 역사만 덩그러니 있는 태고의 모습이었다. '우리나라에도 이렇게 멋진 곳이 있었구나.' 한참이나 정동진역 주변을 서성거리며 경관에 취했다.

그 이후로 여행은 환상적이었다. 첫날은 온몸이 쑤시며 꽤 힘들었지만 하루 이틀 지나니 몸에도 인이 박혔다. 경관이 좋은 곳을 발견하면 그냥 자리를 깔고 드러누웠다. 오늘은 어디까지 꼭 가야 한다는 목적도 없었다. 지루해지면 자리를 뜨고 달리고 싶으면 또 달렸다. 강릉에서 시작해 동해와 삼척 일대를 자전거로 돌아다녔다. 저녁이 되면 해변에 텐트를 치고 밥을 해먹고 소주 한 잔을 기울였다. 어느덧 즐거웠던 시간도 순식간에 지나고 집으로 돌아갈 시간이 됐다. 우리는 삼척터미널에서 동네 아이들에게 정든 자전거를 나눠주고선 다시 서울로 돌아와 여행을 마감했다.

그 뒤로 취업과 다시 진학, 그리고 결혼과 출산 같은 수많은 인생의 이벤트가 일어나고 또 지나갔다. 주말이면 여행도 많이 다녔다. 차도 생기고 돈도 벌면서 더 자유롭게 가보고 싶은 곳을 갈 수 있게 됐다. 해외를 비롯해 여러 곳을 찾아 다녔지만 그때의 자전거여행은 지금까지도 잊혀지지 않는다. 오히려 시간이 지날수록 안인해변에서 바라봤던 동해바다의 모습과 정동진의 풍경은 뇌리에 박혀 선명하게 떠오른다.

20여 년의 세월이 흘러 철없던 두 젊은이가 여행했던 7번 국도에는 자전거 여행자를 위한 '동해안 종주 자전거길'이 완공되었다. 격세지감을 느끼며 이번에는 가족과 함께 다시 한번 여행길에 나섰다. 세월은 흘렀지만 20대 때 바라보던 동해바다의 풍경은 변함없이 그 자리를 지키고 있었다.

첫 번째 자전거여행 책을 쓴 지도 4년이 지났다. 물론 그 뒤로 필자와 우리 가족의 여행은 끊이지 않고 계속됐다. 자전거 타기 좋은 코스를 찾아 주말이면 전국을 돌아다녔다. 캠핑을 갈 때도 자전거는 빼놓지 않았다. 캠핑장 주변의 임도와 산을 자전거로 달리며 주변을 탐험했다. 낯선 도시를 여행할 때도 자전거는 필수품이 되었다. 자전거를 타고 돌아본 도시는 자동차나 도보로 여행할 때와는 전혀 다른 느낌으로 다가왔다.

모든 여행의 시작은 설렘에서 시작된다. 어쩌다 본 한 장의 멋진 사진과 한 줄의 글에 우리는 공감하고 설렌다. 설렘이 없다면 우리는 떠나려 하지 않기 때문이다. 이 책에서는 아름다운 자전거길 49 코스를 소개하고 있다. 필자가 보석같이 아껴뒀던 코스들 중에서도 멋진 경치를 즐길 수 있는 코스들을 엄선했다. 한 번 가보고 나서 다시 생각나지 않는 코스가 아니라 동해안 7번 국도 같이 세월이 흐르고 계절이 변해도 언제든 다시 달려보고 싶은 코스들이다. 이 책을 읽은 독자들과 자전거여행의 설렘을 함께 나누고 싶다.

2020년 여름

이준휘

Thanks for

즐거운 자전거여행을 함께해 주는 우리 가족에게 감사하다. 출간을 위해 노력해주신 출판사 중앙북스에게도 감사의 인사를 드린다. 출간을 위해 아낌없는 지원을 해주신 트렉바이시클 코리아에도 지면을 통해 인사 드린다. 이 책에 조언을 아끼지 않은 은락 군과 김기용 님, 조용식 님 그리고 선자령, 함백산에 동행해 준 떼오돌 군과 부산의 아름다운 자전거길을 소개해주신 박규태 차장님께도 감사하다. 우리 가족에게 선의의 도움을 주셨던 길 위에서 만난 많은 분들께도 지면을 통해 다시 한번 감사의 인사를 드린다.

우리나라 아름다운 자전거여행 코스 49

『대한민국 자전거길 가이드』는 자전거여행 전문가가 엄선한 아름다운 풍경의 자전거여행 코스 49곳에 대한 정보를 담고 있다. 물길, 산길, 비경길 등 여행 스타일에 맞춰 선택할 수 있다.

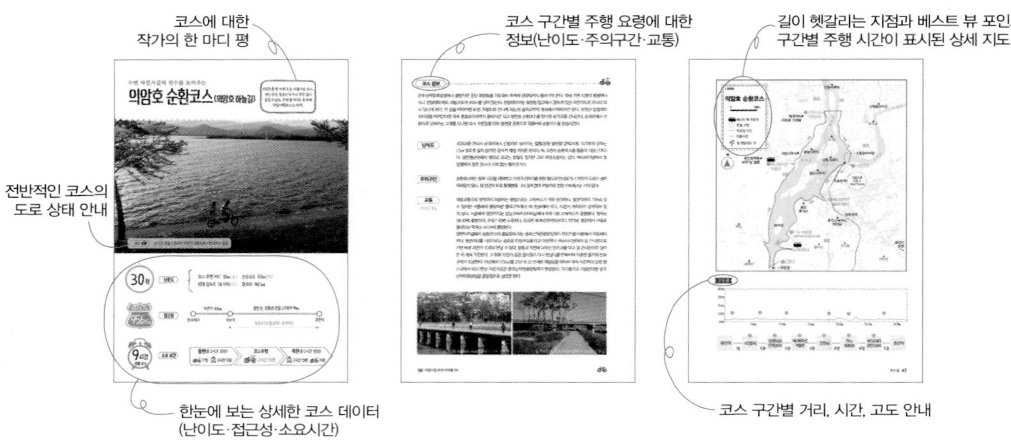

작가가 직접 달리며 기록 · 분석한 친절한 코스 정보

난이도

난이도는 코스의 어려운 정도를 나타내는 지표다. 점수로 표시되며, 점수가 높을수록 어려운 코스라는 의미. 난이도는 4가지를 기준으로 측정했다. 첫 번째로 코스의 길이, 두 번째는 상승고도(업힐 구간의 총 수직 상승 높이), 세 번째는 가장 경사가 가파른 지점의 최대경사도, 네 번째는 칼로리 소모량(성인 남성 기준)이다. 여기에 실제로 주행했던 작가의 경험과 노면 상태 등을 추가로 고려해 수치를 보정했다.

접근성

출발지에서 코스가 시작되는 시발점까지의 거리, 코스까지 이동하는 교통수단과 이동 거리를 표시한다. 모든 코스의 출발점은 반포대교를 기준으로 했다. 반포대교가 잠수대교를 통해 강남과 강북을 연결하는 자전거 교통의 요지인 점을 고려했다. 대중교통으로 접근 가능한 곳인지를 표시했고 이동 수단별 거리는 속도계와 포털사이트의 지도 서비스 결과값을 이용했다.

소요시간

코스까지 이동 시간, 실제 라이딩 시간, 출발지로 되돌아오는 데 걸리는 시간 모두 한 눈에 볼 수 있다. 이동 시간에 교통 정체 등 예외 사항은 제외했고, 코스 주행 시간은 작가의 실제 라이딩 측정값을 기본으로 했다. 당일 코스는 왕복 시간과 코스 주행 시간을 표시했으며, 1박 2일 이상의 여행은 여행 시작일부터 종료일까지의 누적 주행 시간을 표시했다. 자전거의 종류, 주변의 경관, 그리고 라이딩 실력에 따라 시간 차이가 발생할 수 있다.

코스 상태

코스 상태는 도로의 포장, 자전거 전용도로, 안내표지에 대한 전반적인 도로 상황을 알려준다. 첫 번째 정보는 도로의 포장 여부다. 전 구간이 포장돼 있는지 비포장 구간을 일부 포함하고 있는지 표시한다. 두 번째는 자전거 전용도로 유무다. 전 구간을 자전거 전용도로로 라이딩 하는 코스뿐 아니라 일반 공도를 주행하는 코스도 있다. 세 번째는 안내표지의 유무다. 일반 공도를 주행하는 구간은 도로 표지판을 참고해 경로를 찾아가야 한다.

코스별 보급, 맛집과 볼거리, 숙박 정보

자전거여행을 하면서 그 지역에서만 맛볼 수 있는 특색 있는 먹거리 위주의 시장과 맛집, 여행의 재미를 더하는 자연휴양림 캠핑 등의 숙박시설, 주변 관광지 등 정보도 소개한다. 모두 작가가 직접 방문해본 곳으로 저렴하면서도 일행 모두가 함께 즐길 수 있는 곳을 추천했다.

* 이 책에 수록된 자전거여행 관련 교통, 식당, 숙박 등의 운영 시간과 요금 정보는 2020년 8월까지 수집한 정보를 담았습니다. 업체 사정에 따라 언제든지 변경될 수 있으므로, 여행 전에 미리 변경된 정보는 없는지 전화로 문의하거나 홈페이지를 참고해 계획하는 것이 가장 좋습니다.
* 각 지표는 무선 GPS 속도계의 로그데이터를 기반으로 추출했고, 측정 오차를 포함하고 있을 수 있습니다.
* 이 책에 수록된 자전거여행 코스는 자전거 전용도로뿐만 아니라 일반도로와 임도 구간도 다수 포함하고 있습니다. 일반도로 구간에서는 항상 주변 차량의 흐름을 주시하고, 도로교통법에 따라 안전하게 자전거를 주행해야 합니다.

차례

물길 따라 라이딩

01 호수길

02 바닷길

03 섬길

차례

산길 따라 라이딩

04 바람길

05 산길(산과 령, 그리고 재)

06 숲길

명소 따라 라이딩

꽃비 내리는 봄철 라이딩 코스 BEST5

BEST 01

경주 도심 순환코스 —— **경상북도 경주시**

난이도 30점, 매년 봄 경주는 분홍색 벚꽃으로 뒤덮인다. 보문호수 주변은 물론, 특히 반월성 주변은 유채꽃과 벚꽃이 어우러져 아름답다(p.236).

BEST 02

청풍호 순환코스 —— **충청북도 제천시**

난이도 50점, 청풍호 주변 도로는 봄이 되면 온통 벚꽃길로 바뀐다. 매년 청풍호 벚꽃축제가 열리는데 경주보다 1주일 정도 개화시기가 늦다(p.063).

BEST 03

탄금호 순환코스 —— **충청북도 충주시**

난이도 40점, 탄금호를 한 바퀴 돌아오는 43㎞의 자전거 코스. 특히 충주댐으로 올라가는 수변길은 봄이면 벚꽃터널이 만들어진다(p.068).

BEST 04

영천호 순환코스 —— **경상북도 영천시**

난이도 40점, 28㎞의 짧은 순환코스. 벚꽃길은 영천댐 초입부터 시작해 천문과학관을 지나 횡계리까지 100리길에 걸쳐 이어진다(p.079).

BEST 05

용담호 순환코스 —— **전라북도 진안군**

난이도 40점, 환상의 드라이브 코스인 용담호 수변도로. 봄이면 벚꽃길로 화사하게 옷을 갈아입는다. 코스 거리는 42㎞(p.073).

신록이 짙어지는 여름철 라이딩 코스 BEST5

BEST 01

이끼터널 구간 —— **단양-예천 종주코스**

난이도 70점, 하절기에는 단양군 적성면에 녹색의 이끼터널이 만들어진다. 계곡을 따라 올라가는 코스도 시원스럽다(p.210).

BEST 02

안반데기 구간 —— **횡계-강릉 코스**

난이도 60점, 구름 위의 땅 안반데기는 여름이면 배추로 뒤덮인 녹색 카펫이 깔린다. 가을이 다가오면 배추 수확이 시작된다(p.150).

BEST 03

맹방해변 구간 —— **임원-동해 종주코스**

난이도 60점, 삼척시내를 얼마 남겨 놓지 않고 만나는 해변길. 명사십리길로 불리는 백사장이 끝없이 펼쳐진다. 자전거길은 백사장과 나란히 달린다(p.099).

BEST 04

명사십리해변 —— **비금-도초도 순환코스**

난이도 50점, 도초도 북쪽 명사십리해변은 바닥이 단단해 산악자전거로 라이딩이 가능하다. 파도 치는 해변을 달려보는 독특한 체험이 가능하다(p.126).

BEST 05

백봉전망대 가는 길 —— **청풍호 순환코스**

난이도 50점, 청풍호 순환코스 중 다불리의 백봉산전망대로 가는 길. 여름이면 이름 모를 야생화들이 지천을 뒤덮는다. 전망대에서 내려다보는 옥순대교와 옥순봉의 전망도 시원하다(p.063).

BEST OF BEST

깊어가는 가을 라이딩 코스 BEST5

BEST 01

간월재 순환코스 ———— **경상북도 울주군**

난이도 80점, 바람이 쉬어가는 간월재에는 수십만 평의 억새평원이 펼쳐져 있다. 가을이면 황금빛으로 빛나는 억새밭이 장관이다(p.181).

BEST 02

무주구천동 종주코스 ———— **전라북도 무주군**

난이도 60점, 덕유산 자락의 무주구천동은 가을이면 오색단풍으로 옷을 갈아입는다. 투명한 계곡물이 비친 단풍은 더욱 곱게 물든다(p.215).

BEST 03

오서산 순환코스 ———— **충청남도 홍성군**

난이도 70점, 서해 최고봉 오서산 정상도 가을이면 억새로 뒤덮인다. 서해 낙조와 어우러지는 풍경은 더욱 아름답다. 바다에는 제철 해산물도 가득하다(p.186).

BEST 04

청산도 순환코스 ———— **전라남도 완도군**

난이도 60점, 청보리밭과 유채꽃으로 유명한 청산도는 가을에도 아름답다. 코스모스와 양털 구름, 그리고 높아진 하늘이 여행객들을 반긴다(p.116).

BEST 05

태기산풍력발전단지 순환코스

———— **강원도 평창군**

난이도 80점, 태기산 정상으로 오르기 위해 우선 양구두미재로 가야 한다. 청명한 가을 하늘과 곱게 물든 단풍 그리고 정상의 풍차들이 멋진 풍경을 만들어낸다(p.156).

업힐의 수고로움은 눈 녹듯 사라지는 전망 좋은 라이딩 코스 BEST5

BEST 01

안동-용궁 종주코스 ———— **경상북도 안동-문경**

난이도 70점, 부용대에서 내려다보는 하회마을과 장안사 전망대에서 바라보는 회룡포의 모습은 낙동강과 내성천이 만들어낸 걸작품이다(p.223).

BEST 02

선자령 순환코스 ———— **강원도 평창군**

난이도 60점, 정상에 도착하면 오른쪽으로는 동해바다, 왼쪽으로는 목장지대가 펼쳐진다. 능선을 따라 도열한 풍차가 장관을 이룬다(p.143).

BEST 03

지리산 순환코스 ———— **경상북도 함양군**

난이도 80점, 함양에서 지안치로 오르는 길은 마치 뱀이 꿈틀거리듯 구불거린다. 한국의 아름다운길 100선에 선정된 곳이기도 하다(p.176).

BEST 04

함백산 종주코스 ———— **강원도 태백시**

난이도 80점, 전국에서 5번째로 높은 산(해발 1,573m) 정상에서 내려다보는 주변은 거칠 것이 없다. 우리나라에서 자전거로 오를 수 있는 가장 높은 곳(p.168).

BEST 05

황령산 업힐 코스 ———— **부산광역시**

난이도 80점, 높이는 불과 427m지만 오르기 쉽지 않은 산. 고생한 만큼 정상에 서면 부산시내가 한눈에 들어온다. 야경 명소이기도 하다(p.257).

도시여행과 라이딩을 한 번에 공영자전거 라이딩 코스 BEST5

BEST 01

순천 동천 자전거길 ——— **전라남도 순천시**

난이도 20점, 동천변을 따라 순천의 주요 관광지 순천만과 순천국가정원이 연결된다. 대여와 반납이 자유로운 공영 자전거 대여 시스템이 편리하다(p.259).

BEST 02

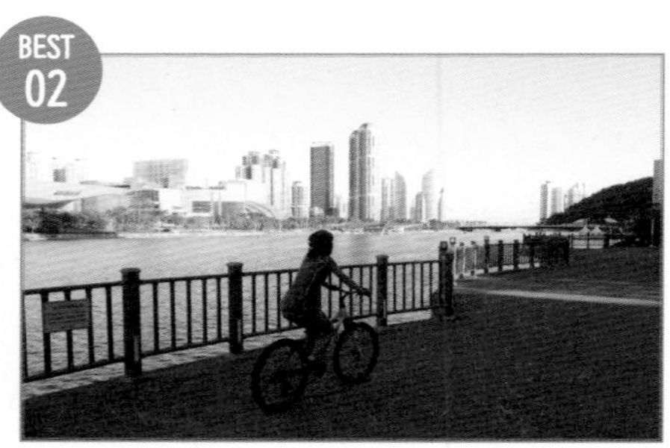

온천천 자전거길 ——— **부산광역시**

난이도 30점, 복잡한 부산을 남북으로 가로지르는 온천천 자전거길을 이용하면 터미널에서 해운대와 광안리로 쉽게 이동할 수 있다(p.251).

BEST 03

전주천 자전거길 ——— **전라북도 전주시**

난이도 20점, 전주천 자전거길을 따라 남부시장과 한옥마을을 여행할 수 있다. 폐철로인 '바람 쐬는 길'을 달리는 재미도 제법 쏠쏠하다(p.246).

BEST 04

남강 자전거길 ——— **경상남도 진주시**

난이도 50점, 지리산과 가까운 진주시를 가로지르는 남강은 맑고 청명한 분위기다. 강변의 대나무 숲이 한껏 운치를 더한다(p.241).

BEST 05

군산 자전거길 ——— **전라북도 군산시**

난이도 30점, 군산 구도심과 호수길을 잇는 코스. 근현대로의 시간 여행을 하는 듯한 착각을 불러일으킨다(p.264).

자연에서의 하룻밤 휴식 휴양림 라이딩 코스 BEST 5

BEST 01

운주산자연휴양림 ——— 영천호 순환코스

난이도 40점, 코스 바로 인근에 있으며, 온통 리기다소나무로 둘러싸여 있어 정돈된 분위기를 풍긴다. 승마장도 운영해 승마 체험은 물론 레슨도 받을 수 있다(p.079).

BEST 02

용현자연휴양림 ——— 용현계곡 순환코스

난이도 60점, 용현계곡 한가운데에 위치한 부드럽고 따뜻한 느낌의 휴양림. 야영장은 황토온열데크가 설치되어 있어 한겨울에도 운영한다(p.198).

BEST 03

운장산자연휴양림 ——— 용담호 순환코스

난이도 40점, 진안군 운장산 자락 중에서도 갈거계곡 초입에 위치하고 있는 휴양림. 야영장은 계곡 가장 깊숙한 곳에 있다. 코스 바로 인근에 위치해 편리하다(p.073).

BEST 04

장성 축령산 치유의 숲 ——— 장성 축령산 순환코스

난이도 60점, 편백나무숲이 잘 조성되어 있는 곳으로, 산림청에서 운영하는 치유의 숲이 운영되고 있다. 전문 숲 치유사의 안내로 진행되는 프로그램에 참여할 수 있다(p.192).

BEST 05

덕유산자연휴양림 ——— 무주구천동 종주코스

난이도60점, 덕유산국립공원 맞은편에 위치하고 있는 휴양림이다. 울창한 침엽수림 속에 위치한 야영장이 매력적이다. 무주구천동 관광의 베이스캠프로 입지가 좋다(p.215).

국수 로드 |

맛있는 현지 음식은 여행의 또 다른 즐거움이다. 그중 면 요리는 가볍게 먹을 수 있고, 부담 없는 가격으로 한 끼를 해결할 수 있어 라이더들이 선호하는 음식이다.

송정해변막국수의 물막국수

고 정주영 회장도 즐겨 찾았다는 막국수집.

(p.107 동해-속초 종주코스)

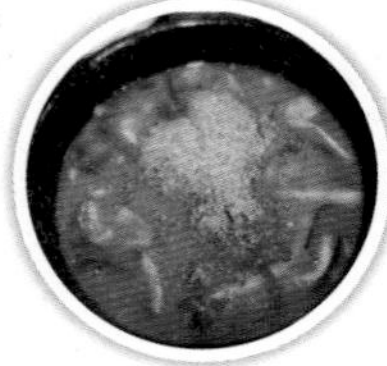

금강식당의 어죽국수

깨끗한 금강상류에서 잡은 물고기로 만든 어죽국수 전문점.

(p.220 무주구천동 종주코스)

원가야밀면의 물밀면

한약재로 만들었다는 육수와 면발의 궁합이 환상적.

(p.256 부산-용궁사 종주코스)

수성반점의 해물짬뽕

횟집이 즐비한 해변에서 만난 반가운 중국집. 옛 맛이 떠오르는 음식들이 정겹다.

(p.114 속초-고성 종주코스)

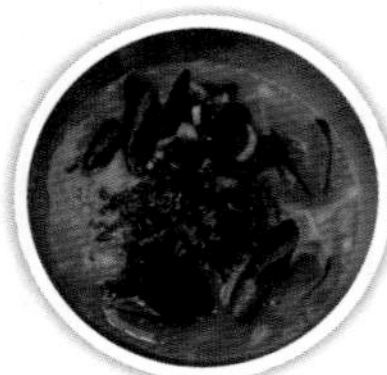

옥이네 분식의 홍합장칼국수

칼칼한 장칼국수에 홍합을 아낌없이 가득 넣어준다. 가격은 4,000원.

(p.104 임원-동해 종주코스)

풍미당의 물쫄면

따뜻한 국물에 말아 나오는 쫄면. 식감이 독특하다.

(p.090 옥천 향수100리길 순환코스)

장평막국수의 물막국수

메밀로 유명한 지역이라 거칠고 투박한 스타일로 막국수를 말아낸다.

(p.158 태기산 순환코스)

진주중앙시장 삼성분식의 쫄면

쫄면이 생각날 줄은 상상도 못했다. 훅하고 입으로 들어오는 맛이 인상적이다.

(p.243 진주 순환코스)

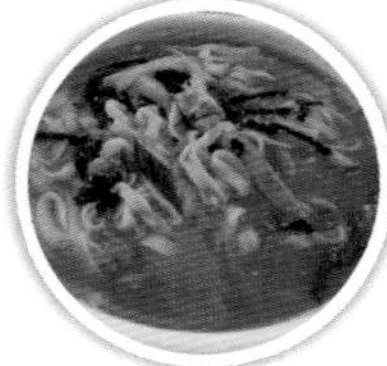

항구마차의 대게 칼국수

동해안에 왔으면 칼국수에 대게 다리 정도는 들어 있어야지.

(p.107 동해-속초 종주코스)

영성각의 짬뽕

해미읍성 인근에서 가장 인기 있는 중국집. 중독성 있는 맛이다.

(p.202 용현계곡 순환코스)

별미 로드 |

여행까지 와서 매번 먹는 익숙한 음식만 먹을 수는 없다. 자전거여행 중 현지에서만 맛볼 수 있는 독특한 지역 별미들을 소개한다.

보광식당의 간재미 무침

간재미는 서해안에서 흔하게 잡히는 생선이다. 봄이 제철로, 새콤한 양념이 환상적이다.
(p.130 비금-도초도 순환코스)

백수식당의 육회비빔밥

비주얼부터 보통 비빔밥과 차이가 있다. 담백하고 깔끔한 맛이 일품.
(p.214 단양-예천 종주코스)

옥산장의 곤드레밥 정식

곤드레밥을 제대로 하는 식당. 밑반찬들도 맛있다.
(p.231 횡계-정선 종주코스)

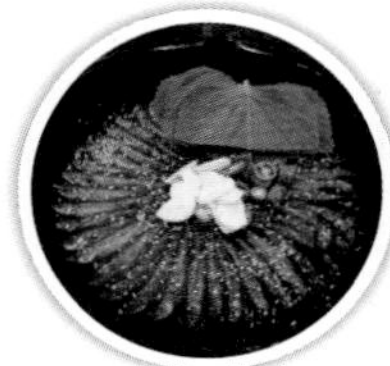

대박집의 도리뱅뱅이

기름에 튀긴 피라미를 양념한 음식. 고소한 맛이다.(p.090 옥천 향수100리길 순환코스)

진안관의 애저찜

부드러운 돼지고기가 일품이다. 나중에 끓여먹는 김치찌개도 맛있다.
(p.078 용담호 순환코스)

여정식당의 곰치국

해장에 그만이다. 물컹물컹한 곰치를 듬뿍 넣어 시원하게 국을 끓여준다.
(p.104 임원-동해 종주코스)

산골짜기의 꿩고기

먹기 힘든 꿩고기 코스요리를 내놓는다. 정말 담백한 맛이다.
(p.196 장성 축령산 순환코스)

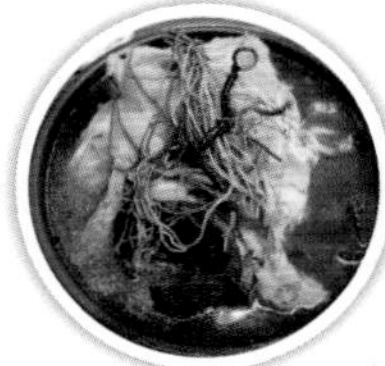

학현식당의 닭백숙

토종닭과 인근에서 캔 약초를 듬뿍 넣어 만든 백숙. 몸보신 제대로 하는 느낌이다.
(p.065 청풍호 순환코스)

김서방네의 물닭갈비

태백 스타일의 물닭갈비를 내놓는다. 가격도 착하고 야채도 많아 먹고 나면 속이 편하다.
(p.142 매봉산 순환코스)

성우정회관의 홍어삼합

홍어의 고향에서 홍탁삼합을 맛보자. 덜 삭힌 홍어가 나와 부담이 덜하다.
(p.133 흑산도 순환코스)

난이도별 추천 코스

자전거 여행자라면 아름다운 자전거길을 달려보고 싶은 마음은 누구나 똑같을 것이다. 아름다운 장미가 뾰족한 가시를 품고 있듯이 상당수의 코스는 오르막 구간을 포함하고 있다. 라이딩 경험이 많지 않은 초보자의 경우 무리하게 고급 코스에 도전하지 말고, 초급 코스에서 시작해 중급 코스로 난이도를 조금씩 높여가며 라이딩 계획을 세울 것을 추천한다.

★ **초급자**

본인만의 자전거가 없고 정기적으로 라이딩을 하지 않는 사람도 포함한다. 이 부류의 자전거 여행자에게는 단거리 초급 코스를 추천한다. 공영자전거 대여소에서 자전거를 빌려 탈 수 있고, 대부분 30㎞ 이내의 거리에 경사가 없는 코스다. 개인 자전거를 갖고 있는 경우에는 조금 더 거리가 긴 코스에 도전해볼 수 있겠다. 초급 중거리 코스는 대부분 경사도가 없거나 미약하고, 거리는 30㎞ 이상이 되는 코스다.

★★ **중급자**

서울 거주자라면 한강 자전거길 등에서 자전거를 어느 정도 타본 사람들을 지칭한다. 중급자는 업힐 경험으로 다시 구분할 수 있다. 업힐 경험은 서울을 기준으로 한강 자전거길 암사고개(한강 자전거길의 남단 구리 암사대교와 강동대교 사이의 오르막 구간을 지칭), 남산, 북악스카이웨이를 타본 경험으로 판단할 수 있겠다. 이 책에서는 코스를 물길, 산길, 명소길로 구분하고 있는데 업힐 경험이 부족한 사람은 산길보다는 물길과 지역 명소길을 추천한다. 경우에 따라 업힐을 돌아가는 우회코스를 설명하고 있는 코스도 있다. 참고하자.

★★★ **상급자**

장거리 라이딩 경험은 물론 업힐 등판에 부담이 없는 사람을 지칭한다. 이 책에 소개하는 모든 구간에서 라이딩이 가능하다. 도로의 포장 유무에 따라서 본인 소유 자전거의 종류만 적합한지 판단하면 된다.

이 책에는 초급부터 고급까지 다양한 난이도의 코스 49곳의 정보가 담겨 있다. 난이도 점수와 거리를 기준으로 코스 등급을 나누어보았다. 거리는 주행 시간과 라이더의 체력에 영향을 준다. 난이도는 주로 경사도와 오르막에 의해 구분된다. 40점 이하는 초급, 41~70점 사이는 중급, 71~100점은 고급 코스로 구분했다. 자신의 자전거 라이딩 능력에 비추어서 어떤 코스가 좋을지 미리 확인해보자.

		코스 거리 기준(당일 이동거리)		
		단거리(0~30㎞)	중거리(31~60㎞)	장거리(61~90㎞ 이상)
코스 난이도 (점수)	초급 (0~40점)	전주 도심(20점 · 19㎞) 순천(20점 · 24㎞) 경주(30점 · 30㎞) 군산(30점 · 23㎞) 부산 온천천(30점 · 26㎞) 영천호(40점 · 28㎞)	의암호(30점 · 32㎞) 용담호(40점 · 42㎞) 충주호(40점 · 43㎞) 대청호(40점 · 57㎞) 증도(40점 · 41㎞)	
	중급 (41~70점)	매봉산(60점 · 23㎞) 선자령(60점 · 10㎞) 삼양목장(60점 · 17㎞) 무주 적상산(60점 · 30㎞) 삼막사(60점 · 12㎞) 장성 축령산(60점 · 20㎞) 청산도(60점 · 24㎞) 부산 용궁사(50점 · 40㎞) 대관령 힐클라임 (70점 · 24㎞) 오서산(70점 · 24㎞)	후포–울진(50점 · 46㎞) 청평–가평 (50점 · 33㎞) 안반데기(60점 · 41㎞) 속초–고성(50점 · 59㎞) 무주구천동(60점 · 50㎞) 용현계곡(60점 · 38㎞) 비금–도초도(50점 · 45㎞) 진주(50점 · 52㎞) 가평–강촌 (70점 · 47㎞) 배후령–화천(70점 · 45㎞) 청풍호 (70점 · 48㎞) 청평사–소양호 (70점 · 58㎞) 영덕–후포(70점 · 55㎞)	임원–동해(60점 · 70㎞) 동해–속초(70점 · 101㎞) 단양–예천(70점 · 67㎞) 안동–용궁(70점 · 80㎞)
	고급 (71~100점)	함백산(80점 · 21㎞) 흑산도(80점 · 27㎞) 부산 황령산(80점 · 9㎞)	태기산(80점 · 37㎞) 지리산 종주(80점 · 48㎞) 지리산 순환(80점 · 39㎞) 간월재(80점 · 39㎞) 보현산천문대(80점 · 42㎞)	배후령–소양호 (90점 · 75㎞) 청평–가평–강촌 (80점 · 80㎞) 영양풍력(80점 · 64㎞) 횡계–정선(80점 · 77㎞) 함백산–운탄고도 (80점 · 81㎞)

* 붉은색으로 표시된 코스는 비포장 구간 포함.

죽지 않고 자전거를 타려면?

여행의 로망이 생기기도 전에 사고와 죽음이라니? 겁을 주려는 것이 아니다. 막연한 두려움보다는 실체를 알고 대처하는 것이 현명한 일이 아닐까. 필자는 여우 같은 마누라와 토끼 같은 자식까지 온 가족이 함께 자전거여행을 떠난다. 안전에 대해서는 아무리 예민해도 부족함이 없다.

(*자료 참고 : 도로교통관리공단 교통사고 분석 시스템 TASS)

1. 자전거 사고는 어디에서 어떻게 일어날까?

자전거 사고의 통계 자료를 보면 속도를 즐기고 부주의할 것 같은 10대와 20대 젊은 연령대에서 사고가 많을 거라는 생각과 달리, 의외로 연령대가 높아질수록 사고 횟수가 많아지는 현상을 보인다. 특히 사상자 비율은 55세부터 급격히 높아지는데, 아무래도 주변 상황을 인지하거나 돌발 상황에 빠르게 대처하는 데 어려움을 겪으면서 발생하는 것으로 추측된다.

① 차(자동차) VS 차(자전거) 사고: 주로 옆에서 들이받혔다

옆에서 받히는 경우가 가장 빈번한 사고 유형 중 하나다. 직선 진행 중 발생하는 사고는 생각보다 많지 않다. 상당수의 교통사고가 교차로(전체 사고 중 39.7%)에서 직각측면 추돌로 인해 발생한다. 자동차 운전자이든, 자전거 운전자이든 사고의 책임이 가장 큰 가해자가 사고를 일으킨 가장 큰 이유는 전방 주시 태만이다. 또한 차량에 비해 작은 자전거는 눈에 잘 띄지 않아 사고 발생 위험이 크다. 주위를 잘 살피는 것은 물론이고 자전거가 눈에 잘 띄도록 해야 한다(안전 장비 기본 활용 p.027 참고).

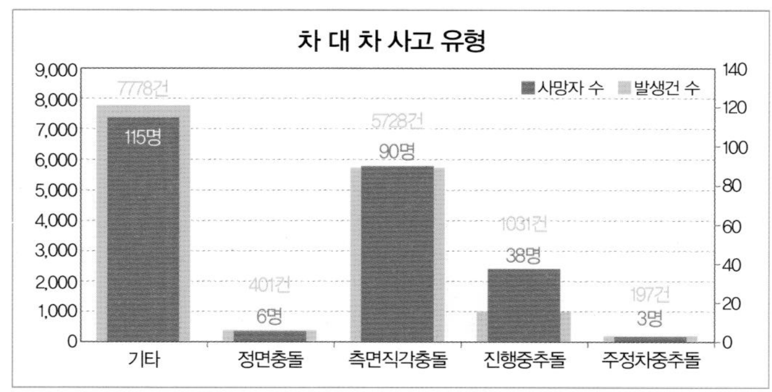

② 차(자전거) VS 사람, 차량 단독 사고: 횡단보도와 전복을 조심하라

차 대 사람의 사고는 주로 횡단보도나 횡단보도 인근에서 자주 발생한다. 차량 단독 사고는 차량(자전거) 전복이 상대적으로 높은 비중으로 발생한다. 단독 사고의 발생건수는 적어도 치사율이 높아 주의가 필요하다.

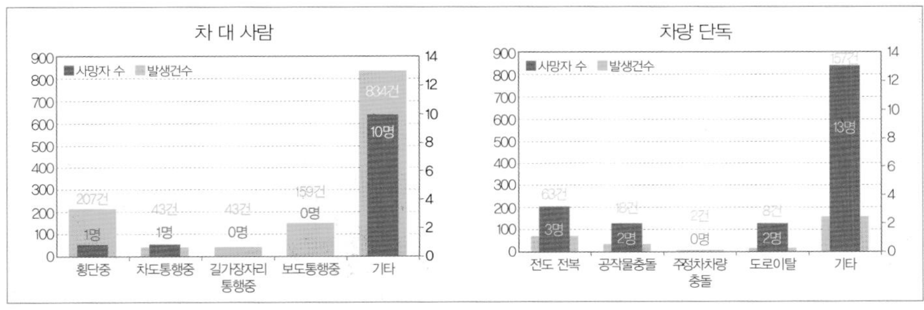

③ 도심에서 사고가 더 많이 발생한다

도로별로 사고가 발생한 빈도를 보면 특별광역시와 시도에서 발생한 사고가 전체 발생 건수 중 75%를 차지한다. 국도에서 2.9%, 지방도에서 5.3%의 사고가 발생했으며 군도에서 2.7%의 사고가 발생했다. 인구 밀집 지역에서 사고 발생률이 더 높게 나타난다.

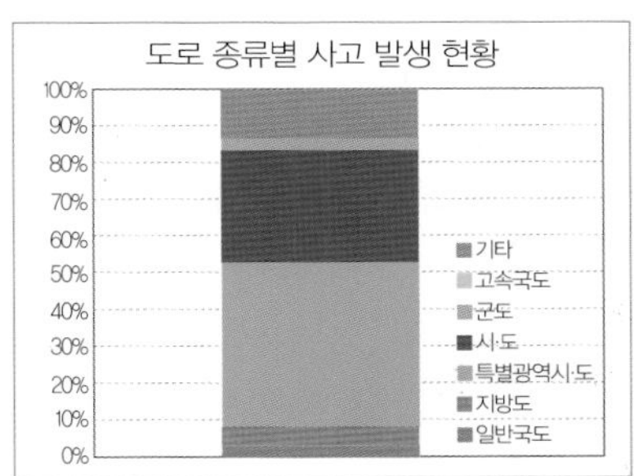

2. 안전하게 자전거를 타려면 어떻게 해야 할까?

① 교차로에서의 주행

교차로는 사고가 가장 빈번하게 일어나는 곳이다. 교차로를 통과할 때는 특히 측면 추돌에 주의해야 한다. 교차로로 진입할 때는 주변을 살피고 한 발 늦게 진입하자. 교차로 구간만이라도 자전거에서 내려 인도와 횡단보도로 통행하는 것도 방법이다. 교차로에서 좌회전할 때는 차량과 함께 한 번에 돌지 말고 우측 끝 차선에서 일단 직진한 뒤에 다시 신호가 바뀔 때까지 대기하고 다시 신호가 바뀌면 방향을 바꿔 직진하는 일명 훅 턴(hook turn) 방식으로 두 번의 직진 신호를 받아 좌회전한다.

> **tip. 교차로 통과 요령**
> 1 교차로 진입 전 속도를 줄이거나 정지하고 좌우를 살핀다.
> 2 교차로 진입 30m 전부터 수신호로 방향을 알린다.
> 3 교차로 통과 시 속도를 줄인다.
> (자료: 행정안전부)

② 횡단보도 건너는 법

교차로 다음으로 교통사고가 자주 발생하는 곳이 횡단보도다. 횡단보도에서 자전거는 보행자에게는 가해자가 되기도 하고, 신호를 무시한 자동차의 피해자가 되기도 한다. 자전거 도로 표시가 되어 있는 횡단보도에서는 자전거를 타도 되지만 웬만하면 무조건 내려서 자전거를 끌고 건너가는 것을 추천한다. 자전거를 타고 있을 때와 내려서 끌고 있을 때를 비교하면 비상 상황 시 대처 능력의 차이가 크다. 또한 자전거에서 내려서 걸으면 보행자로서 법의 보호를 받을 수 있다.

③ 일반도로 주행 시

자전거 전용도로(보행자 겸용도로 포함)를 제외하면 자전거는 도로교통법에 의해 도로에서 주행해야 한다. 단 13세 미만 어린이와 65세 이상 노인이 자전거를 탈 땐 보도 통행도 가능하다. 일반도로에서는 우측 끝 차로 2분의 1 안쪽 가장자리로 붙어 주행해야 한다. 차도 중앙에서 주행하거나 2대 이상의 자전거가 병렬로 주행하는 것은 도로교통법에 위반된다. 자동차 운전자는 자전거 옆을 지날 때 충돌을 피할 수 있도록 필요한 거리를 확보해야 한다.

④ 도로 옆 주차된 차량을 통과하는 경우

우측에서 차량이 튀어나오거나 운전석 쪽 문이 갑자기 열릴 수 있기 때문에 속도를 줄여 주행해야 한다. 자전거 벨이나 육성으로 자전거 통행을 주위에 알리고 일정 거리를 두며 지나간다.

자전거 안전 장비 활용하기

1. 안전 장비 기본 활용

① 헬멧은 반드시 써라

헤어스타일이 망가질까 봐 혹은 귀찮아서 헬멧을 쓰지 않는 라이더들을 종종 볼 수 있다. 자전거 교통사고 중 사망자의 80%가 머리 손상으로 인한 것이라고 한다. 헬멧은 사고가 발생했을 때 라이더를 보호해줄 수 있는 유일한 안전장비다. 짧은 거리라도 반드시 헬멧을 쓰는 습관을 들이도록 한다.

② 도로 위 존재감을 확보하자

차량(자전거) 운전자의 인적 사고 유발 요인에서 가장 큰 부분을 차지한 것이 바로 전방 주시 태만이었다. 도로에서 약자인 자전거는 적극적으로 자신의 존재를 주위에 알릴 필요가 있다.

• **색상** 밝은색의 자전거를 사용하고 눈에 잘 띄는 자전거 복장을 입는 것이 좋다. 하지만 최근 유행 스타일을 보면 자전거 프레임 색도 밝은 원색 계통에서 무광 블랙이 대세로 자리 잡고 있다. 복장도 무채색 계열이 유행하며 많이 어두워졌다. 패션 때문에 어쩔 수 없다면 야광조끼나 밝은색 바람막이를 착용하는 것도 방법이다.

• **빛** 여름에는 저녁이 되면 한강 자전거도로는 라이딩을 즐기는 사람들로 가득 찬다. 도심 자전거길에는 가로등이 설치되어 있지만 일몰 직후에는 반드시 전방 라이트와 후미등을 설치하고 점멸시킨 뒤 운행한다. 특히 로드차의 경우 샤프한 멋을 살리기 위해 전방이나 후미등 설치를 생략하는 경우가 종종 있는데 바람직하지 않다.

• **소리** 자전거 벨은 방어 운전을 위해 필수로 장착한다. MTB나 생활 자전거는 물론이고 로드 자전거의 드롭바에도 장착할 수 있는 벨이 있다. 벨과 함께 목소리를 사용해 "추월합니다" "지나갑니다"를 외치며 주변 라이더나 보행자들과 끊임없이 커뮤니케이션 해야 한다. 주변 상황을 인지하지 못하기 때문에 이어폰을 끼고 라이딩 하는

것은 위험하다. 주변에 민폐를 끼치지 않는 정도라면 차라리 자전거용 스피커로 음악을 틀어놓고 달리는 게 안전에 있어서는 보다 유용하다.

• **수신호** 자전거는 차량과 달리 브레이크등과 깜빡이가 없다. 즉 자전거의 방향 전환과 정지 상태를 주변 자전거나 차량들이 예측할 수 있는 장치가 없다. 앞 자전거의 급정거로 자전거끼리 발생하는 추돌 사고도 종종 볼 수 있다. 정지, 우회전, 좌회전 같은 기본 수신호를 익히고 운전할 때 습관적으로 사용하는 것이 좋다.

2. 자전거 브레이크 잡는 법

안전과 관련된 장치 중 중요한 하나가 바로 브레이크다. 잘 달리는 것 못지않게 잘 정지하는 것이 더 중요한데, 브레이크의 잘못된 조작은 바로 사고로 이어질 수 있다. 자전거 단독 사고에서 가장 큰 비중을 차지하는 게 자전거의 전복임을 명심하자.

① 브레이크의 종류

브레이크는 크게 림브레이크와 디스크브레이크로 분류할 수 있다. 림브레이크는 바퀴의 림에 제동장치를 설치해 제동을 거는 방식으로, V-브레이크, 캘리퍼브레이크가 널리 쓰인다. 디스크브레이크는 바퀴에 로터라는 판을 달고 로터와의 마찰을 이용해 제동력을 얻는 방식이다. 디스크브레이크는 다시 기계식 브레이크와 유압식 브레이크로 나뉜다.

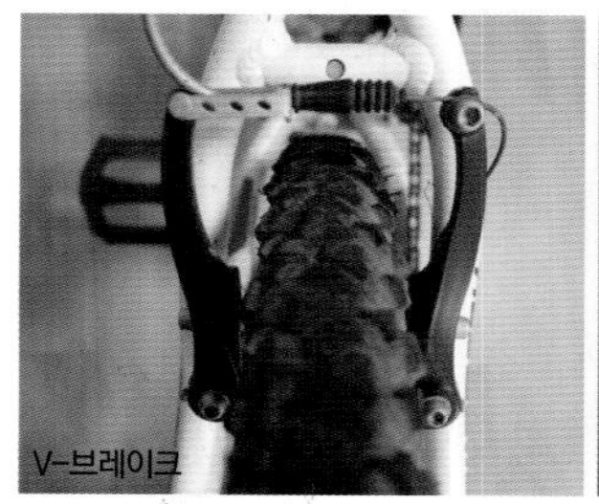
V-브레이크

캘리퍼브레이크

디스크브레이크

종류	장단점 비교
림브레이크	생활형 자전거와 로드자전거에서 주로 사용됨. 유지비가 저렴하고 자가정비가 간편하다는 장점이 있지만 디스크브레이크와 비교해서 제동력은 떨어짐
디스크 브레이크	제동력은 강력하지만 유지보수가 상대적으로 까다로움. 유압식의 경우 블리딩(기름 교체 작업)과 같이 초보자가 해결하기 어려운 정비문제가 발생함. 주로 MTB 기종에서 사용됨

② 브레이크 조작 방법

• 브레이크 잡는 방법

핸들은 항상 두 손으로 잡고 엄지로는 핸들바를 잡고 검지와 중지 손가락 두 개로 브레이크를 잡을 준비를 한다.

• 앞 · 뒤 브레이크 조작 방법

2010년 이후 생산되는 자전거는 오른쪽이 뒤 브레이크, 왼쪽이 앞 브레이크다. 앞 브레이크의 제동력이 크기 때문에 뒤 브레이크를 이용해서 속도를 줄인다. 양쪽 브레이크를 모두 사용하라는 이야기도 있는데 어떤 경우든 브레이크를 너무 강하게 잡으면 안 된다. 특히 앞 브레이크를 강하게 잡아 순간적으로 앞바퀴가 잠기면(정지하면) 전복 사고로 연결된다. 미리미리 속도를 줄이면서 서서히 브레이크를 잡아야 전복 사고를 방지할 수 있다.

• 캘리퍼브레이크 사용과 악력

로드에 주로 사용되는 캘리퍼브레이크는 디스크브레이크에 비해 제동력이 떨어진다. 강한 제동력을 얻기 위해서는 보다 강한 악력을 필요로 한다. 특히 여성이나 초보자의 경우 내리막길에서 원하는 제동력을 확보하지 못해 위험한 상황이 발생하기도 한다. 내리막에서 로드차는 더 조심한다.

MTB 브레이크 잡는 방법

로드브레이크 잡는 방법

로드브레이크 잡는 방법 (에어로 포지션)

코스 스타일별 자전거 종류

"어떤 자전거를 사야 돼? 얼마짜리 자전거를 사야 돼? 바퀴는 얼마만 한 걸 사야 해?" 필자가 많이 받는 질문들이다. 본인에게 적합한 자전거를 고르는 방법에 대해서 알아보자.

1. 요즘은 로드가 대세지?

그렇다 요즘은 로드자전거가 대세다. 몇 년 전 까지만 해도 시장을 지배하던 자전거는 MTB였다. 그러나 젊은 층을 중심으로 산악자전거에서 로드자전거로 무게 중심이 옮겨가고 있다.

로드자전거의 종류

기본적으로 로드는 포장도로에서 주행하는 자전거다. 종류를 다시 두 가지로 구분하기도 하는데, 온로드 스피드 위주의 ❶퍼포먼스 타입, 그리고 장거리 라이딩과 비포장 구간을 통과하는 데 더 적합한 ❷엔듀런스 타입으로 구분할 수 있다. 로드와 MTB의 장점을 섞어 놓은 ❸투어링 자전거도 출시되고 있다. 디스크브레이크를 적용해 제동력을 높이고 MTB용 타이어를 장착해 험로 주행 능력을 높인 모델이다. 페니어백(여행용 가방)을 쉽게 장착하기 위해 앞뒤 짐받이가 달려 있다.

적합한 여행 스타일

도심과 포장도로 코스에 알맞은 장비다. 가벼운 차체와 빠른 속도로 이동이 가능하다는 장점이 있어 장거리 투어에 적합하다. 이 책에서 소개된 코스 중 적합한 코스는 강, 호수길, 바다길 등의 수변도로다. 본격적인 임도나 비포장 산악 구간에서 이용하기에는 무리가 있다.

2. MTB의 종류

산악자전거는 크게 하드테일XC와 올마운틴(풀샥)으로 나눌 수 있다. ❹하드테일XC는 충격 흡수용 쇼바

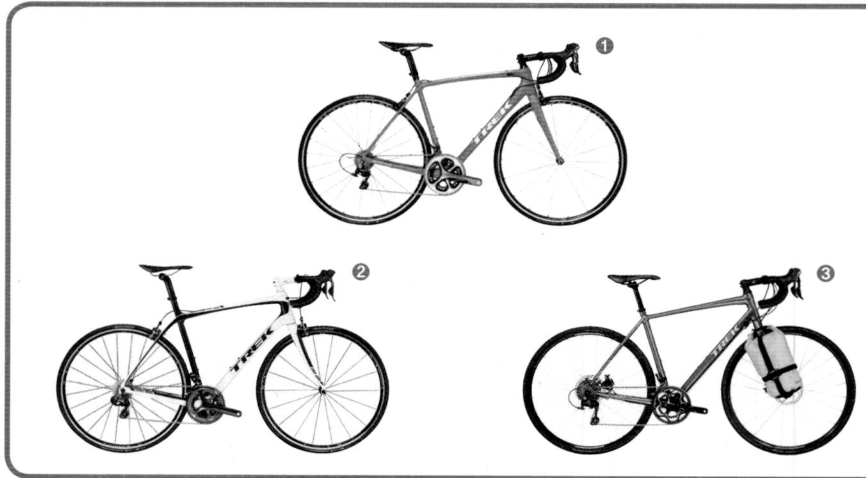

가 앞바퀴에만 장착된 자전거다. 임도 주파에는 무리가 없고 온로드 주행에도 많이 사용되는 모델이다. 단, 같은 가격대의 로드자전거에 비해 무겁고 타이어의 폭이 넓어 상대적으로 장거리 라이딩에는 힘이 더 들어간다. 바퀴를 로드용으로 바꾸고 운행하는 라이더도 많다. ❺올마운틴은 충격 흡수용 쇼바가 앞바퀴는 물론 뒷바퀴에도 부착되어 있는 모델이다. 등산로 같은 싱글 트레일에서 사용된다. 험로 주파 능력은 좋지만 상대적으로 무거워서 온로드에서 사용하기에는 적합하지 않다.

적합한 여행 스타일

온로드는 물론 비포장 구간 주행도 모두 가능하다. 노면 상태가 좋지 않은 업힐 구간과 임도 코스에 적합하다. 이 책에서 소개된 코스 중 바람길, 숲길, 산길 코스에 어울린다. 올마운틴 자전거를 타야 할 정도의 터프한 싱글 트레일로는 이 책에서 선자령 코스를 소개한다.

3. 생활형 자전거와 폴딩형 자전거

❻생활형 자전거는 일상생활에서 사용하기 위한 자전거다. 출퇴근 등 단거리 이동 시 주로 사용된다. ❼폴딩형 자전거는 접을 수 있는 자전거다. 수납과 보관이 간편해 생활형 자전거와 마찬가지로 도심에 어울리는 모델이다. 특히 대중교통을 요일 제한 없이 이용할 수 있다는 점에서 장점이 있다. 단, 폴딩형 자전거는 일반적으로 바퀴가 작고 기어 단수도 적은 편이라 장거리 업힐 구간에서는 상대적으로 불리하다.

적합한 여행 스타일

온로드 단거리 구간에 적합하다. 이 책에서 소개된 코스 중에서는 도심길에 어울리는 자전거다. 폴딩형 자전거의 경우 대중교통 이용이 편리하다는 강점이 있다. 도심길이 아닌 경우에는 경사도가 없는 구간, 난이도 40점 이하, 거리는 30㎞ 내외의 코스에서 이 자전거를 사용하는 것이 좋겠다.

짐 꾸리기

자전거여행의 준비물은 크게 자전거 부착품, 수리 도구, 복장, 일반 여행용품으로 나뉜다. 자전거 용품 중 일부는 자전거 본체에 직접 부착할 수 있다. 항시 휴대해야 할 준비물은 바로 간단한 수리 도구다. 고장이나 펑크에 대비해 기본 수리 도구를 항시 휴대하는 게 좋다.

1 자전거 부착품은 자전거에 장착한다

전후방등, 속도계 등 안전 용품은 자전거에 부착한다. 물병과 물병케이지도 설치하면 주행 중 수분을 보충할 수 있다. 500㎖ 생수병을 이용해도 되지만 요철 등 충격이 있을 경우 종종 병이 케이지에서 빠져나간다.

2 항시 휴대품은 별도 보관한다

① 안장 가방 활용: MTB 자전거라면 안장 가방을 이용하자. 자전거 안장 뒤에 간단하게 부착할 수 있다. 예비 튜브, 펑크패치, 체인링커, 멀티툴들은 항상 안장 가방에 넣어두면 좋다. 이때 주의할 점은 튜브를 그냥 넣으면 가방과 마찰로 사용하기 전에 손상될 수 있다. 지퍼백으로 한 번 싸서 넣으면 튜브의 손상을 방지할 수 있다.

② 자전거 공구통 활용: 로드자전거라면 자전거 공구통을 이용하자. 샤프한 맛에 즐기는 로드자전거에는 가방을 주렁주렁 매달기보다 공구통에 수납하고 물병케이지에 끼워 놓으면 깔끔하게 정리된 상태를 유지할 수 있다. 휴대용 펌프 대신 CO_2카트리지를 휴대해 짐을 줄이고 펑크에 대비하기도 한다.

계절에 따라 라이딩 복장도 달라진다. 간절기에는 기본 복장 이외에 암워머나 레그워머를 이용해 체온을 따뜻하게 유지해야 한다. 클릿 페달을 장착한다면 클릿슈즈를, 영상촬영과 블랙박스용 액션캠, 자물쇠도 추가로 준비할 수 있다.

3 복장과 일반 여행용품은 배낭에 꾸린다

당일이나 1박 여행 시 숙박시설을 이용하고 식사를 모두 사먹는다면 배낭을 이용해 짐을 꾸린다. 이때 주의할 점이 있다. 자전거여행용 배낭은 용량 10L 정도의 작은 사이즈를 사용해야 한다. 많은 짐을 어깨에 메게 되면 어깨 통증도 발생하지만 무게 중심도 높아져 안정성에도 좋지 않다.

4 장거리 여행에는 짐받이와 페니어백을 설치한다

1박 이상의 장거리 여행을 하면 배낭만으로 짐을 꾸리기 어렵다. 이 경우에는 짐받이 랙을 설치하고 짐받이 가방(페니어백)을 이용해야 한다. 고정식 짐받이와 착탈식 짐받이가 있는데 고정식이 더 안정적이다. 짐받이는 주로 뒷바퀴 부분에 설치하게 되는데 짐이 많으면 앞바퀴 쪽에도 짐받이를 설치해 짐을 나눠 실어야 한다. 뒷바퀴에만 하중이 실리면 펑크 위험이 증가하고 밸런스상으로도 좋지 않다. 앞바퀴에 페니어백을 설치하면 핸들이 묵직해진다.

온라인

노마드의 아웃도어 패밀리 —— blog.naver.com/searider

필자가 운영하는 블로그. 자전거 여행기와 캠핑이 중심이다. 운탄고도의 GPX파일도 이곳에 올려 놓았다. 자전거여행 관련 질문에 성실하게 답변해준다.

아름다운 자전거여행길 —— www.ajagil.or.kr

한국관광공사에서 운영하는 홈페이지. 국내 30여 곳의 아름다운 자전거길을 소개하고 있다.

우리강 이용도우미 —— www.riverguide.go.kr

국토부에서 운영하는 홈페이지. 4대강 자전거길과 주변 볼거리, 캠핑장에 대해 자세히 안내한다.

자전거 교통 포털 —— www.koti.re.kr

한국교통연구원에서 운영하는 홈페이지. 자전거 안전 정보와 전국의 무인 · 유인 공공 자전거에 대한 정보를 제공한다.

기타 유용한 홈페이지

서울 자전거 홈페이지 —— bike.seoul.go.kr
한강 자전거 대여 시스템 —— www.hangangbike.go.kr
서울 자전거 따릉이 —— www.bikeseoul.com
순천 온누리 공영자전거 —— bike.suncheon.go.kr
군산 공영자전거 —— bike.gunsan.go.kr
바이크셀(중고자전거 거래) —— www.bikesell.co.kr

동호회

자출사(자전거로 출퇴근하는 사람들)

가입자 67만 명에 육박하는 국내 최대 자전거 동호회다. 지역 모임에서 정보공유까지 가장 활발하게 운영되는 곳이다.

도싸(도로싸이클)

도로 사이클 동호회다. 지역 모임에서 행사까지 활발하게 운영되고 있다.

자전거 갤러리

게시판 형태의 동호회다. 이곳의 동호인을 자갤러라 부른다. 하루 수백 건의 자전거 관련 정보와 글이 올라온다.

자여사(자전거로 여행하는 사람들)

자전거여행 동호회다. 국내외 자전거여행 후기들이 주로 올라온다.

내 마음속의 미니벨로

작은 바퀴 자전거 미니벨로를 사랑하는 사람들의 모임이다. 미니벨로 관련 정보가 가득하다.

자전거와 사람들

자전거에 특화된 포털 사이트다. 뉴스와 후기, 라이딩 코스와 커뮤니티 정보들로 구성되어 있다.

앱

네이버지도

길 찾는 데 필수품. 자전거 겸용 · 전용도로가 표시되어 있어 유용하다.

코레일톡

청춘ITX를 포함한 열차 승차권을 예매할 수 있다. 코레일 회원 ID는 미리 저장해놓자.

버스 타고

전국 시외버스 승차권 통합 예매 어플리케이션이다. 일부 구간(정류장)의 노선은 검색이 안 되는 경우도 있다.

고속버스모바일

고속버스 승차권을 예매할 수 있는 공식 어플리케이션이다.

자전거행복나눔

국토 종주 자전거길 여행에 필수다. 이제는 수첩 없이 어플로 인증할 수 있다. QR 코드와 GPS 위치를 추적해 인증한다.

스트라바

GPS 로그를 기록할 수 있고 동일 구간의 기록을 비교해 참여자들과 경쟁할 수도 있다.

엔도몬도

GPS 로그를 기록할 수 있다. 자전거 라이딩뿐 아니라 걷기, 달리기 등의 운동 결과를 저장하고 공유할 수 있다.

스포츠 트래커

엔도몬도처럼 GPS 로그 기록과 관리 어플리케이션. UI에 대한 평이 좋다.

동해안 종주 자전거여행 계획 세우기

Step 1 여행 기간 확인 : 하루에 80㎞

반나절짜리 여행인지, 아침부터 저녁까지 하루 종일 걸리는 여행인지, 1박 이상이 필요한 여행인지 먼저 확인해야 한다. 총 주행 거리가 10~20㎞ 내외라면 반나절 코스, 30~70㎞ 정도는 종일 코스, 100㎞ 이상은 1박 이상으로 본다. 내가 있는 곳에서 코스까지 이동하는 거리도 감안해야 한다. 요즘에는 서울에서 부산을 단 하루 만에 주파하는 소위 괴물(?)들도 어렵지 않게 볼 수 있지만, 여기에서는 자전거여행을 즐기는 일반인을 기준으로 한다. 주행 속도는 시속 15㎞ 정도의 중급자를 기준으로 본다. 난이도에 따라 시속은 달라지고, 아름다운 주변 경관과 볼거리가 많아도 속도는 줄어든다.

• **사례** 동해안 종주 자전거길(강원도 구간) 중에서 고성 통일전망대부터 삼척 고포마을까지는 242㎞ 거리. 100㎞가 넘는 장거리 구간에 포함된다. 일정을 이틀로 잡으면 하루에만 121㎞씩 달려야 완주가 가능하다. 3일 코스로 잡아야 주변 경관도 구경하며 여유롭게 라이딩을 즐길 수 있다. 2박 3일짜리 코스로 잡고, 하루에 80㎞를 달리는 것으로 계획한다.

tip. 코스 끊어 타기
사실 휴가 시즌이나 방학이 아니라면, 3일을 이어서 휴가 내기란 쉽지 않다. 이럴 때는 코스를 끊어서 달리는 것도 고려해보자. 필자는 주말을 이용해 1박 2일 코스로 한 번, 당일 코스로 한 번, 총 2회에 걸쳐 코스를 완주하기로 했다.

Step 2 라이딩 방향 · 출발지 결정 : 물을 오른쪽에

코스의 시발점을 어디로 잡느냐에 따라 여행자가 느끼는 난이도와 경관에 대한 만족도가 달라진다. 시작과 끝이 같은 왕복 코스의 경우에는 라이딩 방향을 잘 결정해야 된다. 일반적으로 수변 자전거 코스에서는 가능한 한 물과 가깝게 달리는 것이 좋다. 우리나라 도로는 우측 통행이므로, 항상 물을 오른쪽에 놓고 달린다고 생각하면 이해하기 쉽다. 호수를 한 바퀴 돌 때에는 시계 방향으로 돈다. 섬에서는 시계 반대 방향으로 돈다(라이딩 코스 짜는 요령 p.136 참고).

• **사례** 동해안 종주 자전거길에서는 삼척에서 시작해 고성으로 올라가는 방향으로 코스를 잡아야 해변을 오른쪽에 놓고 탈 수 있다. 우리는 출발지를 강원도 삼척시 임원항으로 정했다.

Step 3 여행 날짜 확정 : 기상 상황 체크는 기본

여행 기간과 코스 진행 방향을 정했다면 언제 떠나는 게 좋을지 기상 상황을 확인해야 한다. 기본적으로 날씨, 기온, 풍향과 풍속을 확인한다. 기상청 홈페이지(www.kma.go.kr)에 들어가면 10일 후의 기상 예보까지 확인할 수 있다. 당연한 이야기겠지만 맑은 날을 싫어할 사람은 없다. 특히 물길, 그것도 바닷길이라면 무조건 맑은 날에 떠나야 한다. 여행일의 기온이 어떤지 확인하고 그에 맞는 복장도 챙겨야 한다. 바람만큼 라이딩에 영향을 주는 환경도 없다. 풍속은 물론 풍향도 추가로 확인해야 맞바람을 맞고 달리는 것을 피할 수 있다.

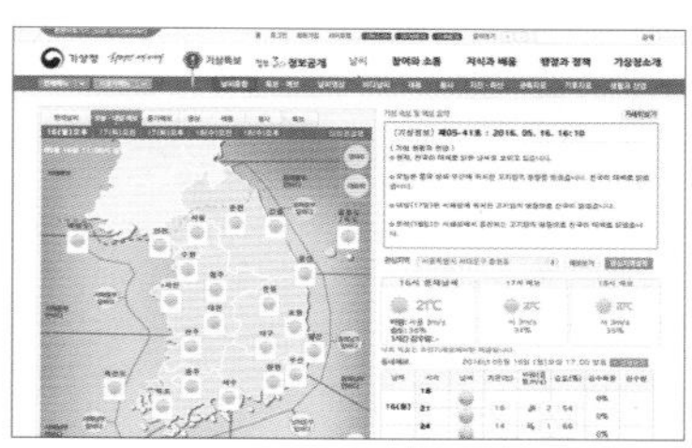

기상청 홈페이지.

- **사례** 여행 예정일의 날씨는 맑음. 동해의 짙푸른 바다와 높은 가을 하늘을 만끽할 수 있을 것 같았다. 기온도 온화해서 서울에서 입는 복장으로 출발해도 될 것 같았다. 뒤바람이 불면 주행할 때 좀 더 편하겠지만 바람이 북서풍이어서 옆바람을 맞으며 달릴 각오는 해야 했다.

Step 4 차편 예약 : 예약은 미리미리

가야 할 코스와 경로, 그리고 출발지가 정해졌다면 코스까지 이동할 차편을 알아봐야 한다. 자전거여행에서 많은 라이더들이 가장 애용하는 교통수단은 버스다. 기차도 편리하지만 자전거 거치대가 설치된 열차편의 수가 제한되어 있다(코레일 예약 사이트에서 해당 노선의 자전거 거치대 설치 유무를 확인할 수 있다). 전철로 연결된 코스라면 수도권 거주자에겐 금상첨화일 것이다. 하지만 대부분의 아름다운 자전거길은 대도시를 벗어나 있기 때문에 전철로 접근하기도 어렵다. 날짜가 정해졌다면 차편은 미리 예약해 놓은 것이 좋다. 지역에 따라 직행편이 하루 한두 번밖에 없는 경우도 있다.

섬 라이딩을 계획한다면 배편도 미리 예약해야 한다. 제주도, 울릉도, 흑산도와 같은 장거리 인기 노선은 각 운항선사의 홈페이에서 예약해야 하고, 다른 섬들은 '가보고 싶은 섬(http://island.haewoon.co.kr)'에서 25일 전부터 예약이 가능하다. 출발일의 하루 전까지는 전액 환불되기 때문에 여행 계획이 세워졌다면 가능한 한 빨리 예약해 놓는 것이 좋겠다. 특히 성수기 때는 예약 개시일을 확인하고 미리미리 움직여야 한다.

- **사례** 서울에서 출발해 동해안 종주 자전거길(강원도 구간)의 출발지인 임원항까지 직행으로 운행하는 고속버스는 없다. 대신 동서울종합터미널에서 임원을 경유해 울진으로 운행하는 차편이 있었다. 07:10에 출발하는 첫차를 예약했다.

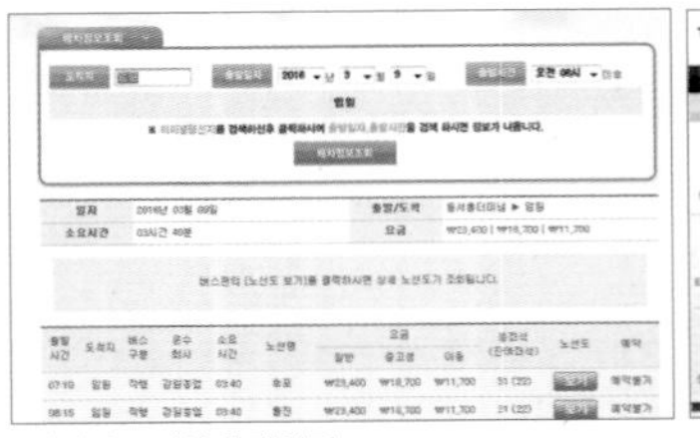
시외버스 예약 홈페이지.

가보고 싶은 섬 예약 화면.

tip. 서울고속버스미널의 경우 호남선 센트럴시티(이지티켓)와 서울 경부선(코버스)의 예약 홈페이지가 다르다. 각각 운행하고 있는 노선도 다르다. 고속버스가 운행되지 않는 지역이라면 시외버스를 찾아보자. 동서울종합버스터미널과 남부버스터미널에서 시 · 군 단위로 운행되는 차편이 있다. 예약하면서 결제해야 되지만, 2일 이내에 취소하면 위약금이 없고 출발 직전에 취소해도 위약금은 요금의 10%다. 가능한 한 아침 일찍 출발하는 차편을 이용하는 것이 좋다. 라이딩은 일찍 시작해 일몰 전에 끝내는 것을 원칙으로 한다.

Step 5 숙소 예약 : 코스와 가까운 곳이 최고

1박 이상 종주 여행이라면 중간에 묵고 갈 숙소를 정해야 한다. 시설 여부를 떠나서 자전거여행의 숙소는 무조건 코스와 가까운 곳이 최고다. 코스에 따라 숙박 사정이 양호한 곳이 있는 반면에 너무 외져서 인적이 드문 곳도 있다. 후자의 경우에는 숙박할 곳을 먼저 정하고 일정을 세우는 것이 좋다. 국토 종주길 구간이 이런 경우가 많다. 필자도 낙동강 자전거길에서 숙소 때문에 꽤나 애를 먹었다. 가족과 함께 움직인다면 여관이나 모텔은 아무래도 꺼려지기 마련이다. 차라리 민박이나 찜질방, 유스호스텔, 캠핑장을 알아보는 것이 좋다. 민박의 경우 저녁과 아침 식사를 제공받을 수 있으면 금상첨화다.

- **사례** 다행히 동해안 종주 자전거길에서는 숙소 걱정은 안 해도 된다. 중간중간 만나는 해변마다 펜션과 민박, 호텔들이 넘쳐나기 때문이다. 그래도 가장 마음에 들었던 곳은 망상오토캠핑장이었다. 자전거 코스는 물론 해변과도 맞닿아 있다. 오토캠핑의 성지로 불리는 곳이라 예약이 만만치 않지만 웹사이트에서 매복 끝에 취소된 캠핑트레일러를 1대 빌릴 수 있었다. 주말에는 1박에 4인실 기준 90,000원이지만 주중에는 60,000원으로 가격이 내려간다.

Final. 라이딩 로그(riding log)

이렇게 해서 주말 1박 2일 코스로 1회, 당일 1회, 총 2회에 걸쳐서 동해안 종주 자전거길 여행이 진행되었다. 교통과 숙박 그리고 식사 일정 위주의 실제 여정은 다음과 같았다. 총 230㎞ 거리를 주행했고 3일에 걸쳐서 20시간 12분을 달렸다. 2회에 걸친 4인 가족의 총 여행 경비는 630,350원(1일 1인당 약 50,000원 정도)이 들었다.

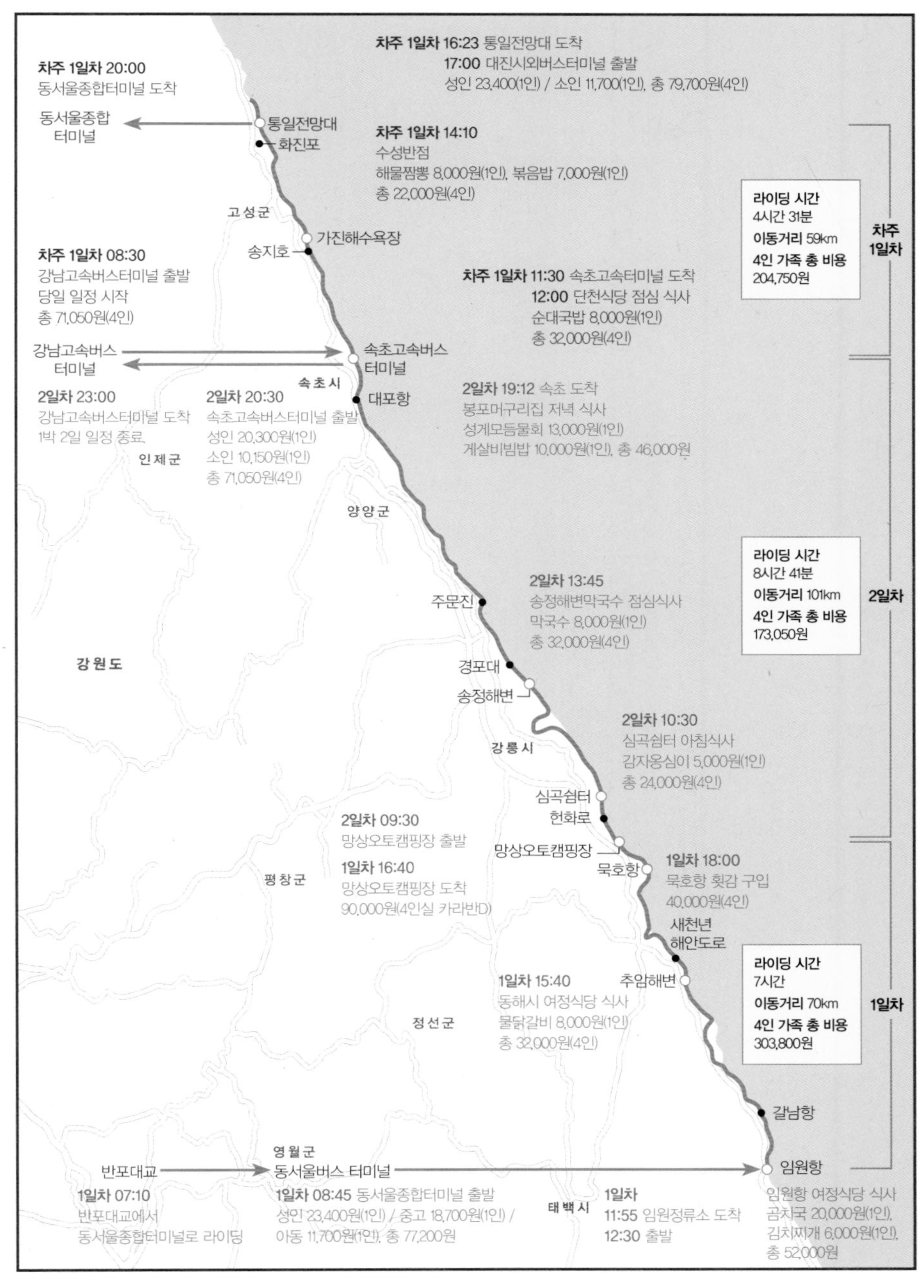

차주 1일차 16:23 통일전망대 도착
17:00 대진시외버스터미널 출발
성인 23,400원(1인) / 소인 11,700원(1인), 총 79,700원(4인)
차주 1일차 20:00
동서울종합터미널 도착
동서울종합
터미널
통일전망대
화진포
차주 1일차 14:10
수성반점
해물짬뽕 8,000원(1인), 볶음밥 7,000원(1인)
총 22,000원(4인)
라이딩 시간
4시간 31분
이동거리 59km
4인 가족 총 비용
204,750원
차주
1일차
고 성 군
가진해수욕장
송지호
차주 1일차 08:30
강남고속버스터미널 출발
당일 일정 시작
총 71,050원(4인)
차주 1일차 11:30 속초고속터미널 도착
12:00 단천식당 점심 식사
순대국밥 8,000원(1인)
총 32,000원(4인)
강남고속버스
터미널
속초고속버스
터미널
속 초 시
대포항
2일차 23:00
강남고속버스터미널 도착
1박 2일 일정 종료
2일차 20:30
속초고속버스터미널 출발
성인 20,300원(1인)
소인 10,150원(1인)
총 71,050원(4인)
인 제 군
2일차 19:12 속초 도착
봉포머구리집 저녁 식사
성게모듬물회 13,000원(1인)
게살비빔밥 10,000원(1인), 총 46,000원
양 양 군
라이딩 시간
8시간 41분
이동거리 101km
4인 가족 총 비용
173,050원
2일차
2일차 13:45
송정해변막국수 점심식사
막국수 8,000원(1인)
총 32,000원(4인)
주문진
강 원 도
경포대
송정해변
2일차 10:30
심곡쉼터 아침식사
감자옹심이 5,000원(1인)
총 24,000원(4인)
강 릉 시
심곡쉼터
헌화로
2일차 09:30
망상오토캠핑장 출발
1일차 16:40
망상오토캠핑장 도착
90,000원(4인실 카라반D)
망상오토캠핑장
묵호항
1일차 18:00
묵호항 횟감 구입
40,000원(4인)
평 창 군
새천년
해안도로
라이딩 시간
7시간
이동거리 70km
4인 가족 총 비용
303,800원
1일차
1일차 15:40
동해시 여정식당 식사
물닭갈비 8,000원(1인)
총 32,000원(4인)
추암해변
정 선 군
갈남항
영 월 군
반포대교
동서울버스 터미널
임원항
1일차 07:10
반포대교에서
동서울종합터미널로 라이딩
1일차 08:45 동서울종합터미널 출발
성인 23,400원(1인) / 중고 18,700원(1인) /
아동 11,700원(1인), 총 77,200원
태 백 시
1일차
11:55 임원정류소 도착
12:30 출발
임원항 여정식당 식사
곰치국 20,000원(1인),
김치찌개 6,000원(1인),
총 52,000원

* 해당 페이지는 실제 사례를 기반으로 작성되었다. 시간 및 비용은 유동적일 수 있다.

한눈에 보는 우리나라 아름다운 자전거길

물길 따라 라이딩

01
호수길

수변 자전거길의 진수를 보여주는

의암호 순환코스(의암호 하늘길)

의암호를 한 바퀴 도는 아름다운 코스. 연인, 친구, 동호인 누구나 부담 없이 즐길 수 있다. 주변 볼거리도 풍부해 당일 여행코스로 제격.

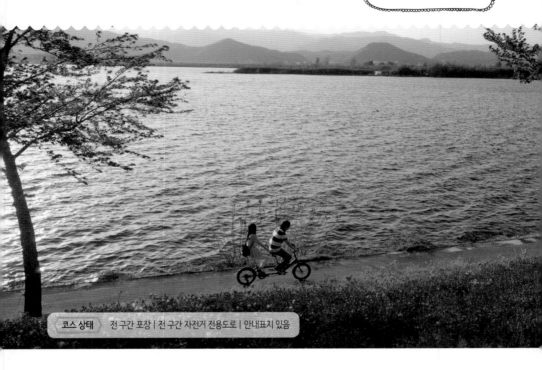

코스 상태 전 구간 포장 | 전 구간 자전거 전용도로 | 안내표지 있음

30점

난이도

코스 주행 거리 32㎞ (중) 상승고도 126m (하)
최대 경사도 5% 이하 (하) 칼로리 960 kcal

접근성

반포대교 — 자전거 4.6㎞ — 옥수역 — 중앙선, 경춘선 전철 23개 역 91㎞ — 춘천역

청춘ITX(용산역-춘천역)

소요 시간

왕편(총 2시간 30분) 17분 2시간 13분

코스 주행 2시간 55분

복편(총 2시간 30분) 2시간 13분 17분

1 소양댐으로 올라가는 벚꽃터널. **2** 수변을 따라 만들어진 목재 데크로드. **3** 의암호 순환 자전거길 표지판. **4** 아버지를 따라 캐리어를 타고 나온 아이. **5** 벚꽃이 만발한 의암호 스카이워크.

가장 완벽한 형태의 수변 자전거길이다. 춘천시내의 호수를 한 바퀴 돌아보는 이 순환 자전거길은 2015년 봄에 완공되었다. 대부분의 호수길이 중간중간 물과 멀어졌다 가까워지기를 반복하며 풍경을 즐기려는 자전거 여행자들의 애간장을 태우지만, 이 코스는 다르다. 의암호를 한 바퀴 돌아 원점으로 돌아오는 동안 호수에 바짝 붙은 데크로드를 따라가며 잠시도 물과 떨어지지 않는다. 호수길이라는 명칭이 전혀 무색하지 않은 자전거길이다.

그동안 자전거 여행자들은 경춘선 열차에 자전거를 싣고 춘천역에 도착하기 무섭게 신매대교 인증센터로 발걸음을 재촉하기 일쑤였다. 해가 떨어지기 전에 목적지까지 도착해야 하는 종주여행의 특성 때문이다. 성취감은 있을지 몰라도 그림 같은 의암호의 풍경과 춘천의 숨겨진 볼거리를 천천히 들여다볼 여유가 없었다.

북한강 자전거길 종주여행을 끝낸 여행자나 또 다른 아름다운 자전거길을 찾는 여행자라면 춘천으로 발걸음을 옮겨보자. 이제는 마음의 여유를 가질 수 있다. 코스 길이가 30㎞에 불과해 종주여행을 즐기는 자전거 여행객들은 코스가 짧지 않을까 걱정하겠지만 기우에 불과하다. 코스 곳곳에 있는 볼거리와 체험거리를 모두 둘러보면 생각만큼 속도를 낼 수가 없다.

아름다운 호수길을 달리는 상쾌함은 물론, 춘천 애니메이션박물관 잔디마당에서 따스한 햇살을 맞으며 의암호를 구경하고, 신연교를 넘어가 코스의 하이라이트인 스카이워크 강화유리 전망대 위를 아찔하게 거닐어보는 등 이 자전거길에서만 누릴 수 있는 즐거움이 많다. 춘천송암레포츠타운에 들어서면 카누 체험장도 있다. 여유가 된다면 이곳에 자전거를 세워놓고 40분 동안 카누 체험을 즐기는 것도 잊지 못할 추억이 될 것이다.

코스 정보

춘천역에 도착하면 역을 등지고 역 앞 도로를 타고 좌측으로 진행한다. 도로를 따라 1㎞ 정도 올라가면 횡단보도 맞은편에 소양강처녀상이 보이고 수변에 자전거도로가 만들어져 있다. 이곳이 의암호 순환 자전거길이 시작되는 지점이다. 신매대교 인증센터에서 의암댐까지는 기존에 만들어진 북한강 자전거길을 이용한다. 의암댐 도착 직전에 좌회전해 신연교를 넘어가면 강 맞은편의 자전거길과 연결된다. 도로 폭이 좁아 주행이 위태롭던 구간에 멋진 데크길이 만들어졌다. 최대한 수변과 가깝게 자전거길이 나 있어 주변 경관이 훌륭하다. 주변 볼거리와 체험거리를 함께 계획한다면 훌륭한 당일 자전거여행이 가능한 코스다.

연계코스

배후령 업힐 코스 p.049 (화천종주코스)

배후령 업힐 코스 p.049 (청평사 순환코스)

소양호 종주코스 p.051

난이도

신연교에서 스카이워크로 넘어가는 100m 정도의 일부 구간을 제외하고는 언덕다운 업힐 구간이 없는 평이한 코스다. 초보자도 무리 없는 난이도로, 비포장 구간이 없어 어떤 자전거로도 라이딩이 가능하다.

주의구간

반시계 방향으로 돌면 신연교를 넘어 스카이워크(일명 하늘자전거길)로 들어서게 된다. 이곳을 지나 카누 체험장이 있는 춘천송암레포츠타운으로 진입하게 되는데, 보행로와 자전거길이 분리되어 있지 않은 좁은 내리막길을 내려가야 한다. 보행자와 충돌 위험이 있으니 속도를 줄이고 서행하거나 자전거에서 내려서 이동하는 것을 추천한다.

교통

IN/OUT 동일

대중교통 경춘선은 평일에도 자전거 탑승이 가능했지만 2018년 9월 1일부터 주말과 공휴일에만 가능하도록 변경되었다. 전철 가장 앞과 맨 뒤 두 칸이 자전거를 거치할 수 있는 자전거 전용 칸이다. 반포대교를 기준으로 지하철 3호선 옥수역까지 자전거로 약 4.6㎞ 주행 후 중앙선을 타고 상봉역까지 이동해 경춘선으로 환승한다. 약 2시간가량 소요된다. 용산에서 출발하는 청춘 ITX를 이용하면 1시간 10분이면 춘천까지 이동할 수 있어 훨씬 편리하다(편도 8,300원). 반면

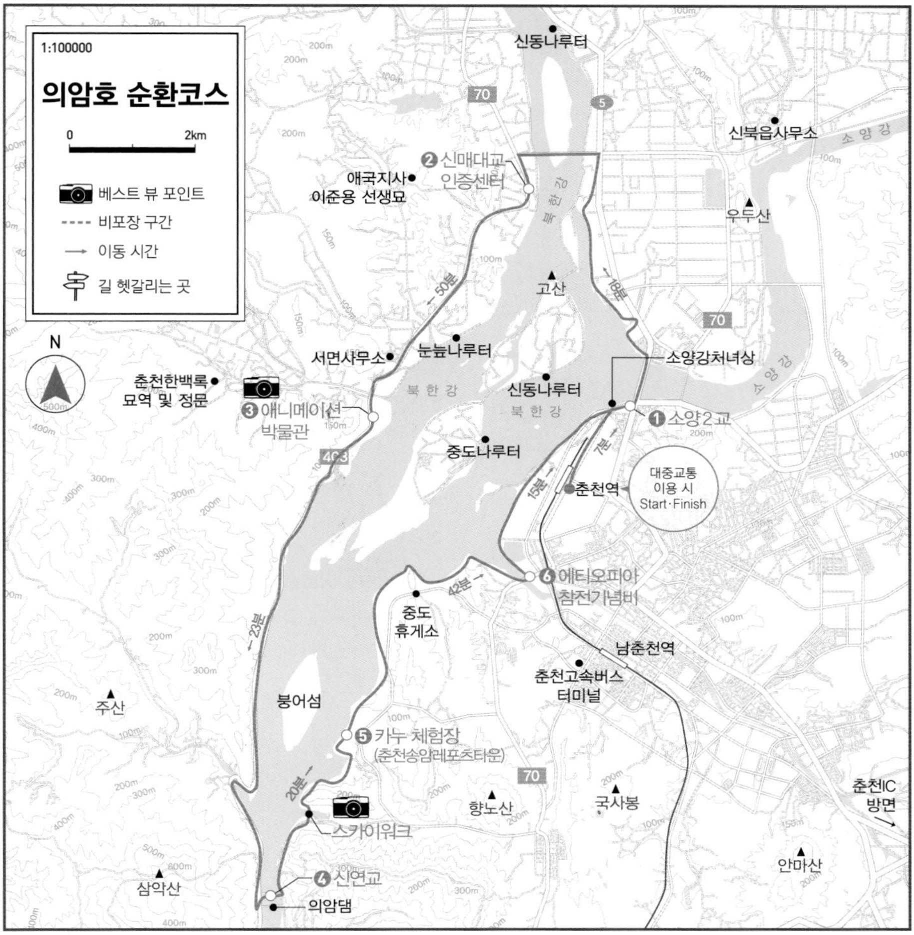

1:100000
의암호 순환코스
0
2km
베스트 뷰 포인트
비포장 구간
이동 시간
길 헷갈리는 곳
N
신동나루터
신북읍사무소
소양강
우두산
❷ 신매대교 인증센터
애국지사 이준용 선생묘
고산
18분
50분
눈늪나루터
서면사무소
소양강처녀상
춘천한백록 묘역 및 정문
❸ 애니메이션 박물관
북한강
신동나루터
❶ 소양2교
7분
중도나루터
15분
춘천역
대중교통 이용 시 Start·Finish
❻ 에티오피아 참전기념비
42분
중도 휴게소
23분
남춘천역
춘천고속버스 터미널
주산
붕어섬
❺ 카누 체험장 (춘천송암레포츠타운)
20분
향노산
국사봉
춘천IC 방면
스카이워크
안마산
❹ 신연교
삼악산
의암댐
70
5
403

고도표

250m
200m
150m
100m
50m
5.0km
10.0km
15.0km
20.0km
25.0km
30.0km

춘천역 — 7분 — ❶ 소양2교 — 18분 — ❷ 신매대교 인증센터 — 50분 — ❸ 애니메이션박물관 — 23분 — ❹ 신연교 — 20분 — ❺ 카누 체험장 — 42분 — ❻ 에티오피아 참전기념비 — 15분 — 춘천역

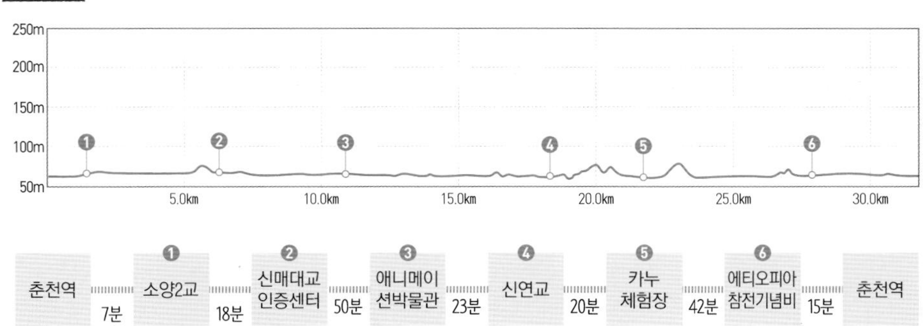

열차당 자전거 거치대가 10개뿐이라 주말에는 예약이 어렵다. 강남고속버스터미널(편도 9,100원)과 동서울시외버스터미널(편도 7,700원)에서 버스를 타고 춘천으로 이동할 수도 있다.

자가용 목적지로 되돌아오는 순환코스다 보니 자가용을 이용한 코스 접근도 가능하다. 춘천역까지 이동한 뒤에 춘천역 바로 앞 노상주차장에 주차하고 라이딩을 즐기면 된다(주차료 무료).

보급 및 음식

자전거 코스가 춘천시내와 맞닿아 있어 보급은 용이한 편이다. 특히 커피 한 잔 마실 만한 장소가 코스 중간중간에 있다. 춘천 애니메이션박물관 1층 커피숍은 넓은 잔디밭과 호수 풍경이 일품이며, KT&G 춘천상상마당에 위치한 댄싱카페인도 주변 경관이 좋다. 특히 우리나라 최초 원두커피전문점으로 알려진 '이디오피아의 집'도 공지천 합수부에서 코스와 맞닿아 있다. 춘천역에서 약 1.3㎞ 떨어진 곳에 춘천닭갈비 골목과 춘천중앙시장(일명 낭만시장)이 있다. 춘천중앙시장 인근의 춘천원조숯불닭불고기집은 식사 때마다 줄이 길게 늘어서는 맛집이다. 좋은 숯과 부드러운 닭 갈비살이 일품. 시장에도 부담 없는 식당들이 있다. 낭만국시는 '착한 가격 모범음식점'이다(국수 4,000원). 길성식당은 국밥을 잘한다.

댄싱카페인
033-243-4727, 강원도 춘천시 스포츠타운길399번길 25

춘천닭갈비

이디오피아의 집
033-252-6972, 강원도 춘천시 이디오피아길 7

춘천원조숯불닭불고기집
033-257-5326, 강원도 춘천시 낙원길 28-4

낭만국시 033-252-6255, 춘천중앙시장 안

길성식당 033-254-2411, 춘천중앙시장 안

즐길 거리

카누 체험 춘천 물레길이란 브랜드를 사용하고 있으며 08:00~18:00까지 1시간 간격으로 카누 투어가 진행된다. 약 3㎞ 거리의 코스에서 참가자들이 가이드를 따라 함께 카누를 즐길 수 있다. 비용은 성인(2인 기준) 30,000원이고, 15분 안전교육을 받은 뒤 45분 동안 카누잉이 진행된다.

춘천송암레포츠타운 카누 체험장
033-242-8463, http;//mullegil.org(예약)

의암호 카누 체험

춘천 인근의 자전거 코스

춘천은 자전거 여행자들 사이에서 북한강 자전거길의 시발점이자 종착지로 유명하다. 주변에는 의암호 순환자전거코스를 포함, 화천-양구로 연결되는 코스들이 있어 계획을 잘 세운다면 주변 지역으로 넘어가는 종주여행을 즐길 수 있다.

화천댐
화천시외 버스터미널
양구시외 버스터미널
❺ 대붕교
❹ 오음교차로
원천교
양구 선착장
용화산자연휴양림
❸ 간척사거리
청평사
❷ 배후령
춘천호
춘천댐
청평사 선착장
소양댐 선착장
소양호
❶ 천전삼거리
춘천역
향노산
대룡산
삼악산
의암댐
N

1:400000

춘천 인근

0 8km

유람선 운항구간
의암호 순환코스
화천 산소길
소양호 자전거길
양구 선착장-양구읍
춘천-화천(5번 국도)
춘천-화천(배후령)

의암호 순환 (왕복)	· **코스 거리** 32km · **상승고도** 126m · **소요시간** 2시간 55분 · **출발지** 춘천역 · **도착지** 춘천역 · p.042
화천 산소100리길 (왕복)	· **코스 거리** 35km · **상승고도** 143m · **소요시간** 2시간 40분 · **출발지** 원천교 · **도착지** 원천교
춘천-화천(5번 국도) (편도)	· **코스 거리** 33km · **상승고도** 387m · **소요시간** 2시간 · **출발지** 춘천역 · **도착지** 원천교
춘천-화천(배후령) (편도)	· **코스 거리** 44.7km · **상승고도** 660m · **소요시간** 2시간 23분 · **출발지** 춘천역 · **도착지** 화천터미널 · p.049
소양호 자전거길 (편도)	· **코스 거리** 42.5km · **상승고도** 980m · **소요시간** 4시간 15분 · **출발지** 청평사 · **도착지** 양구 선착장 · p.051
춘천-소양댐 (편도)	· **코스 거리** 16km · **상승고도** 140m · **소요시간** 1시간 4분 · **출발지** 춘천역 · **도착지** 소양호 선착장 · p.051

화천 산소길

화천의 자전거길로는 파로호 산소100리길이 유명하다. 의암호 순환코스와 같이 북한강 강변을 따라서 순환코스를 만들어 놓았다. 코스 길이는 35km로 의암호 순환코스와 비슷하다. 두 코스 모두 상승고도 150m 이하로, 오르막이 거의 없는 편안한 코스다. 의암호가 호수의 비경과 인공적인 도시의 모습 두 가지를 갖고 있다면 화천은 오로지 자연 그대로의 청명함과 고요함이 인상적인 자전거길이다. 폰툰다리를 달리는 구간이 특색 있다.

춘천에서 화천으로 가는 방법

의암호 수변 자전거길을 따라서 춘천댐까지 올라간 뒤 5번 국도를 타고 화천으로 넘어가는 방법과 소양호를 따라서 소양강댐 쪽으로 올라간 뒤 배후령을 넘어가는 방법이 있다. 두 코스 모두 화천 산소100리길과 연결된다. 거리는 40km 남짓 비슷하지만 상승고도에 차이가 있다. 배후령이 660m로, 5번 국도 코스의 387m보다 훨씬 높게 올라간다. 배후령은 매년 힐클라임 대회가 열리는 곳으로, 업힐 연습에 최적화된 구간이다.

춘천-화천(5번 국도)

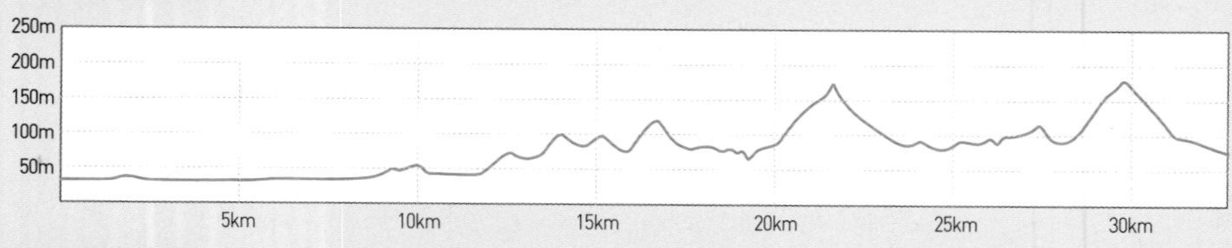

춘천-화천(배후령)

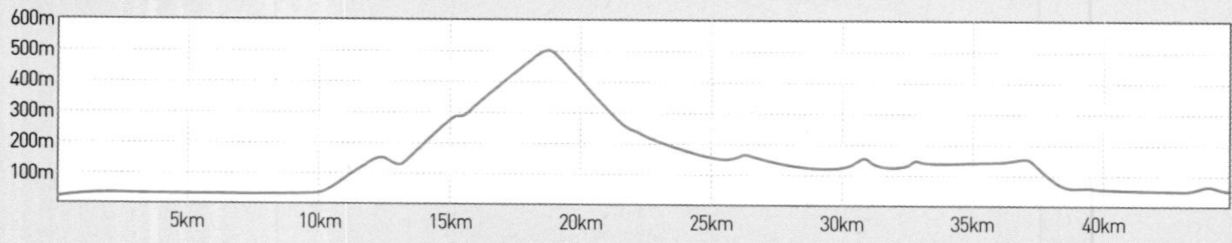

양구로 넘어가는 방법

청평사가 출발점이 된다. 춘천시내에서 출발해 배후령을 넘어 청평사로 넘어가는 방법과 소양댐에서 유람선을 타고 청평사로 점프하는 방법이 있다. 내륙이지만 유람선으로 In/Out 할 수 있는 재미있는 코스다.

춘천과 양구를 연결해주던

배후령 옛길

70점

난이도

코스 주행 거리 45km (중) 상승고도 660m (중)
최대 경사도 10% 이하 (중) 칼로리 1,935 kcal

천전삼거리.
배후령길로 좌회전한다.

배후령 정상으로 라이딩

배후령 정상

코스 상태 전 구간 포장 | 자전거 전용도로 없음 | 안내표지 없음

배후령은 춘천에서 화천을 지나 양구로 넘어가는 해발 600m의 고개다. 과거 45번 국도가 지나던 이곳은, 인근에 우리나라에서 가장 긴 5km의 배후령터널이 뚫리면서 차량과 인적이 드문 옛길이 되고 이제는 자전거 동호인들 사이에서 업힐 명소로 떠오르고 있다. 매년 봄이면 전국 규모의 배후령 힐클라임 대회가 열린다. 업힐 중에서도 배후령이 특히 매력적인 몇 가지 이유가 있다. 첫째, 편리한 접근성이다. 배후령 정도의 업힐을 오르려면 첩첩산중으로 들어가야 하는데, 전철로 접근 가능한 춘천을 시발점으로 하는 것은 큰 장점이다. 둘째, 한적한 도로 사정이다. 옛길이라고 해도 관광객들로 북적거리는 것이 다반사지만 배후령 옛길은 정말 한적하다. 셋째, 적당한 난이도다. 길이나 경사도 모두 너무 고되지도, 너무 쉽지도 않게 적당해서 중급 수준의 자전거 여행자도 즐길 수 있다.

고도표

총 소요시간 2시간 50분(편도)

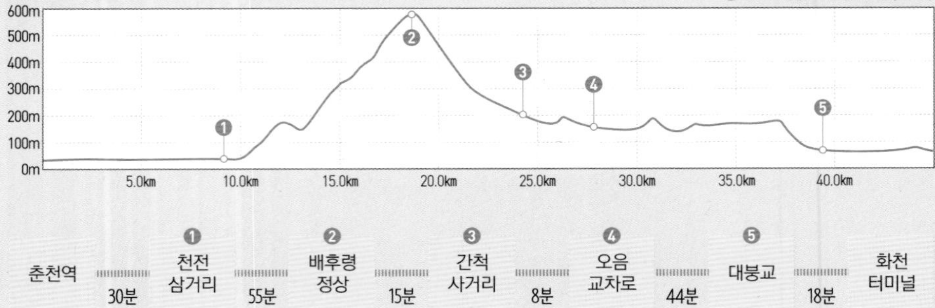

춘천역		❶ 천전삼거리		❷ 배후령 정상		❸ 간척사거리		❹ 오음교차로		❺ 대봉교		화천 터미널
	30분		55분		15분		8분		44분		18분	

코스 정보

춘천역에서 천전삼거리까지 이동하는 방법은 소양호 꼬부랑길 코스와 동일하다 (p.051 참고). 춘천에서 소양강 자전거길을 타고 천전삼거리까지 이동한다. 이곳에서 소양댐선착장으로 가려면 직진해야 하고 배후령 옛길로 오르려면 '배후령길'로 좌회전해야 한다. 배후령 옛길은 새롭게 뚫린 45번 국도와 나란히 올라간다. 정상까지는 외길이다. 간간이 지나가는 자동차만 있을 뿐 주변은 고요하다 못해 적막감마저 돈다. 정상까지 올라갔다면 돌아가는 방법을 선택해야 한다. 왔던 길로 되돌아가든지 아니면 화천으로 넘어가든지 말이다. 간척사거리까지 내려와서 다시 배치고개를 넘어 청평사에 들렀다가 유람선을 타고 소양댐으로 빠져나올 수도 있다. 화천으로 넘어가는 종주코스를 즐기려면 간척사거리에서 화천/오음리 방향으로 좌회전한다. 오음교차로에서는 화천/간동 방향으로 좌회전하면 파로호 안보전시관을 지나 화천산소100리길과 만나게 된다. 화천에서 라이딩을 종료하고 화천시외버스터미널에서 점프를 해도 되고 계속해서 라이딩을 이어가서 407번 지방도를 타고 출발지로 되돌아오는 순환코스를 만들어도 된다.

매년 봄이면 배후령 힐클라임대회가 개최된다. 출발지는 신동초등학교다. 대회 일정 안내와 접수는 홈페이지(race.thebike.co.kr)를 참고한다.

난이도

배후령은 해발 600m로 고도가 높은 편은 아니다. 하지만 출발지의 고도가 해발 70여m에 불과하기 때문에 상승고도는 제법 나온다. 천전삼거리부터 본격적인 업힐이 시작된다. 정상까지 거리는 약 8㎞다. 경사도는 10%를 넘어가는 구간 없이 완만하게 올라간다. 도로의 포장 상태도 좋은 편이라 로드차로 오르내리기에 좋다.

주의구간

춘천역에서 천전삼거리까지는 자전거 전용도로를 주행한다. 나머지 구간은 공도를 달려야 하지만 차량 통행량이 적은 구간이라 부담이 없다. 배후령 옛길은 내리막 중간 서옥교차로에서 45번 국도와 다시 만난다. 간척사거리까지 차량 통행이 증가한다. 라이딩 시 주의가 필요한 구간이다.

인적조차 끊겨버린 양구 옛길을 따라가는

소양호 종주코스 (배후령·꼬부랑 자전거길)

찾아가기 쉽진 않지만
로드라이딩을 즐기는 사람들에게는
놓칠 수 없는 코스다.

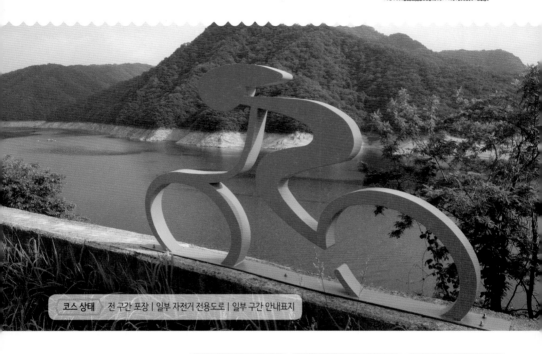

코스 상태 전 구간 포장 | 일부 자전거 전용도로 | 일부 구간 안내표지

70점(유람선)
90점(배후령)

난이도

춘천-청평사(배후령 코스)	춘천-청평사(유람선 점프코스)	청평사-양구선착장
코스 주행 거리 33km (중)	코스 주행 거리 16km (하)	코스 주행 거리 42.5km (중)
상승고도 896m (상)	상승고도 140m (하)	상승고도 980m (상)
최대 경사도 10% 이상 (상)	최대 경사도 10% 이하 (중)	최대 경사도 10% 이상 (상)
칼로리 1,784kcal	칼로리 723kcal	칼로리 2,079kcal

접근성

반포대교 —(자전거 4.6km)— 옥수역 —(중앙선, 경춘선 91km)— 춘천역 —(자전거 16km)— 소양댐 선착장 —(배 3km)— 청평사 선착장

청춘ITX(용산역-춘천역)

소요 시간

왕편(총 4시간 4분)	코스 주행	복편(총 4시간 10분)
자전거 17분, 전철 2시간 13분, 자전거 1시간 4분, 배 30분	자전거 5시간 19분	자전거 30분, 버스 2시간 50분, 자전거 50분

1 추곡삼거리. 양구 방면으로 우회전. **2** 춘천에서 천전삼거리까지 연결되는 소양강 자전거길. **3·4** 한적한 소양호 꼬부랑길.

소양호반을 따라 달리는 환상적인 라이딩 코스다. 난이도도 적절하고, 아스팔트 포장도로를 주로 이용하기 때문에 특히 로드 라이딩에 어울리는 구간이다. 소양호는 1973년 소양댐 준공으로 만들어진 우리나라 최대의 인공호수다. 춘천에서 시작해 양구를 거쳐 인제까지 이어지는 넓은 면적 때문에 '내륙의 바다'라고도 불린다. 양구 옛길은 양구와 춘천을 이어주는 유일한 도로였지만 배후령터널과 수인터널 등 새로운 길이 뚫리면서 이제 자동차 도로로서의 기능을 상실했다. 그래도 수변을 따라 구불구불 이어지며 펼쳐지는 경관이 좋아 지금은 자전거가 차 대신 도로의 주인이 되었다.

'양구 옛길'이라는 명칭으로 일부 자전거 동호인들 사이에서 알음알음 알려진 이 길은 '꼬부랑 자전거길'이라는 새 이름을 얻었다. 특히 추곡에서 시작해 양구선착장까지 이어지는 24㎞ 구간은 이 구간의 백미다. 길은 한순간도 쉬지 않고 커브를 만들며 정확하게 소양호의 가장자리를 따라 선착장까지 연결된다. 소양호 주변의 탁 트인 경관을 볼 수 있어 라이더의 눈을 즐겁게 해 준다.

5 소양댐 위에서 내려다본 소양강. **6** 소양호 꼬부랑길. **7** 소양호 꼬부랑길 안내표시. **8** 양구시외버스터미널.

소양호와 청평사를 오가는 여객선.

문제는 코스가 워낙 오지에 있어서 시작점에 접근하기가 만만치 않다는 것이다. 자가용을 이용해 추곡에 도착한 다음 선착장 사이를 왕복한다면 간단한 일이지만, 대부분 여행자들은 대중교통으로 춘천에서 시작해 양구로 넘어가는 종주코스를 선택한다. 이 경우 다양한 경로가 만들어질 수 있다. 더구나 소양호를 운항하는 유람선으로 소위 '점프(대중교통수단을 이용해서 자전거를 이동하는 것)'할 수 있어 다른 곳에서는 체험할 수 없는 독특한 코스 설계가 가능하다.

일부 동호인들은 춘천에서 출발, 배후령고개를 넘어 추곡터널을 통과해 꼬부랑길 초입으로 접근한다. 가장 최단 코스이지만 길이 800여m의 추곡터널을 지나야 한다. 여기에서는 시간과 체력이 더 소모되더라도 터널을 통과하지 않고 우회해 청평사를 시작점으로 하는 코스를 소개한다.

고도표

①춘천역-소양호선착장

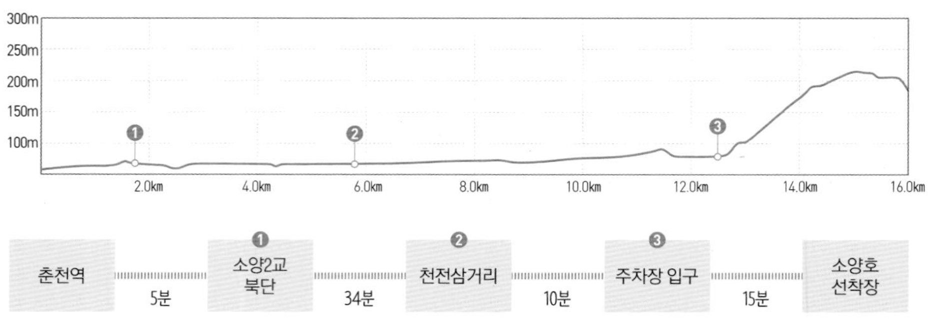

춘천역	5분	❶ 소양2교 북단	34분	❷ 천전삼거리	10분	❸ 주차장 입구	15분	소양호 선착장

②소양호선착장(청평사)-양구선착장

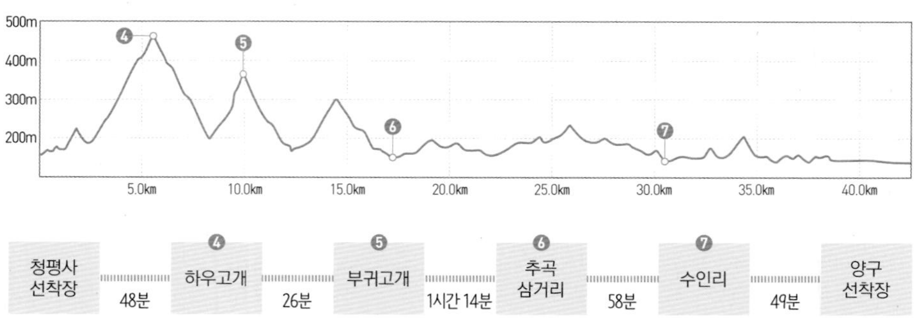

청평사 선착장	48분	❹ 하우고개	26분	❺ 부귀고개	1시간 14분	❻ 추곡 삼거리	58분	❼ 수인리	49분	양구 선착장

코스 정보

연계코스

배후령 업힐 코스 p.049 (화천 종주코스)

의암호 순환코스 p.042

춘천역에서 소양댐으로 올라가려면 소양강처녀상이 있는 소양2교를 건너자마자 횡단보도를 건너 소양강 좌측에 있는 자전거길을 따라 올라가야 한다. 소양강의 좌측으로 올라가야 길 찾기도 수월하고 소양댐 초입의 천전삼거리까지 자전거도로가 연결된다. 천전삼거리에서 직진하면 소양댐으로 올라가고 좌회전하면 배후령으로 올라가는 업힐이 시작된다.

소양댐에서 청평사까지 유람선을 타고 점프했더라도 꼬부랑길이 시작되는 양구까지 가는 길은 그렇게 호락호락하지 않다. 청평사에서 양구까지 구간은 대부분 호수에서 멀리 떨어진 업힐을 타고 넘어가야 된다. 마지막 고개를 넘어 춘천시와 양구군의 경계 지점인 추곡삼거리에 도착해서야 비로소 호반 풍경을 바라보며 라이딩을 즐길 수 있다.

1:200000

소양호

0 4km

베스트 뷰 포인트
운항 경로
이동 시간
길 헷갈리는 곳

N

Finish
양구시외 버스터미널
사명산
죽엽산
403
추곡터널
❼ 수인리
수인터널
양구선착장
49분
❻ 추곡삼거리
58분
계명산
1시간 14분
배치고개
배후령
청평사
❹ 하우고개
청평사 선착장
26분
❺ 부귀고개
48분
유람선 타고 가는 구간
소양호선착장
소양호
10분
15분
천전IC
❸ 주차장 입구
34분
❷ 천전삼거리
두리봉
70
5분
❶ 소양2교 북단
구봉산
춘천역
강원도청
수리봉
춘천시
Start

춘천-청평사(유람선 점프)
춘천-청평사(배후령 코스)

소양2교 북단에서 우회전해 동부아파트 앞 강변도로를 이용한다.

소양2교 우측 북단 제방길.

난이도

배후령으로 넘어가는 코스를 선택하면 총 거리 76㎞에 상승고도가 1,879m로, 업힐 5개를 넘어가야 하는 터프한 코스가 된다. 특히 청평사로 넘어가는 배치고개의 경사도가 10%를 오르내리며 만만치 않다. 유람선으로 점프했더라도 초반에 업힐 3개를 연속해서 넘어가야 되기 때문에 초보자가 도전하기에 쉽지 않다. 상승고도는 980m다.

주의구간

양구 옛길 구간은 인적이 드물고 한적해서 차량으로 인한 스트레스는 거의 없다. 단 소양댐으로 올라가는 업힐의 경우 주말에는 차량 통행이 빈번한 편이라 주행에 주의해야 한다.

교통

IN 출발지인 춘천까지 접근 방법은 의암호 순환코스와 동일하다(p.042 참고). 춘천시내에서 청평사로 접근하는 법은 두 가지다. 첫 번째 방법은 춘천시내에서 소양강을 따라서 소양댐 초입의 천전삼거리까지 이동 후 배후령 옛길을 타고 배후령을 넘어가는 것이다. 배후령을 넘어간 다음 간척사거리에서 우회전해 배치고개를 넘어 청평사로 넘어간다. 두 번째 방법은 춘천시내에서 소양호선착장까지 자전거로 이동 후 유람선을 이용해 청평사선착장까지 이동하는 방법이다. 소양댐에서 청평사까지 09:00~18:00에 30분 간격으로 유람선이 운항한다(소양관광개발 033-242-2455, 성인 편도 4,000원, 자전거 운반비 2,000원). 이렇게 되면 배후령을 넘어갈 때보다 거리는 약 절반으로 줄고 무엇보다 배후령, 배치고개 업힐을 생략할 수 있다.

OUT 이전에는 양구선착장에서 소양호선착장으로 운항하는 유람선을 이용해서 출발지로 되돌아올 수 있었지만, 2020년 8월 현재 이 유람선은 운항하고 있지 않다. 양구선착장에서 양구시외버스터미널까지는 약 8.8㎞이고, 자전거로 30분 정도 소요된다. 상승고도는 79m로 무난한 구간이다. 양구시외버스터미널에서는 동서울종합터미널까지 약 30분 간격으로 차편이 있다(막차 20:10, 성인 13,900원, 1시간 50분 소요).

보급 및 음식

소양호 초입의 천전삼거리에는 닭갈비와 막국수집이 몰려 있다. 샘밭막국수(막국수 10,000원, 10:00부터 영업)와 춘천통나무집닭갈비가 유명하다(닭갈비 1인분 11,000원). 청평사에서 출발해 하우고개와 부귀고개를 넘어가면 북산면사무소 소재지에 도착하게 된다. 이곳에 신북농협 북산지소가 있다. 중간보급을 받기 좋다.
양구 쪽에는 양구선착장에서 양구시외버스터미널로 가는 길가에 음식점들이 있다. 대표메뉴가 두부전골인 양구재래식손두부집은 인기 있는 음식점이다. 역시 도로변에 있는 뱃터막국수(막국수 7,000원)도 유명 맛집까진 아니지만 내놓는 음식이 예사롭지 않다. 양구에는 광치막국수와 도촌막국수집이 유명하지만 귀경 루트에서 벗어나 있어 음식점까지 알바(루트에서 벗어난 추가 라이딩)를 뛰어야 하는 수고로움이 있다.

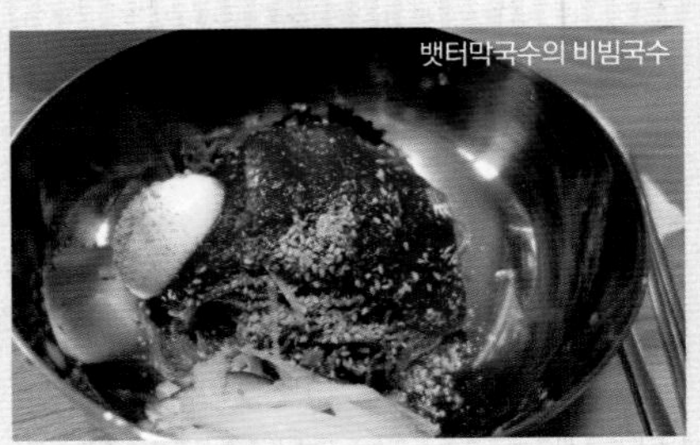
뱃터막국수의 비빔국수

샘밭막국수
033-242-1712, 강원도 춘천시 신북읍 천전리 118-23
신북농협 북산지소
033-243-3277, 강원도 춘천시 북산면 오항리 391-3
양구재래식손두부집
033-482-475, 강원도 양구군 양구읍 학안로 6
뱃터막국수
033-482-2752, 강원도 양구군 양구읍 소양호로 2589

북한강 수계 최후의 오지 속으로 들어서다

청평호 종주코스(청평호·관천리 임도)

서울 근교에서 이렇게 오지 분위기
물씬 풍기는 코스도 드물다.
반면 귀경 루트 풍경이 아쉽다.

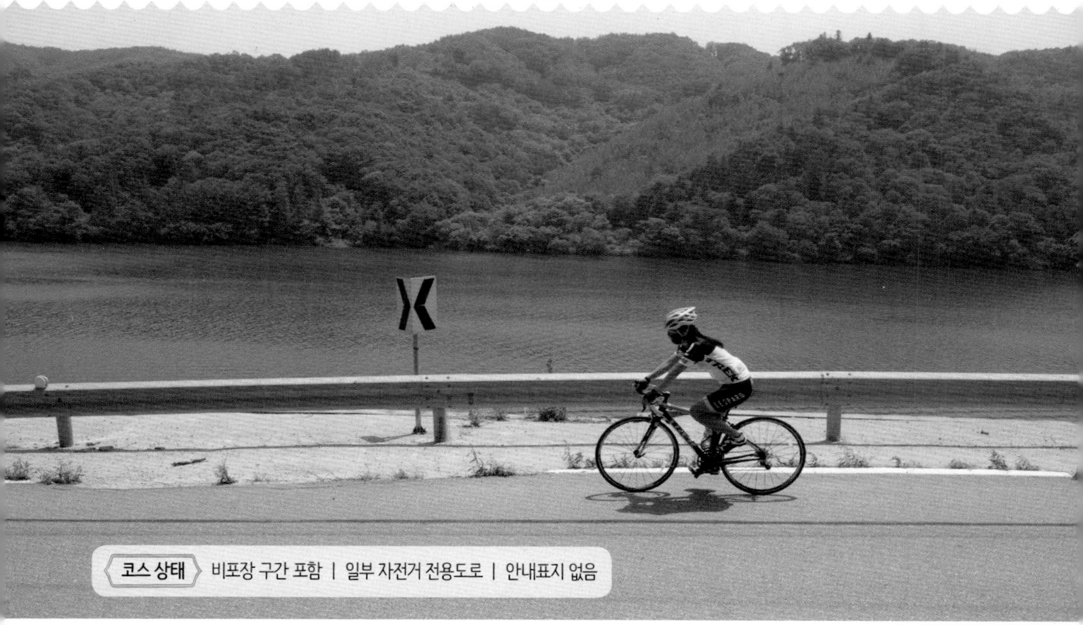

코스 상태 | 비포장 구간 포함 | 일부 자전거 전용도로 | 안내표지 없음

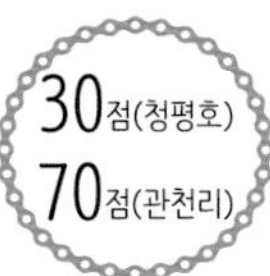

난이도 30점(청평호) 70점(관천리)

① 청평-가평(청평호 종주)	② 가평-강촌(관천리 임도)
코스 주행 거리 33㎞ (중)	코스 주행 거리 47㎞ (중)
상승고도 464m (중)	상승고도 741m (상)
최대 경사도 10% 이하 (중)	최대 경사도 10% 이하 (중)
칼로리 1,364㎉	칼로리 1,976㎉

접근성 대중교통 가능 54.6Km

반포대교 —(자전거 4.6㎞)— 옥수역 —(중앙선, 경춘선 전철 18개 역 50㎞)— 청평역

소요 시간 11시간 5분 당일 코스

왕편(총 2시간 3분)	코스 주행	복편(총 2시간 22분)
자전거 17분	① 자전거 2시간 8분	전철 2시간 5분
전철 1시간 36분	② 자전거 4시간 32분	자전거 17분

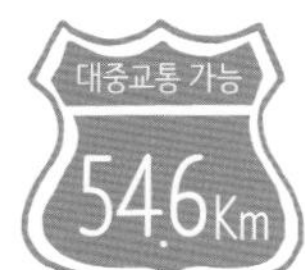

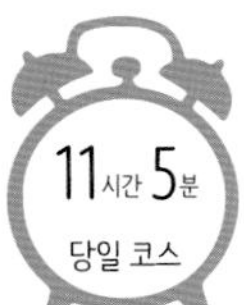

1 길 헷갈리는 곳 A. 북한강 자전거길에서 청평댐 가는 샛길로 좌회전. **2** 3번 금대리교차로, 북한강변로로 우회전한다. **3** 청평댐으로 올라가는 75번 국도. **4** 북한강변로. **5** 남이섬 맞은편 방하로를 따라 관천리로 라이딩 한다. **6** 관천리 임도.

청평호반을 즐기며 라이딩 할 수 있는 두 개의 코스가 있다. 첫 번째는 청풍호 코스다. 80km 거리의 북한강 종주길은 춘천에서 운길산역까지 줄곧 북한강과 함께 내려가는데, 아쉽게도 가평-청평 구간만 물에서 멀어져 심심하게 내륙을 관통한다. 지루한 벗고개 업힐도 넘어야 된다. 하필 이렇게 건너뛴 곳이 청평댐에서 남이섬으로 연결되는 아름다운 수변길이다. 종주가 목적이 아니라면 일부 동호인들은 이 구간에서는 기존 자전거도로에서 벗어나 '호반로'로 불리는 강변길을 따라 투어를 즐긴다. 자전거 전용도로는 아니어도 주변 풍광이 정말 아름답다.

이 코스는 북한강 종주와는 별도로 당일치기 라이딩으로도 좋은 구간이다. 코스의 시발점인 청평역은 대중교통으로 접근하기 좋다. 이 코스 역시 33km 구간의 대부분을 일반도로를 이용하기 때문에 온로드 라이딩을 즐기기에 적당하다. 프랑스 테마파크인 '쁘띠프랑스'를 비롯해 남이섬과 자라섬도 지나가게 되는데, 가평군에서 운행하는 가평 관광지 순환버스와 같은 길을 달린다.

이렇게 2시간 정도 쉬엄쉬엄 라이딩을 즐기다 보면 가평에 도착한다. 북한강 자전거길과

7 길 헷갈리는 곳 B, 경강교 북단의 갈림길. 북한강 자전거길에서 벗어나 관천리 방향으로 좌회전한다. **8** 발산교 교차로의 모습, 강촌 방향 403번 지방도로 좌회전한다. **9** 길 헷갈리는 곳 C, 후동1교차로. 소주고개로 우회전한다. **10** 남이섬으로 들어가는 유람선.

다시 만나는 순간이다. 이쯤에서 라이딩을 멈추고 되돌아오거나 기존 자전거길을 따라 강촌이나 춘천까지 올라갈 수도 있다. 기존 코스를 이탈해 조금 더 새로운 모험을 즐기고 싶다면 두 번째 청평호반 코스인 관천리 코스까지를 달려보자.

관천리 코스로 가려면 경강교를 넘어 관천리 쪽으로 방향을 튼다. 청평호반도로의 건너편 길이다. 이 코스가 특별한 점은 수변의 비포장도로를 통과한다는 점이다. 수변도로를 타고 라이딩을 즐기다 보면 정확하게 관천리 경계 부근에서 포장도로가 끊어진다. 대신 비포장도로가 시작되는데, 이대로 계속 들어가도 될까 싶을 정도로 인적과 차량의 통행이 드물다. 북한강 줄기의 오지 속으로 들어선 것이다. 대부분의 임도는 나무와 산에 가려 주변 시야가 트이지 않지만 이곳의 임도는 물길과 맞닿아 있다. 비포장길을 헤치고 달리면 그 끝에서 관천리 마을과 만나게 된다. 마치 고립된 듯한 오지 느낌을 물씬 풍긴다. 이곳에서부터는 매끈한 아스팔트 포장도로로 바뀌고 청평호가 아닌 홍천강을 따라가 올라가기 시작한다.

고도표

① 청평호 코스

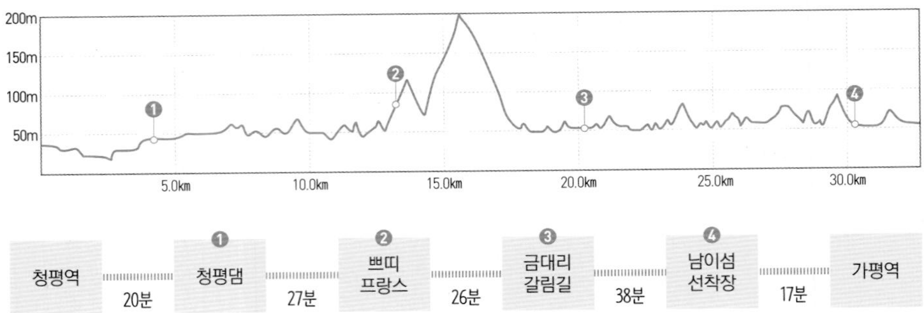

② 관천리 코스

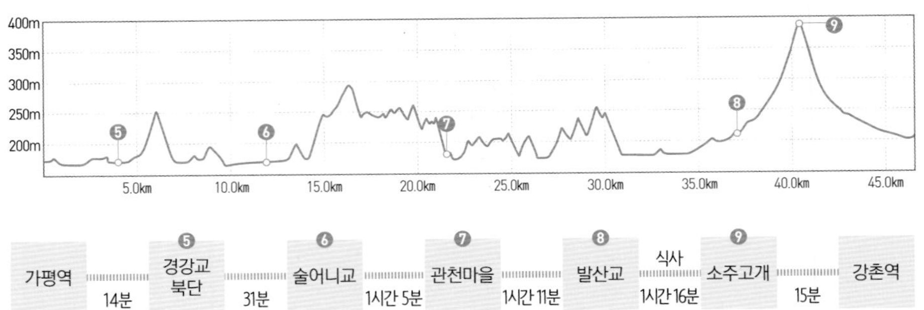

코스 정보

① 청평호 코스: 청평역에서 출발하면 북한강 자전거길을 따라 북쪽이 아닌 남쪽 방향으로 내려온다. 청평대교를 지나 조종천을 건너기 직전에 좌측의 합류 도로를 따라 올라가서 뚝방길을 따라 청평댐 방향으로 올라가야 한다(지도 A 참고). 왕복 2차선의 호반로를 따라가는 코스다. 우측으로 수변을 끼고 있어 주변 풍경이 좋다. 쁘띠프랑스가 있는 고성리에서 잠시 물과 멀어지지만 업힐을 넘어서면 다시 수변에 닿게 된다. 계속 수변을 따라가기 때문에 길 찾기는 어렵지 않다. 75번 국도와 391번 지방도가 만나는 구간에서 우회전하면 남이섬과 만나게 된다.

② 관천리 코스: 가평역에서 출발해 북한강 자전거길을 따라 강촌 방향으로 올라간다. 경강교를 넘어 내려오자마자 좌회전해서 자전거길과 이별한다(지도 B 참고). 수변도로를 따라가다 보면 작은 삼거리에 도착하게 된다. 직진하면 술어니고개로 넘어가는 산길로 접어들게 되고 호수 쪽으로 우회전해서 작은 다리(술어니교)를 건너간다. 조금 더 올라가면 포장도로는 끝나고 비포장도로와 만나게 된다. 관천마을까지 작은 업다운이 계속해서 반복된다.

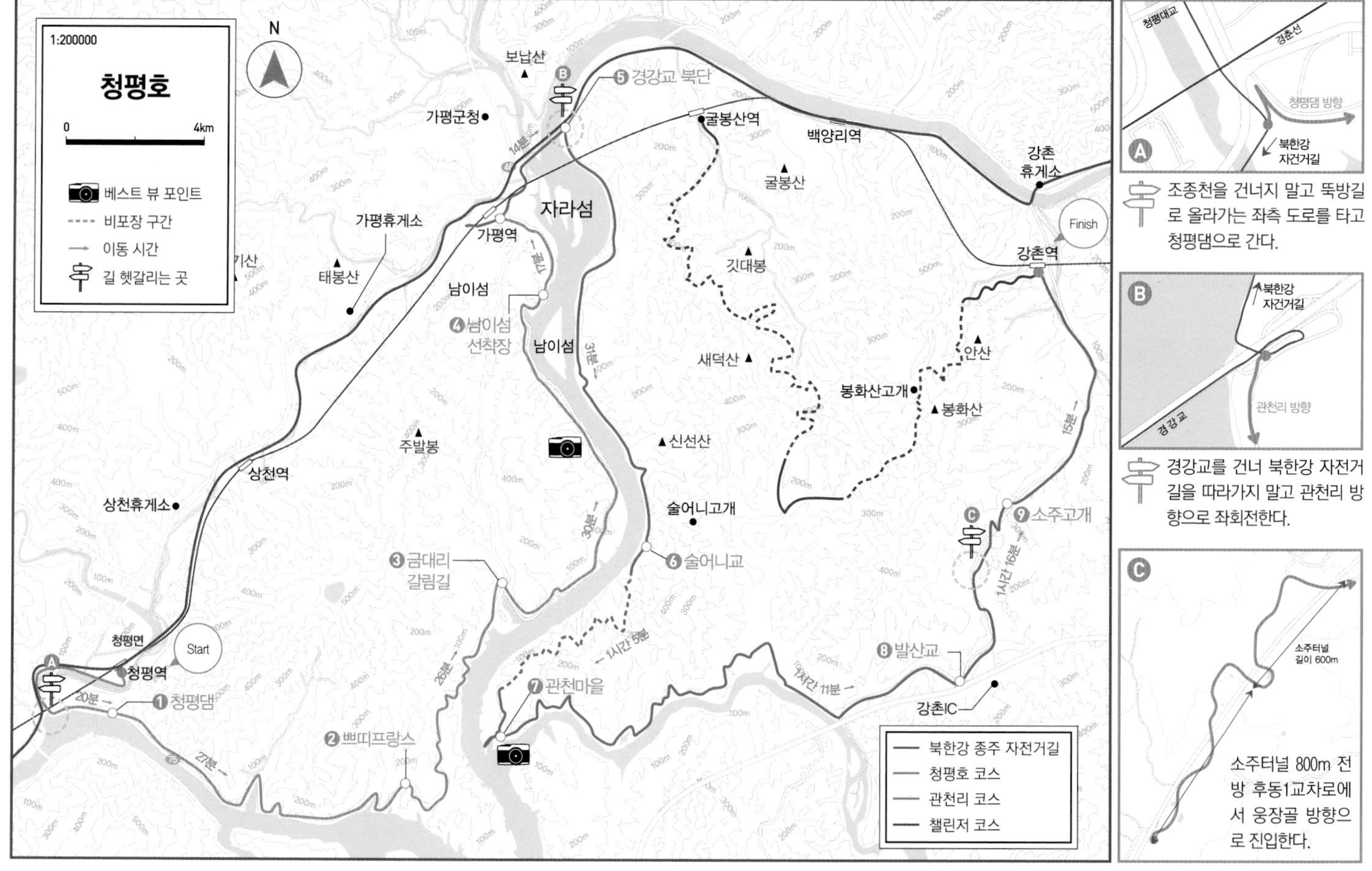

A 조종천을 건너지 말고 뚝방길로 올라가는 좌측 도로를 타고 청평댐으로 간다.

B 경강교를 건너 북한강 자전거길을 따라가지 말고 관천리 방향으로 좌회전한다.

C 소주터널 800m 전방 후동1교차로에서 웅장골 방향으로 진입한다.

난이도

청평호 코스는 업힐 한 곳을 제외하면 대부분 평지코스다. 상승고도는 464m로 초 · 중급자도 무리 없이 라이딩 할 수 있다. 단, 일반도로를 주행하기 때문에 통행하는 차량을 주의해야 한다. 차량 통행량이 많지 않지만 도로 폭이 좁아 노견이 여유롭지는 않다. 반면에 관천리 코스는 오프라인 임도 구간을 포함하고 크고 작은 업다운이 끝없이 반복되는 제법 다이내믹한 코스다. 임도 주행 경험이 있는 중급자 이상에게 어울린다.

주의구간

관천리 임도 코스에서 403번 지방도를 타고 강촌역으로 복귀한다면 소주고개를 넘어야 한다. 도로를 계속 따라가면 정상 부근에서 600m 길이의 소주터널과 만난다. 옛길로 터널을 우회하려면 터널 진입 800m 전 후동1교차로에서 옹장골 방향으로 우회전해 소주고개로를 따라 이동한다.

교통

IN/OUT 다름

IN 청평호 코스와 관천리 코스의 출발점이 되는 청평역과 가평역은 경춘선이 운행되고 있어 수도권에서 접근하기가 좋다. 단. 고속열차로 운행되고 있는 청춘ITX는 가평역에만 정차하니 이용에 참고하자.

OUT 청평역에서 시작해 가평역까지 이어지는 청풍호 코스만 라이딩 한다면 전철을 이용해 귀가하면 된다. 그러나 관천리 임도 코스까지 라이딩 한다면 귀경 루트를 잡기가 여의치 않다. 오지 라이딩을 즐긴 대가를 지불해야 한다. 가장 가까운 전철역은 강촌역이다. 강촌역으로 가는 방법은 포장도로를 타고 소주고개를 넘어가는 방법과 임도(강촌 챌린저 코스)를 타고 봉화산을 넘어가는 방법이 있다. 전자가 훨씬 용이하지만 지루한 403번 지방도를 타야 하는 단점이 있다. 임도를 이용하는 경우 상승고도 306m에 거리는 11㎞로 만만치 않다. 포장도로를 이용해 가평역으로 돌아가는 방법도 있지만 22㎞ 정도로 주행거리가 길고 중간에 술어니고개도 넘어야 하기 때문에 쉽지 않다. 이 3가지 방법 중에서 소주고개를 넘어 강촌으로 가는 게 가장 쉬운 방법이다.

보급 및 음식

청평호 코스 주변에는 보급이나 식사를 해결할 만한 곳이 많지 않다. 출발지인 청평역이나 도착지 가평역 부근에서 식사하는 것이 좋겠다. 남이섬 선착장 부근에 닭갈비, 막국수 집들이 모여 있다. 닭갈비 1인분 11,000원, 막국수 6,000원 정도로 가격과 맛은 대동소이하다. 가평읍내에서는 송원막국수(막국수 8,000원)가 유명한 편인데, 가평역에서 추가로 2㎞ 정도 이동해야 한다.

송원막국수

가평에서 가장 유명한 관광지 중 한 곳인 남이섬을 지나가게 되는데, 아쉽게도 자전거를 타고 섬으로 들어갈 수는 없다. 섬에 들어간다면 자전거를 놓고 다녀와야 하는데 보관할 만한 곳이 여의치 않다. 관천리 임도 코스는 보급이나 식사를 해결하기 만만치 않다. 출발지인 가평역 인근이나 도착지인 강촌역을 제외하면 보급이나 식사할 곳이 마땅치 않다. 소주고개를 넘어가기 전에 기사식당이 한 곳 있다.

송원막국수

031-582-1408, 경기도 가평군 가평읍 가화로 76-1

흐드러지게 벚꽃 핀 청풍명월의 고장을 달리다

청풍호 순환코스 (자드락길·정방사·옥순봉·다불리)

봄이면 벚꽃 흩날리는 수변도로를 라이딩 할 수 있는 환상적인 코스. 수변길과 오지마을로 들어가는 업힐까지 다양한 매력이 있다. 대중교통을 이용해 접근하기가 쉽지 않다.

코스 상태 | 비포장 구간 포함 | 자전거 전용도로 없음 | 안내표지 있음

70점

난이도

청풍호 순환	정방사 업힐(선택)
코스 주행 거리 48km (중)	코스 주행 거리 5km (하)
상승고도 804m (상)	상승고도 295m (중)
최대 경사도 10% 이상 (상)	최대 경사도 10% 이하 (중)
칼로리 2,065kcal	칼로리 386kcal

접근성

자가용 159km

반포대교 → 청풍문화재단지

10시간 17분 당일 코스

소요 시간

왕편	코스 주행	복편
2시간 10분	메인 코스 4시간 47분 정방사 업힐 1시간 10분	2시간 10분

1 백봉전망대에서 내려다보이는 옥순대교와 옥순봉. **2** 주변 야생화와 어우러진 백봉주막. **3** 길 헷갈리는 곳 A. 자드락길 표지판을 보고 산야초마을로 진입한다. **4** 청풍대교의 벚꽃길. **5** 정방사로 오르는 업힐. **6** 옥순대교를 향해 라이딩 하는 모습.

봄이 오면 만개한 벚꽃길과 호수가 만들어내는 환상의 콜라보레이션을 즐길 수 있는 코스다. 섬진강 자전거길, 경주보문호수와 함께 벚꽃 라이딩의 대표 코스 중 한 곳으로, 특히 청풍호반과 어우러지는 경관이 매력적이다. 충주호는 충주댐으로 인해 생긴 인공호수다. 충주, 제천, 담양에 걸쳐 있는데, 충주에서는 충주호라 부르고, 제천에서는 청풍호라 부른다. 공식 명칭은 충주호다. 청풍명월의 고장이라는 수식어가 무색하지 않게 코스 주변으로 단양팔경 중 4경인 옥순봉을 비롯해 비봉산과 망월산 등으로 둘러싸인 산세와 풍경이 범상치 않다.

청풍호 라이딩을 즐기는 방법은 크게 두 가지다. 하나는 충주에서 출발해 532번 지방도를 타고 청풍문화재단지까지 올라가는 종주코스다. 이 경우엔 출발지인 충주까지 대중교통으로 접근하기 용이하지만 도착지인 청풍문화재단지에서 제천으로 넘어가기엔 도로 사정이 호락호락하지 않다. 출발지와 도착지가 다른 종주코스라 자가용을 이용한 코스 접근도 의미가 없다. 지원 차량이 필요한 코스다. 두 번째는 청풍문화재단지를 시발점으로 청풍호를 한 바퀴 돌아보는 순환코스라 자가용을 이용해 코스에 접근할 수 있다. 여기에서는 순환코스를 소개한다.

순환코스는 크게 청풍대교에서 옥순대교까지 이어지는 수변구역과 옥순대교를 넘어 다불리와 수산면을 지나가는 내륙지역으로 나뉜다. 명칭은 호수길이지만 성격은 서로 이질적이다. 수변길이 조성된 북측과 달리 남쪽은 산악 지형이라 수변길이 불가능한 도로 사정 때문이다. 물과 멀어진다고 해서 아쉬워할 것은 없다. 업힐을 올라가야 하는 번거로움이 있지만 고개 정상에서 마주치는 다불리 마을은 오지의 느낌을 물씬 풍긴다. 순환코스를 벗어나서 약 1*km* 정도 마을 안쪽으로 들어서면 반가운 주막(백봉산마루 주막)과 만나게 된다. 이곳에서 주린 배를 채우고 자전거를 잠시 세워놓자. 지천에 핀 이름 모를 야생화 사이를 걸어 백봉전망대에 도착하면 옥순대교와 청풍호의 모습이 눈앞에 가슴 트일 만큼 시원하게 펼쳐진다.

보급 및 음식

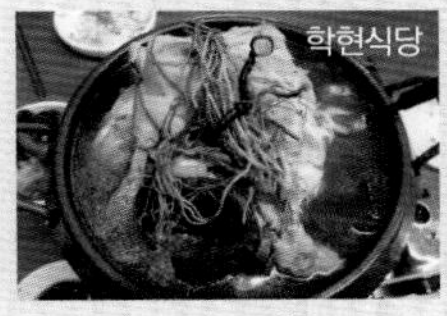
학현식당

코스 주변의 보급 사정은 그리 좋지 않다. 백봉산마루주막이 코스 중간에 있어 식사를 해결하기에 좋다. 막걸리와 파전(5,000원), 손두부(5,000원) 같은 간단한 음식을 주로 내놓는다. 식사는 미리 전화로 예약해야 한다. 수산면사무소와 청풍문화재 관광단지 인근에도 음식점이 모여 있다. 코스에서 멀지 않은 거리에 닭백숙과 닭도리탕으로 유명한 학현식당(구 학현수퍼)이 있다. 식당 간판조차 없지만 닭 요리 하나만으로 전국 맛집이 되었다(닭도리탕 50,000원). 나물무침부터 부침개, 메인 닭 요리까지 풀 코스로 나온다. 인근에서 채취한 버섯과 약재 채소를 사용해 맛이 일품이다. 미리 전화로 예약해야 한다.

제천시장은 붉은 어묵이 유명하다. '빨간오뎅'은 중앙시장 초입에 있는데, 붉은 양념을 한 매콤한 어묵이 제법 식욕을 자극한다. 오뎅 3개 1,000원. 시내에는 역시 매운등갈비찜으로 유명한 두꺼비식당이 있다. 돼지갈비를 매콤하게 찜으로 내놓는데 역시 제법 중독성이 있는 맛이다(양푼갈비 1인분 11,000원).

백봉산마루주막
010-8836-9910, 충청북도 제천시 수산면 지곡로2안길 172

학현식당
043-647-9941, 충청북도 제천시 청풍면 학현소야로 390

두꺼비식당 043-647-8847, 충청북도 제천시 의림대로20길 21

숙박 및 즐길 거리

제천에서 1박을 한다면 코스와 가까운 곳에 청풍유스호스텔과 청풍리조트가 있다. 저녁에 도착해 관광할 곳을 찾는다면 제천시내와 가까운 의림지(제천1경)를 추천한다. 삼한 시대에 만들어진 우리나라에서 가장 오래된 저수지 중 한 곳이다. 가야금의 대가인 '우륵 선생'이 가야금을 타던 우륵대와 우륵정도 남아 있다. 저녁에는 수변길에 조명도 들어오고 분수와 데크길도 잘 만들어져 있어 산책 삼아 둘러보기에 좋다.

청풍유스호스텔 043-652-9090, 충청북도 체천시 청풍면 청풍호로 2139 동대문구수련원

청풍리조트 043-640-7000, 충청북도 제천시 청풍호로 1798

고도표

정방사 업힐

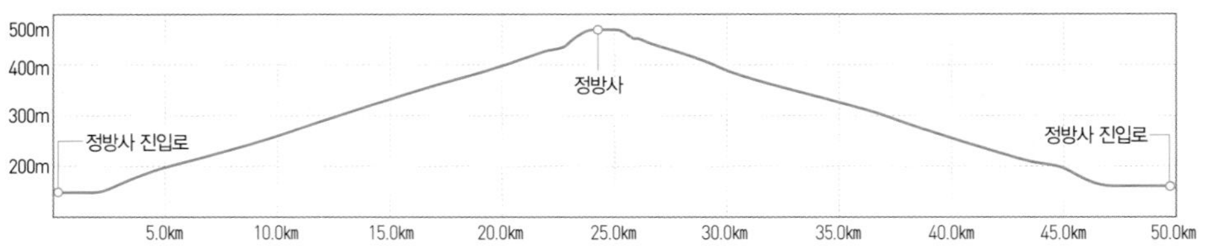

관천리 코스

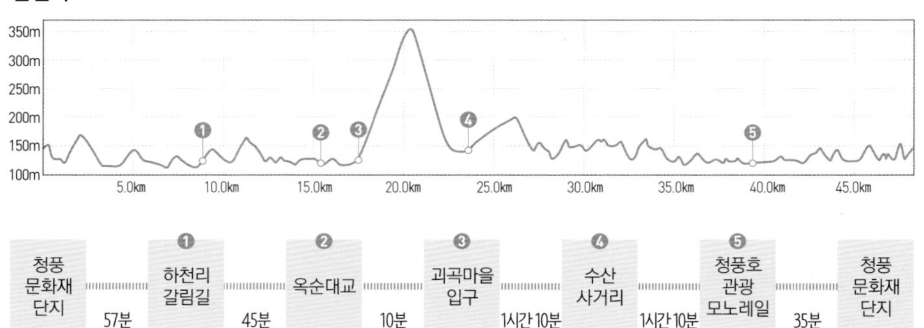

코스 정보

청풍대교를 건너 우회전해 시계 방향으로 돈다. 벚나무가 도열한 수변 도로를 따라 라이딩을 즐긴다. 계속 655번 지방도를 따라가면 안 된다. 순환코스를 벗어나는 것은 아니지만 조금이라도 더 호수와 가깝게 가려면 출발지로부터 약 8.6㎞ 지점 하천리에서 우측 샛길로 접어들어야 한다. 자드락길 4코스를 따라간다. 도로변에 자드락길 안내표지가 있으니 놓치지 말자. 옥순대교를 건너 조금 내려가다 보면 괴곡마을로 들어가는 진입로가 나온다. 입구에 자드락길(괴곡성벽길, 다불암 방향) 표시가 있다. 이곳부터 업힐이 시작된다. 업힐을 오르다 보면 오른쪽으로 콘크리트로 포장된 샛길이 나오는데 역시 이쪽으로 진입해야 된다. 자드락길(괴곡성벽길, 다불암 방향)로 진입한다. 업힐을 넘어가면 작은 삼거리에 도착한다. 자드락길 표지판에서 다불암 방향으로 가면 계속 순환코스를 따라가게 되고 사진 찍기 좋은 장소로 가면 주막과 백봉전망대를 만나게 된다.

난이도

괴곡마을에서 다불리로 올라가는 업힐 구간이 최대 난코스다. 업힐의 길이는 약 3㎞며, 경사도는 5% 내외다. 초반에는 구불구불 헤어핀을 만들지 않고 한 번에 치고 올라가기 때문에 꽤나 힘에 부친다. 이후에도 중간중간 업다운이 계속 이어지지만 그리 부담스럽지 않다. ES리조트에서 정방사를 올라갔다 내려온다면 왕복 5㎞, 상승고도 295m의 업힐을 추가로 올라갔다 내려와야 한다. 정상에서 내려다보이는 청풍호의 조망이 일품이다.

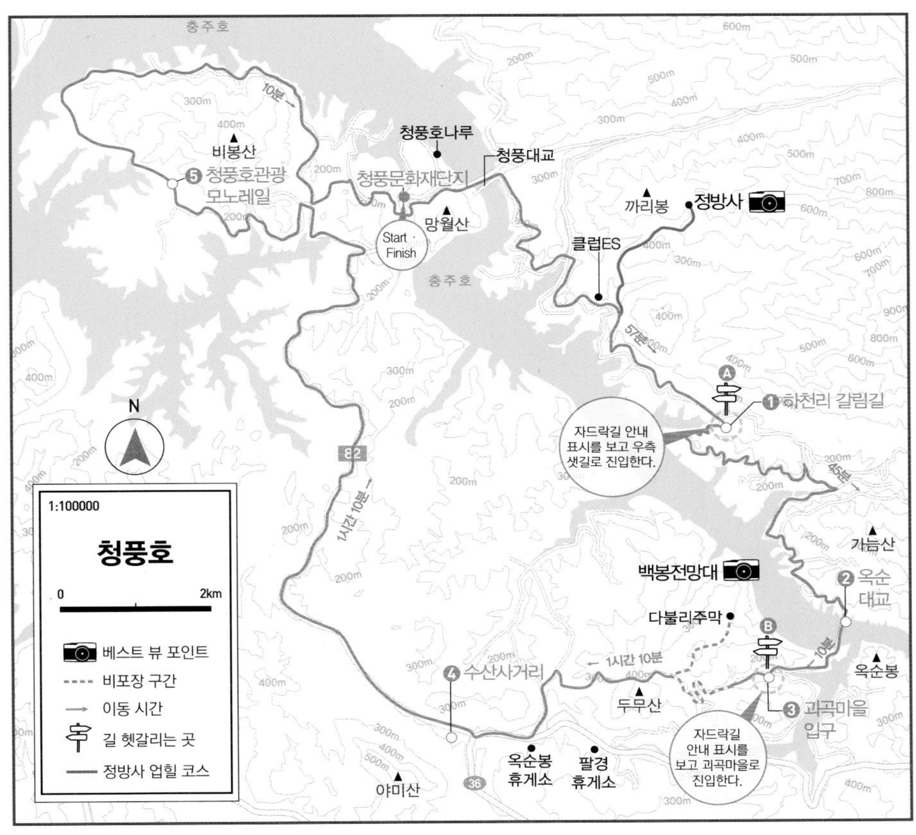

주의구간

자전거 전용도로가 아닌 일반 지방도와 마을길을 주로 이용하는 코스다. 차가 별로 다니지 않아 차량 스트레스는 적은 편이다. 괴곡마을과 다불리 주변의 도로는 한적하고 좁더라도 차량들이 통행하는 구간이므로 항상 주의해야 한다.

교통

IN/OUT 동일

청풍호 순환코스에서 가장 가까운 도시는 충청북도 제천이다. 문제는 이곳에서 코스 출발점인 청풍문화재단지로 접근하기가 좋지 않다. 제천시외버스터미널에서 청풍문화재단지까지의 거리는 약 21km에 불과해 부담스러운 거리는 아니지만 연결되는 도로의 사정이 녹록하지 않다. 82번 지방도를 타고 이동하는데, 한적한 분위기는 아니다. 중앙분리대가 있는 왕복 사차선에 시속 80km의 고속화된 도로다. 남제천IC에서 빠져 나오는 차량들의 통행량이 제법 된다. 충주선착장에서 청풍호나루까지 도선이 운항하고 있어서(이 배는 단양의 장화나루까지 운항한다) 소양호 코스같이 유람선을 이용한 점프를 고려해볼 수도 있는데, 아쉽게도 자전거를 실을 수가 없다. 결론적으로 자가용을 이용한 코스 접근이 가장 무난해 보인다. 충주에서 출발해 532번 지방도를 타고 청풍호에 도착하는 경우에도 코스 아웃 시 동일한 문제에 직면하게 된다.

중원(中原)에서 즐기는 수변 라이딩

탄금호 순환코스 (충주댐·탄금대·조정경기장)

국토 종주길에 스쳐 지나가는 충주.
그곳에도 탄금호를 근사하게
돌아보는 순환코스가 있다.
꽃피는 계절엔 벚꽃터널을 라이딩 하는
호사도 누려볼 수 있다.

코스 상태 전 구간 포장 | 일부 자전거 전용도로 | 안내표지 있음

40점

난이도

코스 주행 거리 43km (중) 상승고도 278m (하)
최대 경사도 5% 이하 (하) 칼로리 1,523 kcal

접근성

반포대교 — 버스 120km — 충주버스터미널 — 자전거 1.3km — 충주세계무술공원

소요 시간

왕편(총 1시간 55분)	코스 주행	복편(총 1시간 55분)
버스 1시간 50분 자전거 5분	자전거 2시간 40분	자전거 5분 버스 1시간 50분

1 탄금대에서 바라본 탄금호의 전경. **2** 탄금교. **3** 길 헷갈리는 곳 A. 탄금호 순환 자전거길 방향으로 진입. **4** 탄금호 수변에 떠 있는 듯한 부잔교. **5** 충주댐.

조정지댐과 충주댐 사이의 탄금호를 한 바퀴 돌아보는 순환코스다. 특히 충주조정경기장이 있는 중앙탑면에서 바라보는 수변 풍경은 맞은편 골프장이 배경이 되어 이국적이다. 맑은 물에 반영을 만들며 조정경기장과 함께 군더더기 없는 깔끔한 풍경을 연출해낸다. 특히 경기장 바로 앞에는 경기 중계를 위해 방송 차량이 이동할 수 있는 약 1.5㎞의 수변길이 만들어져 있어 마치 강 위를 달리는 듯한 라이딩을 즐길 수 있다. 화천의 폰툰 자전거길과 비슷한데, 그 폭은 차량이 이동할 수 있어 훨씬 넓고 여유롭다.

조정경기장 바로 옆에는 중앙탑사적공원이 있다. 이곳에 국보 6호 중원탑평리칠층석탑이 있다. 통일신라시대의 것으로, 지리적으로 우리나라 중앙에 위치하는 탑이다. 이곳에서의 라이딩은 한국의 정중앙을 달리는 셈이다. 이렇게 지리적, 역사적 의미와 좋은 경관을 갖고 있는 코스지만 아직 대중에게는 잘 알려지지 않았다. 그렇기에 한적한 라이딩을 즐길 수 있다.

여주에서 출발해 충주까지 이어지는 남한강 자전거길은 강 좌측의 자전거도로를 타고 탄금호의 한쪽 면만을 보여주며 탄금대인증센터까지 이어진다. 사실 충주는 종주 여행자들이 새재자전거길로 넘어가기 위해 잠시 지나가는 경유지에 불과했다. 그러나 탄금대에서 조정경기장으로 연결되는 자전거도로가 완공되면서 충주댐까지 연결되는 탄금호 순환코스가 거의 완성됐다. 이제 충주는 당일치기 라이딩을 위해 따로 방문해도 좋을 만한 여행지가 됐다.

충주댐으로 올라가는 길엔 벚꽃나무가 촘촘하게 도열해 있다. 꽃피는 4월엔 이곳 일대에서 벚꽃터널이 만들어지면서 충주호 벚꽃축제가 열린다. 이 벚꽃길은 충주댐을 지나 제천의 옥순대교까지 이어진다. 신라시대의 우륵이 가야금을 타던 탄금대를 들른 뒤 충주자유시장으로 향해 순대만두골목에서 출출해진 배를 채우면 충주 자전거여행은 깔끔하게 마무리된다.

코스 정보

충주세계무술공원에서 수안보로 넘어가는 새재자전거길을 따라간다. 횡단보도를 건너서 탄금대레포츠공원 옆을 지나가다 하방교를 넘어가지 말고 우회전한다. 이곳이 새재자전거길과 탄금대 일주코스의 갈림길이 된다. 이곳만 조심한다면 나머지 코스를 따라가는 것은 어렵지 않다. 탄금교를 건너서 중앙탑공원과 조정지댐까지 자전거길은 수변에 바짝 붙어 올라간다. 이 구간이 탄금호 순환코스의 하이라이트. 조정지댐을 건너면 자전거길은 수변과 멀어진다. 조정경기장 맞은편 골프장 때문이다. 이곳에서부터 목행교까지는 남한강 자전거길과 동일하다. 목행교 북단에 도착하면 우회전해서 다리를 건너가는 것이 아니라 직진해서 맞은편 강변길로 진입한다. 별도의 안내표시는 없지만 충주자연생태체험관까지 자전거도로로 연결되어 있다. 충주댐 정상까지는 약 1㎞의 업힐 구간을 올라가야 한다. 댐 정상을 통과해 반대편으로 내려올 수 있는데, 동절기에는 10:00~16:00까지 통행이 가능하고 하절기에는 10:00~17:00까지 통행이 가능하다. 월요일에는 통행이 불가하다. 올라온 길 맞은편을 통해서 출발지로 되돌아간다면 중간에 충주산업단지를 통과해야 한다. 안 가본 길로 가보는 장점은 있지만 주변 경관이 그리 아름답지 않다. 경관을 더 중요하게 여긴다면 왔던 길로 되돌아가는 것이 좋다.

고도표

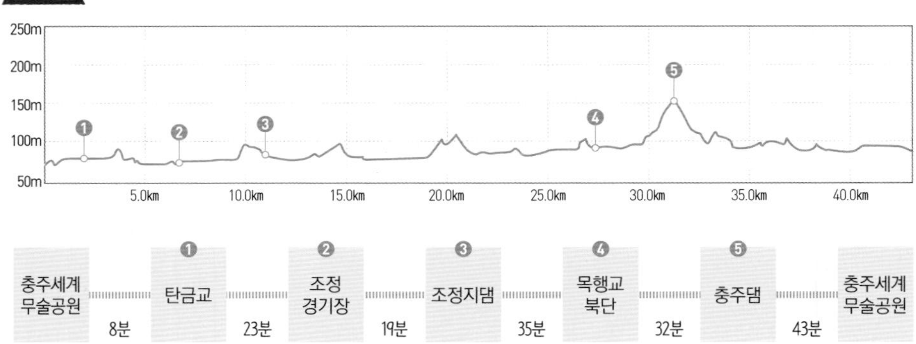

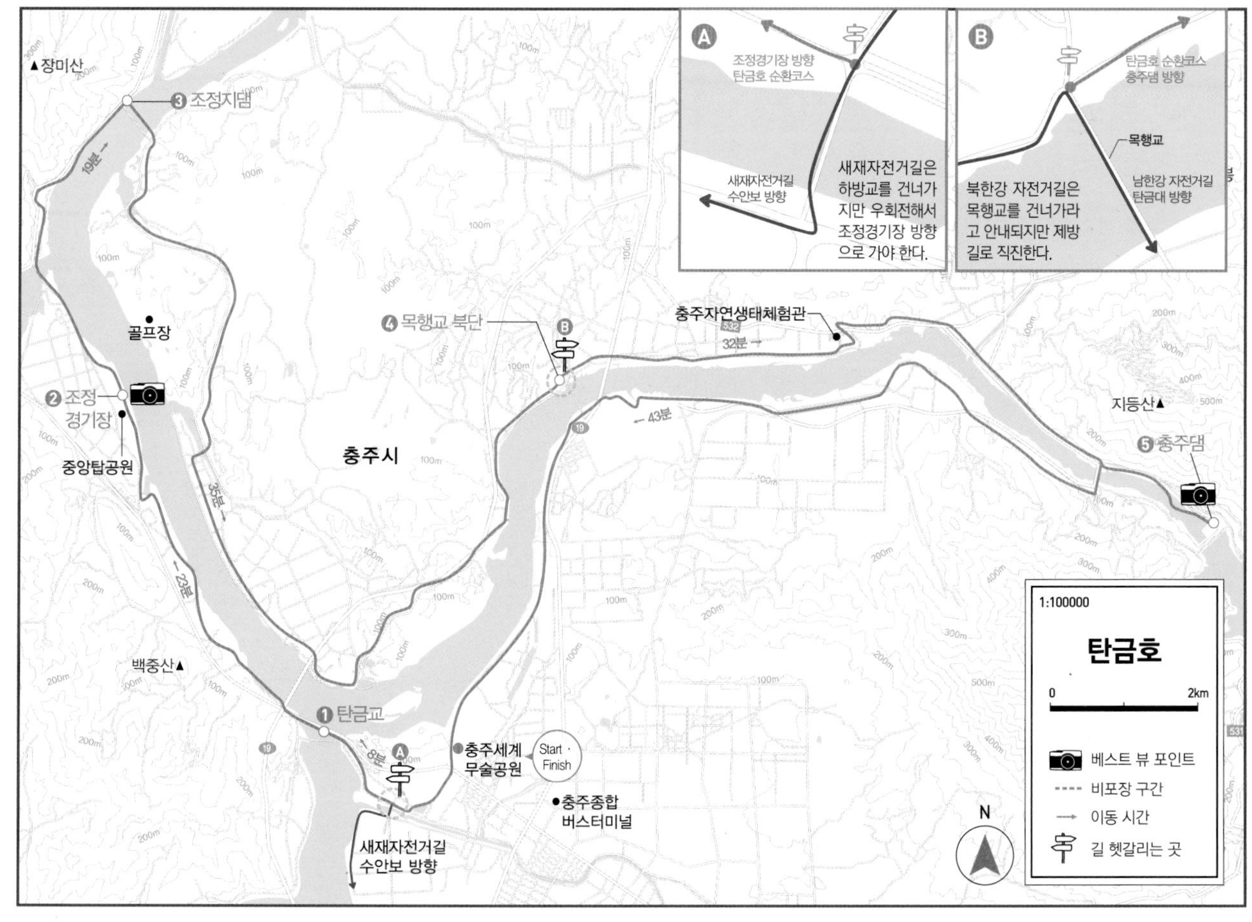

탄금호
1:100000
0
2km
베스트 뷰 포인트
비포장 구간
이동 시간
길 헷갈리는 곳
N
충주시
❶ 탄금교
❷ 조정
경기장
❸ 조정지댐
❹ 목행교 북단
❺ 충주댐
충주세계
무술공원
Start ·
Finish
충주종합
버스터미널
새재자전거길
수안보 방향
중앙탑공원
골프장
충주자연생태체험관
▲장미산
백중산▲
지등산▲
19분 →
← 23분
35분 →
← 43분
32분 →
← 8분
Ⓐ
조정경기장 방향
탄금호 순환코스
새재자전거길
수안보 방향
새재자전거길은
하방교를 건너가
지만 우회전해서
조정경기장 방향
으로 가야 한다.
Ⓑ
탄금호 순환코스
충주댐 방향
목행교
남한강 자전거길
탄금대 방향
북한강 자전거길은
목행교를 건너가라
고 안내되지만 제방
길로 직진한다.

난이도

충주댐 초입에서 댐 정상으로 올라가는 약 1.2㎞ 구간이 이 코스의 최대 업힐 구간이다. 경사도가 5% 이내로 급경사가 아니며, 거리도 짧기 때문에 초보자들에게도 그리 부담스럽지 않다. 댐 주변은 봄이면 벚꽃길로 변신한다.

주의구간

조정지댐을 건너서 목행교까지는 남한강 자전거길을 따라가지만 자전거 전용도로가 아닌 일반도로다. 차량 통행량은 그리 많지 않지만, 일반공도를 주행하기 때문에 주변 차량 통행에 주의를 기울여야 한다. 특히 목행교 북단에서 건너편 강변길로 접어들기 위해서는 왕복 이차선 사거리를 건너가야 하는데, 횡단보도나 신호등이 없다. 요주의 구간이다.

교통
IN/OUT 동일

서울에서 약 120㎞ 거리로 고속버스나 자가용으로 2시간 이내에 도착할 수 있다. 동서울터미널과 강남고속버스터미널에 차편이 있으며, 서울 강남고속버스터미널에서는 30분 간격으로 운행된다. 일반 8,000원, 우등 12,000원이며, 1시간 50분 소요된다. 일단 코스가 시작되는 충주세계무술공원은 충주버스터미널에서 약 1.5㎞밖에 떨어져 있지 않고 자전거도로로 연결되어 있어 코스 접근성도 뛰어나다. 공원 주차장은 한갓지고 주차비도 무료다.

보급 및 음식

공설시장의 순댓국

보급 장소로는 조정경기장 마리나 센터와 조정지댐 인근의 중앙탑 가든휴게소 정도다. 마리나 센터에는 마트를 비롯해 음식점과 커피숍(커피베이 중앙탑점, 영업시간: 10:00~20:00, 월요일 휴무)이 있는데 조정경기장에서 커피 한 잔 마시는 여유를 갖는 것도 좋겠다. 충주댐 인근에는 주로 민물고기 매운탕과 송어회를 내놓는 음식점들이 있다.

간단한 식사를 원한다면 충주 전통시장을 추천한다. 충주시내에는 자유시장, 무학시장, 풍물시장, 공설시장이 서로 인접해 있다. 이 중 공설시장에는 순대, 만두골목이 있어 출출해진 배를 채우기에 부담이 없다. 원래 여러 종류의 군것질거리를 판매하다가 가장 인기 있는 순대와 만두에 집중하게 됐다고 한다. 50m 남짓한 골목을 따라 만두와 순대를 파는 음식점이 모여 있는데, 그중 맘에 드는 곳에서 주문하면 된다. 충주에서는 순댓국에 우거지를 많이 넣고 끓여서 독특한 식감을 낸다. 순댓국은 7,000원이고 고기만두와 김치만두도 1인분에 2,000원으로 저렴한 편이다. 무학시장에는 반기문 유엔 사무총장의 생가인 반선재가 있다.

숙박 및 즐길 거리

조정경기장에는 카라반과 글램핑의 캠핑시설이 있어 1박을 할 수도 있다. 예약은 홈페이지에서 가능하다.

충주조정경기장에서는 일반인을 대상으로 조정 체험 일일 프로그램을 운영하고 있다. 이론교육과 실내 로잉머신,수상 체험으로 구성되며, 평균 1시간 30분 소요된다. 체험은 평일 2회(10:00, 13:30) 진행된다. 당일 체험은 불가하고 최소 3일 전에 예약해야 한다. 체험 비용은 1인 10,000원이다. 월, 화요일은 휴무다(2020년 8월 현재 코로나로 충주 시민만 이용 가능하다).

충주조정체험아카데미 043-844-3533, http://cjrowing.kr
충주탄금호캠핑장 031-932-8188, http://www.laonvill.com

다리를 징검다리 삼아 호수 위를 달리다

용담호 순환코스
(진안고원·금강상류·불로치고개·용담댐)

13개의 다리를 건너뛰며 용담호를
돌아보는 환상적인 코스.
적절한 난이도와 아름다운 풍경이
라이더를 황홀하게 하지만,
터널 통과 구간은 옥에 티다.

코스 상태 전 구간 포장 | 자전거 전용도로 없음 | 안내표지 없음

40점 **난이도**

코스 주행 거리 42km (중) 상승고도 385m (중)
최대 경사도 10% 이하 (중) 칼로리 831 kcal

대중교통 가능 233Km **접근성**

반포대교 —고속버스 233km— 진안시외버스터미널 —자전거 12km— 정천 농협 하나로마트

소요 시간
1박 2일 추천

왕편(총 3시간 50분) 3시간 50분 → **코스 주행** 2시간 21분 → **복편**(총 3시간 50분) 50분 3시간

1 용담호 벚꽃길. **2** 용담호 수변도로. **3** 물문화관.

환상의 드라이브 코스로 유명한 용담호 순환도로를 한 바퀴 돌아보는 라이딩 코스다. 용담호는 금강 상류에 용담댐을 건설하면서 만들어진 인공호수다. 우리나라에서 다섯 번째로 넓다. 댐이 생기면서 물이 고이고, 그 고인 물이 계곡을 채우면서 생긴 호수의 모양이 마치 꿈틀거리는 용과 같다고 해서 붙여진 이름이다.

용담호 순환도로가 특별한 이유는 수변도로 상당수가 교량으로 이뤄져 있기 때문이다. 앞서 소개한 대부분의 호수 자전거길은 물과 맞닿은 육지의 가장자리를 따라 길이 나 있었다. 때문에 물길을 따라 가다가 잠시 물과 멀어져 멀리 돌아가기도 하고 다시 가까워지기를 반복했다. 용담호 순환코스는 40여㎞를 달리는 동안 모두 13개 교량을 통과한다. 수변을 라이딩 하는 것이 아니라 호수 위를 달리는 느낌이다.

특히 정천면에서 시작해 용담댐이 있는 물문화관까지 이어지는 수변도로는 이 코스의 백미다. 10개의 다리를 건너뛰면서 수변을 달리는 기분은 그 무엇과 비교할 수 없을 정도로 짜릿

4 불로치 터널. **5** 용담댐. **6** 용담호를 가로지르는 용담대교.

하다. 전 구간이 아스팔트 포장도로고, 적당한 업다운까지 반복돼 온로드 라이딩을 즐기기에 부족함이 없다. 이미 이 구간은 진안 그란폰도 코스로 이용되고 있다. 주변 경관도 아름답다. 진녹색 물빛의 호수 주변에는 용담호 사진 문화관이 있을 정도로 많은 작가들이 계절에 따라 시시각각 변화하는 용담호의 아름다운 모습을 작품에 담아왔다.

이렇게 아름다운 자전거 코스지만 필자는 마지막까지도 이 코스를 책에 담을지를 고민했다. 이유는 바로 아름다운 꽃에 박혀 있는 가시같이 어떻게 코스를 잡더라도 통과하게 되는 터널 때문이다. 호수의 좌측은 다리를 이용해 건너뛰었지만 코스 우측에는 다리 역할을 대신하고 있는 터널들이 있다. 자가용을 이용해 점프한 뒤 정천면에서 한 바퀴를 돌게 되면 터널 두 곳을 통과해야 한다. 대중교통으로 진안군에서 출발하더라도 사정은 마찬가지다. 그나마 호수 주변의 통행량이 많지 않아 차량 스트레스가 적다는 점은 다행스럽다.

코스 정보

순환코스의 출발점이 되는 부귀농협 정천지점

자가용을 이용한다면 정천농협하나로마트에 주차하고 시계 방향으로 돌며 라이딩 하면 된다. 길이 헷갈릴 만한 곳도 없이 바로 용담호에 맞닿은 수변 도로를 달리게 된다. 라이딩을 시작하면 갈용교부터 용담대교까지 10여 개의 다리를 건너가며 용담댐 물문화관에 도착하게 된다. 이 코스의 하이라이트 구간이다. 호수 우측은 좌측과 달리 수변에서 떨어져 달리는 구간이 많다. 안천면 백화삼거리에서 우회전해서 오르다 보면 첫 번째 터널인 불로치 터널과 만나게 된다. 길이는 약 380m다. 터널을 빠져나오면 연이어서 용평대교와 월포대교를 건너간다. 이 구간 역시 주변 경관이 멋진 곳이다. 곧이어 금지교차로에 도착하게 되는데, 직진하면 30번 국도를 따라 진안읍내로 들어가게 되고 우회전해서 금지터널을 통과하면 출발지였던 정천농협하나로마트에 도착하게 된다.

> Tip **터널 우회길 :** 불로치터널을 진입하기 400m 전에 우측으로 터널을 우회하는 비포장도로가 있다. 4.3㎞ 거리에, 상승고도는 97m다. 금지터널 우회길은 터널로 진입하기 직전에 우측 금지마을로 진입해서 저수지를 지나 계속 올라가면 옛길을 따라 우회할 수 있다. 비포장 구간이며, 9.3㎞ 거리에, 상승고도는 163m다.

난이도

용담댐에서 물문화관으로 올라가는 약 1㎞ 남짓한 업힐이 이 구간 최대 업힐이다. 이후 불로치터널, 금지터널 진입 직전에도 오르막이 나오지만 그렇게 부담스럽지 않다.

주의구간

순환코스에 자전거 라이더를 위한 별도의 안내표지나 자전거 전용도로는 설치돼 있지 않다. 도로의 통행량이 그리 많지 않아서 차량으로 인한 스트레스는 거의 없다. 터널을 통과하는 것이 가장 부담스럽다. 순환코스를 라이딩 한다면 불로치터널과 금지터널을 통과해야 한다. 후미등과 전면등을 모두 켜고 진입해서 가능한 한 빠르게 빠져 나온다.

고도표

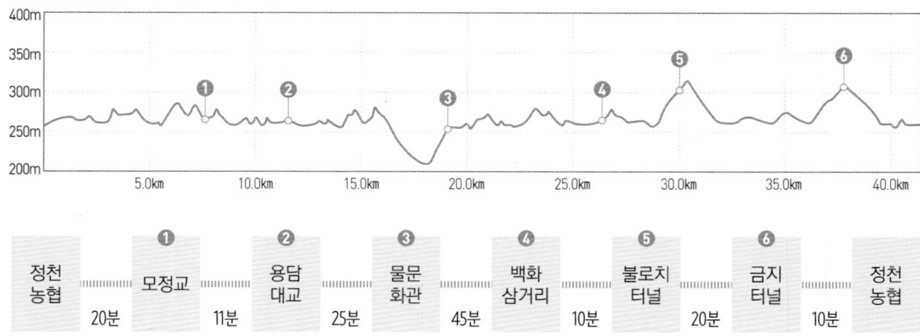

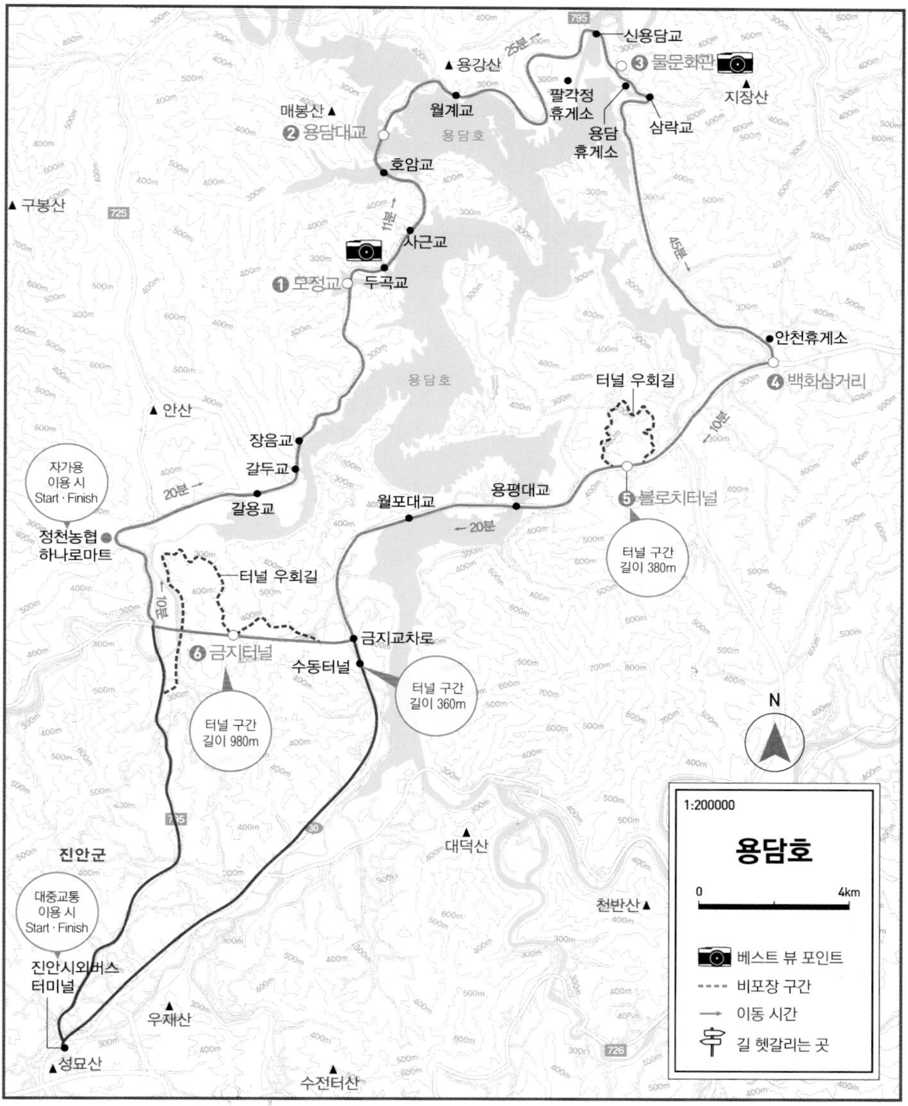

신용담교
③ 물문화관
용강산
지장산
25분
팔각정 휴게소
용담 휴게소
삼락교
월계교
매봉산
② 용담대교
용담호
호암교
구봉산
11분
사근교
① 모정교
두곡교
45분
안천휴게소
④ 백화삼거리
터널 우회길
안산
10분
장음교
갈두교
자가용 이용 시 Start · Finish
20분
갈용교
월포대교
용평대교
⑤ 불로치터널
정천농협 하나로마트
20분
터널 구간 길이 380m
터널 우회길
10분
금지교차로
⑥ 금지터널
수동터널
터널 구간 길이 360m
터널 구간 길이 980m
N
1:200000
용담호
0
4km
진안군
대덕산
대중교통 이용 시 Start · Finish
천반산
베스트 뷰 포인트
비포장 구간
이동 시간
길 헷갈리는 곳
진안시외버스 터미널
우재산
성묘산
수전터산
725
795
30
726

진안시외버스터미널-금지교차로

450m
400m
350m
300m
1.0km
2.0km
3.0km
4.0km
5.0km
6.0km
7.0km
8.0km
9.0km

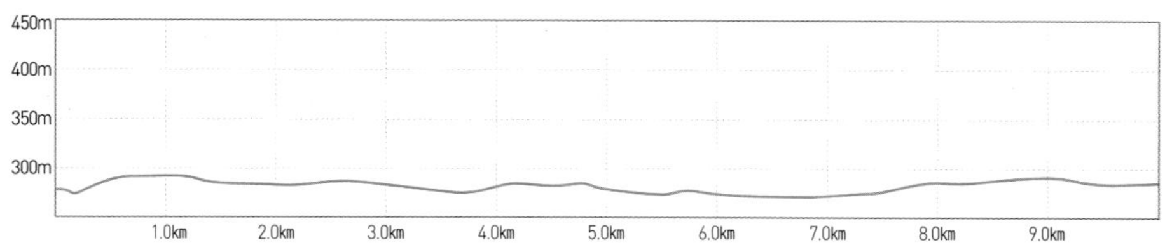

교통
IN/OUT 동일

서울에서 진안으로 가는 대중교통은 제한적이다. 버스의 경우 서울 센트럴시티터미널에서 1일 2회(10:10, 15:10)만 운행된다. 진안에서 서울로 올라오는 버스편 역시 1일 2회(10:30, 14:35)만 운행된다. 요금은 17,200원(편도)이며, 약 3시간 소요된다. 다른 시간에 버스를 이용하고자 한다면 진안에서 전주로 이동한 뒤 다시 서울로 올라가는 완행으로 일정을 잡아야 한다. 진안에서 전주까지는 30분 간격으로 버스편이 운행되고 있다. 이 경우 시간은 약 50분 소요되고, 요금은 4,600원(편도)이다. 진안시외버스터미널에서 용담호 순환코스까지 이동하는 방법은 크게 두 가지가 있다. 첫 번째는 795번 지방도를 이용해 순환코스가 시작하는 정천농협하나로마트까지 이동하는 방법이다. 이 경우 약 12㎞ 거리에 상승고도는 155m 정도로, 약 40분 정도 소요된다. 두 번째 방법은 30번 국도를 이용해서 금지교차로까지 이동하는 것이다. 이 경우 역시 12㎞ 정도 거리에 40분 정도 소요되는 것은 비슷하지만 상승고도가 67m로 첫 번째 방법보단 업힐이 없는 수월한 코스다. 자가용으로 이동한다면 하나로마트 부귀농협정천지소(전라북도 진안군 정천면 봉학리 423-1)에 주차하고 움직이는 것이 좋겠다.

보급 및 음식

애저찜

순환코스 출발지인 정천면과 용담호 맞은편에 있는 안천면에 농협 하나로마트가 있는 정도다. 진안의 대표 향토음식은 애저찜. 전북 10미 중 하나인데, 태어난 지 얼마 되지 않은 새끼 돼지로 요리한 음식이다. 전골냄비에 육수와 함께 고깃덩어리를 넣고 끓여준다. 부드러운 식감이 특징이며 살코기를 김치나 깻잎에 싸 먹기도 한다. 식당에 따라 나중에 김치를 넣어 김치찌개로 끓여주기도 한다. 진안관이 유명하다(애저찜 2인분 40,000원).

하나로마트 진안농협 안천점
063-432-3534, 전라북도 진안군 안천면 진무로 3022
하나로마트 정천농협
063-432-5599, 전라북도 진안군 정천면 진용로 1040
진안관 063-433-2629, 전라북도 진안군 진안읍 진장로 21

숙박 및 즐길 거리

진안에서 1박을 한다면 용담호 순환코스 바로 인근에 위치한 운장산자연휴양림을 추천한다. 숲속의 집 11동, 자연휴양관 12호, 연립동 2동, 수련원 1동에 모두 191명을 수용할 수 있으며 휴양림 최상단에는 20동을 수용할 수 있는 야영장도 준비되어 있다. 숲나들e 홈페이지(http://www.foresttrip.go.kr)에서 예약할 수 있다.

운장산자연휴양림
063-432-1193, 전라북도 진안군 정천면 휴양림길 77

운장산자연휴양림을 가로지르는 갈거계곡

말과 별의 도시, 영천 백리 벚꽃길을 달리다

영천호 순환코스 (영천댐·자호천·임고강변공원·보현산)

영천에 숨겨진 보석 같은 코스.
호수길은 초보자에게 부담 없고,
천문대 업힐과 연계하면 상급자도
만족할 만한 코스가 된다.

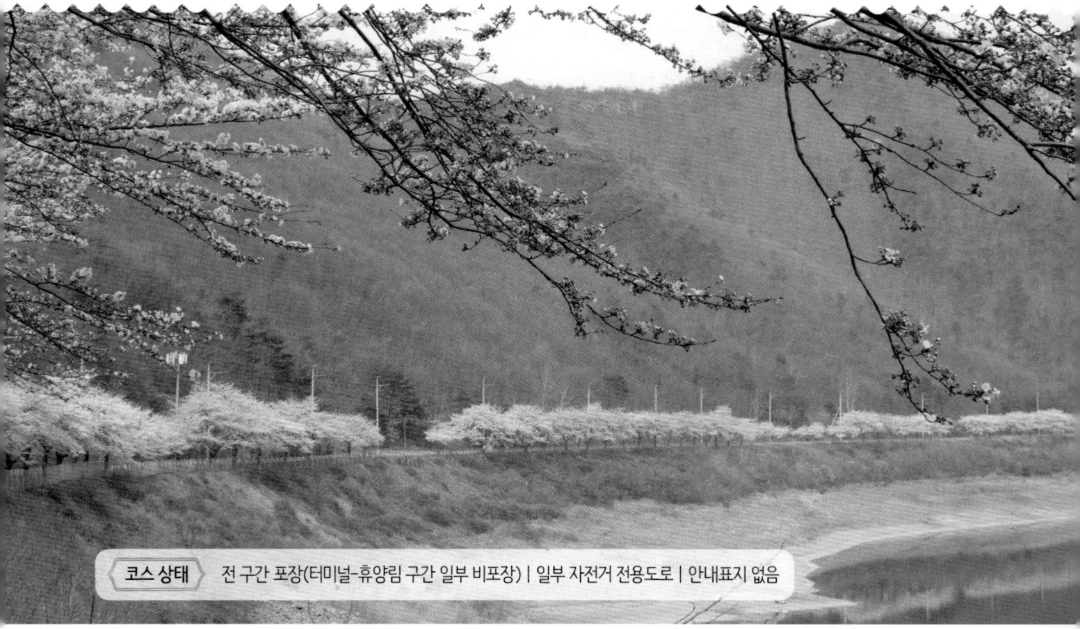

코스 상태 전 구간 포장(터미널-휴양림 구간 일부 비포장) | 일부 자전거 전용도로 | 안내표지 없음

40점

난이도

버스터미널-휴양림(편도)	영천호 순환코스
코스 주행 거리 15㎞ (하)	코스 주행 거리 28㎞ (하)
상승고도 30m (하)	상승고도 384m (중)
최대 경사도 5% 이하 (하)	최대 경사도 10% 이상 (상)
칼로리 158kcal	칼로리 1,097kcal

접근성

반포대교 — 고속버스 298㎞ — 영천버스터미널 — 자전거 15㎞ — 운주산 자연휴양림

소요 시간
1박 2일 추천

왕편(총 4시간 40분) 3시간 50분 50분

코스 주행 2시간 23분

복편(총 4시간 40분) 50분 3시간 50분

1 영천댐. **2** 영천댐이 마주 보이는 전망대. **3** 영천댐으로 올라가는 자전거도로. **4** 영천댐 맞은편으로 건너가는 삼귀교. **5** 영천호 벚꽃길.

벚꽃길로 유명한 영천호를 가장 단거리로 돌아보는 순환코스다. 영천호는 낙동강의 지류인 금호강 상류에 영천댐(자양댐) 건설로 만들어진 인공호수다. 영천은 수도권 거주자에게 조금 생소할 수 있다. 영천은 말과 별의 고장으로 유명한 곳이다. 수도권에서는 4시간 정도 거리지만 경주, 포항, 대구에서는 1시간 이내에 있어 경북 지역 교통의 요충지로 꼽힌다. 사람과 말이 모이면서 말죽거리가 형성되었으며, '영천대마(永川大馬)'라는 단어가 지역을 상징하는 고유명사가 되었다.

별의 도시란 명칭을 얻은 것은 해발 1,124m 보현산에 자리 잡은 보현산천문대 때문이다. 국내 최대 크기의 광학망원경이 설치된 곳으로, 우리나라 만 원권 화폐 뒷면에 망원경의 삽화가 실려 있다. 천문대가 영천에 자리 잡은 이유는 청정 일수, 광해 정도(천문 관측을 방해하는 빛)를 고려했을 때 이 지역이 별 보기 가장 좋은 곳으로 판단되었기 때문이다. 주변에 이런 천문대가 있다는 것은 다른 곳에 비해 연중 맑은 날이 많다는 뜻이 된다. 실제로 영천시의 연간 강수량은 전국 평균과 비교해 현저히 적다. 날씨 방해 없이 라이딩 즐기기 좋은 기후다. 물론

보현산천문대로 올라가는 업힐 코스에 도전해 볼 수도 있다. 20여㎞의 순환 라이딩 코스로는 성에 차지 않는다면 말이다. 영천호수길에서 바로 연결된다.

순환코스가 있는 영천댐 주변은 벚꽃길로도 유명하다. 이미 경북 지역에서는 아름다운 드라이브 코스로 널리 알려졌다. 벚꽃이 흐드러지게 피는 봄이면 영천 벚꽃마라톤대회가 개최되니 대회 개최 시기로 만개 시기를 유추해볼 수 있겠다. 순환코스로의 접근성도 무난한 편이다. 영천버스터미널에서 출발한다면 일반 공도 주행 부담 없이 금호강과 자호천의 자전거길, 뚝방길을 따라 순환코스의 출발지인 운주산자연휴양림까지 도착할 수 있다. 라이딩이 끝난 뒤에는 식도락의 즐거움이 기다리고 있다. 축산물로 유명한 곳인지라 영천시장의 소머리국밥은 물론이고 시내 곳곳에 고기찌개와 식육식당이 있어 부담 없는 가격으로 영천 한우를 즐길 수 있다.

보급 및 음식

편대장영화식당의 육회

코스 출발지인 운주산자연휴양림과 영천호 주변에는 보급을 받거나 식사할 만한 곳이 없다. 자양면사무소 인근에 작은 슈퍼마켓이 한 곳 있다. 휴양림에서 멀지 않은 임고서원 인근에 음식점과 마트가 모여 있다. 이곳에서는 행동식을 준비하고 식사는 영천시내에서 미리 해결하고 출발하는 것이 좋다.
영천버스터미널 바로 옆에 육회와 비빔밥으로 유명한 편대장영화식당이 있다(육회비빔밥 19,000원, 소고기 찌개 9,000원). 부담 없는 식사를 원한다면 영천공설시장으로 발걸음을 옮겨보자. 금호강 자전거길과 버스터미널에서 그리 멀지 않은 곳에 있다. 상설시장이지만 2, 7일에는 오일장도 열린다. 영천시장에서 유명한 것은 곰탕골목이다. 예로부터 도축장이 있던 영천은 곰탕집들이 시장 안에 골목을 이루고 있다. 포항할매곰탕집이 그중 터줏대감 격이다. 소머리곰탕은 7,000원이다.

편대장영화식당
054-334-2655, 경상북도 영천시 강변로 50-15
포항할매곰탕 054-334-4531, 영천시장 내

숙박 및 즐길 거리

영천에서 1박을 한다면 코스 바로 인근에 위치한 운주산승마자연휴양림을 추천한다. 휴양림이 온통 리기다소나무로 둘러싸여 있어 정돈된 분위기를 풍기며, 휴양림 중 유일하게 승마장도 운영해 승마 체험은 물론 레슨도 받을 수 있다.
고려 말 충신 포은 정몽주의 위패를 모신 임고서원이 코스 주변에 있다. 영천의 대표 관광지 중 한 곳으로, 포은유물관도 함께 있다. 가을이면 500년 된 은행나무가 노랗게 물들며 장관을 이룬다. 월요일은 휴무일이며, 10:00~17:00에 개관한다.

운주산승마자연휴양림
054-330-6287, 경상북도 영천시 임고면 승마휴양림길 105
임고서원
054-334-8981, 경상북도 영천시 임고면 포은로 447

코스 정보

운주산자연휴양림에서 출발하면 일단 휴양림을 가로질러 북측에 전망대까지 올라가야 한다. 워낙 주변 지형이 평평하다 보니 전망대라 해도 해발고도가 100m를 넘지 않는다. 전망대부터는 휴양림 입구에서 끊어져 있던 자전거도로 표시와 다시 만나게 된다. 이 길을 따라가면 69번 지방도와 만나게 되는데 삼귀교까지 계속 따라가면 된다. 보현산천문대 코스까지 라이딩(p.084 참고)을 이어간다면 충효삼거리까지 올라가면 되고 영천호 순환코스를 탄다면 삼귀교를 건너간다. 삼귀리에서 신방리로 넘어가는 고개를 지나면 다시 수변길을 따라 영천댐 공원으로 되돌아와 순환코스를 완성시킨다.

난이도

삼귀교를 건너서 삼귀리에서 신방리로 넘어가는 업힐(일명 영천댐 깔딱고개) 오르막의 길이는 1.5㎞ 정도로 길지 않지만 경사가 제법 가파른 편이다. 이 구간이 순환코스를 통틀어 가장 난코스다. 영천댐공원에서 댐으로 오르는 업힐도 있지만 그리 부담스럽지는 않다. 버스터미널에서 휴양림까지는 경사가 거의 없는 평지코스다.

주의구간

순환코스에는 일부 구간을 제외하고 자전거 라이더를 위한 별도의 안내표지나 자전거 도로는 설치되어 있지 않다. 댐 인근의 도로 통행량은 그리 많지 않아 차량으로 인한 스트레스는 거의 없다.

교통

IN/OUT 동일

대중교통으로 영천까지 이동하는 방법으로는 고속버스가 가장 편리하다. 영천역까지 기차로 갈 수 있지만 서울에서 출발하면 동대구역에서 1회 환승해야 하고, 자전거 거치대가 설치되어 있지 않다. 서울에서 영천까지는 강남고속버스터미널에서 주말(금, 토, 일) 5회, 평일 3회 고속버스가 운행된다. 첫차는 07:30에 출발하며 3시간 25분 소요된다. 요금은 18,700원(편도)이다. 반대로 영천에서 서울로 올라오는 막차는 18:50에 출발한다.

영천터미널에서 순환코스의 출발점이 되는 운주산자연휴양림까지 자전거를 타고 이동해야 한다. 영천시내를 가로지르는 금호강 자전거길을 타고 이동한다. 버스터미널에서 길 건너편으로 가면 바로 자전거 도로와 만날 수 있다. 영동교 직전에 나오는 인도교를 타고 강 건너편으로 넘어간 뒤 계속 직진한다. 그 뒤로 자전거길은 끊어졌다 다시 만났다를 반복하며 자호천 줄기의 단포교까지 도달한다. 이곳에서 단포교를 건넌 뒤 강 반대편 제방길을 따라서 계속 직진하다 보면 양수교에서 다시 만난 자전거길이 운주산자연휴양림까지 연결된다. 자가용으로 이동한다면 운주산자연휴양림이나 영천댐공원을 출발점으로 삼으면 된다.

길 헷갈리는 곳 A. 금호강을 건너가는 인도교

길 헷갈리는 곳 B. 자전거길에서 바라본 단포교

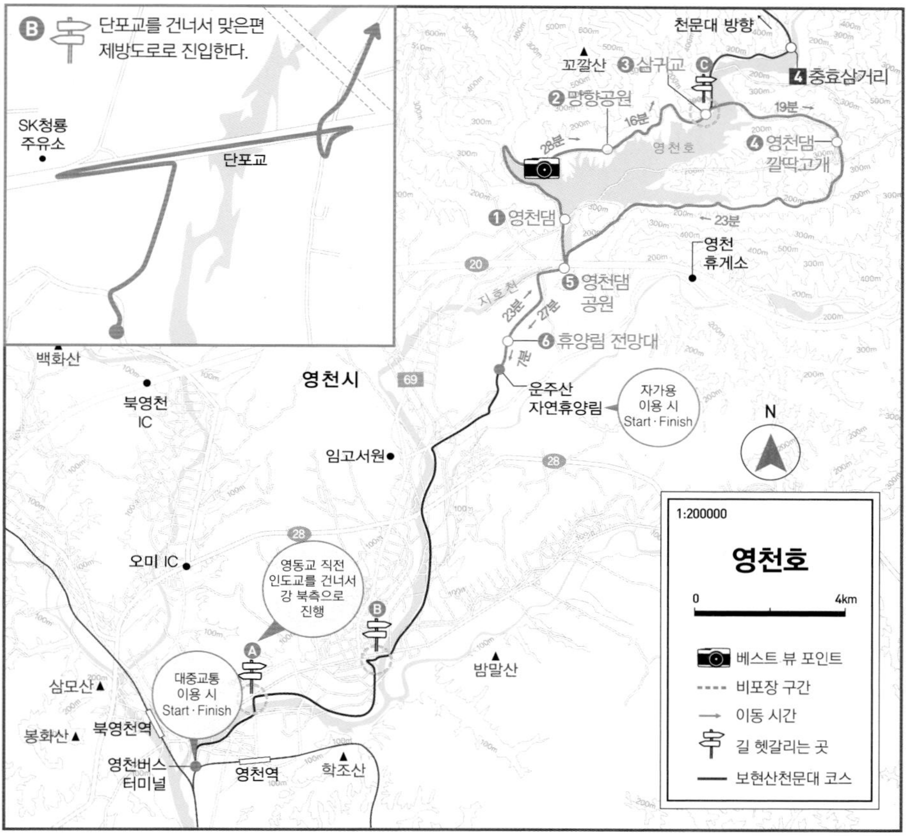

B 단포교를 건너서 맞은편 제방도로로 진입한다.
SK청룡 주유소
단포교
천문대 방향
꼬깔산
❸ 삼귀교
C
4 충효삼거리
❷ 망향공원
16분
19분
28분
영천호
❹ 영천댐 깔딱고개
❶ 영천댐
23분
영천 휴게소
20
❺ 영천댐 공원
지호천
23분
27분
❻ 휴양림 전망대
7분
백화산
영천시
69
북영천 IC
운주산 자연휴양림
자가용 이용 시 Start · Finish
N
임고서원
28
1:200000
영천호
0
4km
오미 IC
영동교 직전 인도교를 건너서 강 북측으로 진행
B
A
밤말산
삼모산
대중교통 이용 시 Start · Finish
북영천역
봉화산
영천버스 터미널
영천역
학조산
베스트 뷰 포인트
비포장 구간
이동 시간
길 헷갈리는 곳
보현산천문대 코스

고도표

400m
350m
300m
250m
200m
2.0km
4.0km
6.0km
8.0km
10.0km
12.0km
14.0km
16.0km
18.0km
20.0km
22.0km
24.0km
26.0km
❶
❷
❸
❹
❺
❻

운주산 휴양림 — 23분 — ❶ 영천댐 — 28분 — ❷ 망향 공원 — 16분 — ❸ 삼귀교 — 19분 — ❹ 영천댐 깔딱고개 — 23분 — ❺ 영천댐 공원 — 27분 — ❻ 휴양림 전망대 — 7분 — 운주산 휴양림

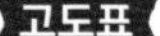

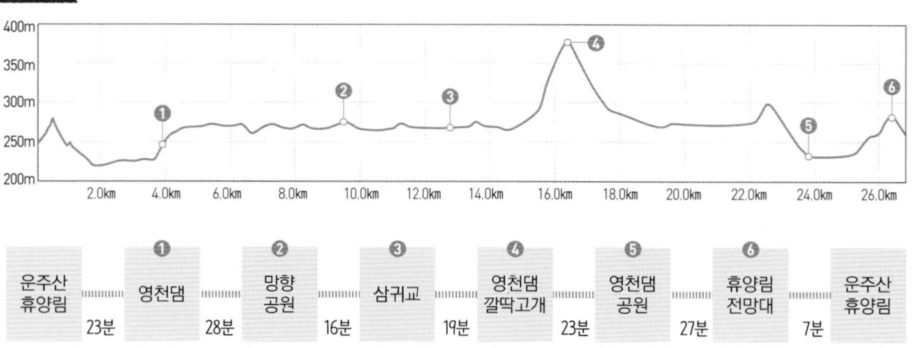

천문대가 있는 정상에 오르다

보현산천문대 코스

80점

난이도
편도

코스 주행 거리 21km (중) 상승고도 855m (상)
최대 경사도 10% 이상 (상) 칼로리 1,349kcal

코스 상태 전 구간 포장 | 자전거 전용도로 없음 | 안내표지 없음

천문대로 오르는 길은 봄이면 벚꽃길로 바뀐다.

보현산천문과학관

급경사를 이루며 올라가는 천문대 업힐

해발 1,126m 보현산 정상에 위치한 보현산천문대까지 오르는 업힐 코스다. 보현산천문대에는 우리나라 최대 광학망원경이 있어 천문학의 메카로 불린다. 천문대가 산 정상에 있는 까닭에 포장도로가 개설되어 있어 일반 차량으로도 천문대 정상까지 접근할 수 있다. 사실 산정까지 길이 난 곳은 많지 않고, 더구나 포장도로는 흔하지 않다. 상황이 이렇다 보니 영천과 인근 도시의 라이더들이 산악 자전거뿐만 아니라 로드 자전거를 이용해 힐클라임을 즐기는 업힐 명소가 되었다. 특히 정상 직전 전망대에서 내려다보이는 구절양장 같은 주변 도로의 모습이 장관이다. 영천호 라이딩과 함께 코스를 계획해 방문하면 좋다. 주변의 경관도 수려하다. 충효삼거리에서 영천호와 멀어지지만 벚꽃길은 계속 이어진다. 별빛마을 삼거리까지 백리 꽃길이 연결된다. 개화 시기는 호수 쪽보다 며칠 늦다.

고도표

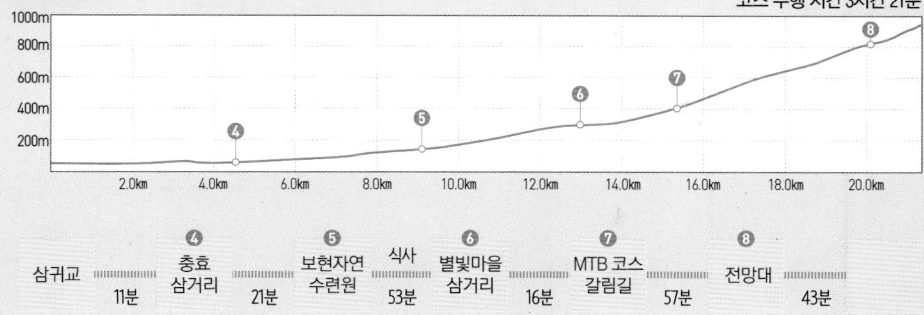

코스 정보

영천호 순환코스의 회귀점인 삼귀교에서 다리를 건너지 말고 계속 직진한다. 5㎞ 전방에 충효삼거리와 만나게 되는데 이곳에서 좌회전해서 수변길과 멀어진다. 삼거리에는 슈퍼마켓이 있어 간단한 식음료를 보급받을 수 있다. 충효삼거리에서 좌회전해 보현자연수련원을 지나 별빛마을 삼거리까지 이동한다. 삼거리에서 우회전하면 천문대로 올라가는 본격적인 업힐이 시작된다. 이곳에서 정상까지는 9㎞의 거리다. 3㎞ 정도 오르면 우측으로 웰빙숲 MTB 코스 진입로와 만난다. 이곳으로 들어서면 비포장도로를 따라 좀 더 길게 돌아서 상단의 포장도로와 다시 만난다. 필자는 MTB로 라이딩을 해서 하산 시에는 비포장 코스를 타고 내려왔다. 갈림길을 지나면 갈 지(之) 자 모양의 도로를 따라 정상으로 향한다. 중간 전망대에서 내려다보는 주변 풍경이 거침이 없다. 산정으로 올라서면 능선을 따라 천문대로 이동하게 된다.

보현산천문대는 천문 관측과 연구를 위해 일몰 이후에는 차량 출입이 통제된다. 동절기 노면 결빙 시에도 도로가 통제되니 참고하길 바란다.
충효삼거리 주변에는 식당이 있어 업힐 전에 식사를 해결할 수 있다. 특히 2월에서 5월 사이 이 지역에서 재배된 제철 미나리를 곁들인 삼겹살을 맛볼 수 있다. 예산은 삼겹살 600g 15,000원, 미나리 600g에 9,000원 선이다.

난이도

영천호의 해발이 100m 이하여서 정상까지 약 900m를 올라가야 한다. 본격적인 업힐 구간은 별빛마을 삼거리에서 정상까지의 9㎞ 구간이지만 충효삼거리부터 완만한 경사가 시작되어 라이더의 체력을 소모시킨다. 진이 빠질 만할 때 본격적인 업힐이 시작되는 것이다. 본격적인 업힐이 시작되면 경사도 10%를 넘어서는 구간을 시도 때도 없이 만나게 된다. 객관적인 업힐의 난이도뿐만 아니라 심리적으로 지치게 만드는 코스다.

주의구간

전 구간을 일반 공도로 주행하는 코스다. 차량의 통행량은 많지 않아 이로 인한 스트레스는 거의 없는 편이다. 내리막에는 급커브, 급경사 구간이 다수 있기 때문에 주의해야 한다. 전 구간 포장도로라 로드 자전거로 주행이 가능하지만 위로 올라갈수록 도로의 포장 상태가 열악하다. 이 부분을 염두에 두고 라이딩에 임해야 한다.

낯섦과 편안함이 공존하는

옥천 향수100리길 순환코스 (금강·대청호·장계관광지)

'내 시작은 미약했으나 그 끝은 창대하리라'는 성경 구절이 떠오르는 코스. 시간이 지나 페달링이 무거워질수록 옥천의 소박하고 아담한 매력에 서서히 젖어든다.

코스 상태 비포장 구간 포함 | 일부 자전거 전용도로 | 안내표지 있음

40점 **난이도**

코스 주행 거리 57km (중) 상승고도 479m (중)
최대 경사도 10% 이하 (중) 칼로리 949 kcal

접근성

반포대교 — 자전거 12km — 동서울종합터미널 — 시외버스 177km — 옥천시외버스터미널

소요 시간

왕편(총 2시간 50분) 자전거 50분 버스 2시간 → **코스 주행** 자전거 4시간 50분 → **복편**(총 2시간 50분) 버스 2시간 자전거 50분

1 성왕로에서의 한적한 라이딩. **2** 금강휴게소. **3** 금강휴게소 인근 수변길. **4** 금강변을 라이딩 하는 모습. **5** 교동저수지 옆을 지나가는 자전거길. **6** 옥천 향수100리길 안내표지판.

정지용 시인이 〈향수〉에서 노래한 '꿈에서도 잊지 못한 그의 고향' 옥천을 자전거로 둘러보는 코스다. 아름다운 자전거길을 꼽으라면 항상 빠지지 않고 언급되는 길 중 하나다. 자전거여행을 시작하면서 한번 가봐야지 가봐야지 하면서도 막상 발걸음을 옮기지 못하다가 벼가 누렇게 고개 숙이기 시작하는 추석 밑에 길을 나섰다.

주로 옥천역을 출발점으로 향수100리길이 시작된다. 첫인상은 그렇게 세련되지 못하다. 안내표시도 눈에 잘 띄지 않고, 자동차와 함께 일반도로를 조심조심 주행하는 것도 기대와는 다르다. 옥천읍내를 벗어나 정지용 시인과 육영수 여사의 생가에 도착하면 분위기는 조금씩 바뀐다. 읍내의 불규칙하고 번잡스러운 느낌이 사라지고 대청호가 보이는 장계관광지까지 수변길의 한적한 분위기다.

37번 국도를 벗어나 575번 지방도로 접어들면 금강변을 따라 달리게 된다. 이때부터 길도 비포장도로로 바뀐다. 흙먼지를 날리며 한적한 강변을 따라가는 수변 라이딩코스가 계속 이어진다. 맑은 금강에서 고기잡이 삼매경에 빠져 있는 강태공들을 바라보며 페달을 밟다 보면 어느새 금강휴게소에 도착하게 된다. 이곳에서 잠시 숨을 돌린 자전거길은 금강에서 멀어지며 옥천 외곽의 시골마을들을 지나가게 된다. 사실 이때부터가 옥천 향수100리길의 백미라고 할 수 있다. 고즈넉한 언덕과 낮은 산들 사이에 포근하게 자리 잡은 마을의 모습은 여행자의 마음을 편안하게 해준다. 자전거를 탄 외지의 여행객에게는 그제야 정지용 시인의 '향수'라는 단어가 되새겨진다. 혼잡한 출발, 조심스러운 국도 라이딩, 한적한 수변길 그리고 포근한 시골길로 이어지는 자전거 코스는 기승전결이 뚜렷하다. 화려한 볼거리는 딱히 생각나지 않지만 여행이 끝난 뒤에도 오래도록 잔잔한 여운이 남는 그런 코스다.

코스 정보

출발지를 옥천시외버스터미널로 하든지, 옥천역으로 하든지 일단 문정사거리까지 이동한다. 실질적으로 이곳에서 옥천 향수100리길이 시작되는 셈이다. 옥천 향수100리길이라는 표지판을 따라 길을 찾아가면 된다. 간간이 도로에 화살표 표시가 되어 있는 곳도 있다. 한적한 시골길을 따라가던 향수길은 소정교차로에서 37번 국도와 만난다. 장계관광지를 지나 인포삼거리에서 우회전해 575번 지방도를 따라간다. 지방도는 얼마 지나지 않아 금강 물줄기와 나란히 달리게 된다. 차량 통행량도 줄어들고 비포장도로로 바뀌며 구불구불 흘러가는 금강을 따른다. 원당교를 건너가면 금강휴게소에 도착하는데 이곳에서부터 길 찾기에 주의해야 한다. 크게 헷갈리는 구간이 두 곳 정도 있다. 첫 번째는 금강휴게소에서 벗어나는 지점이다. 진행 방향으로 계속 가다가 작은 삼거리가 나오면 좌회전하면 된다. 얼마 지나지 않아 사거리를 만나게 되는데 직진 후 바로 굴다리 밑으로 우회전해야 한다. 이후에는 시골길을 넘나들며 다시 옥천시내로 돌아오게 되는데 이때 역시 향수100리길 표지판을 잘 확인하며 주행해야 한다. 옥천으로 돌아오는 길에 육영수 여사 생가와 정지용 시인 생가를 지나가게 된다.

고도표

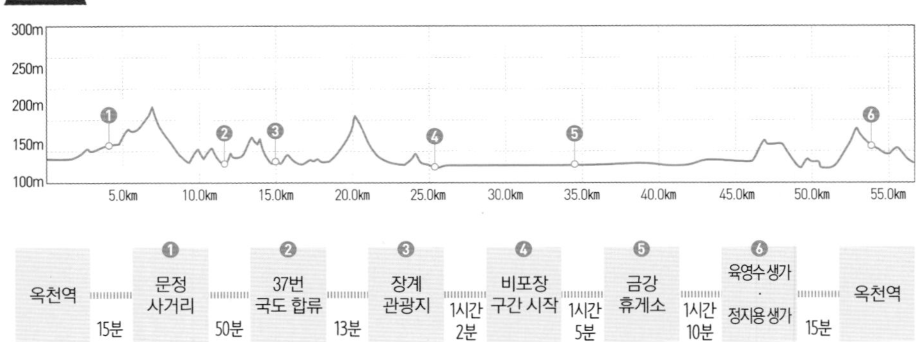

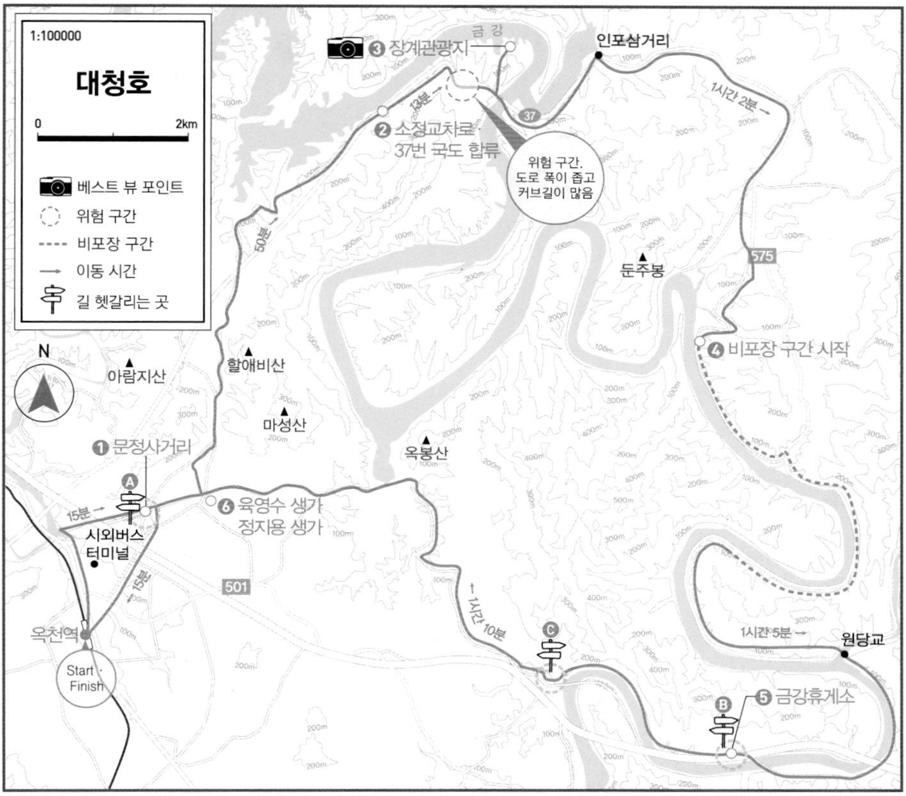

1:100000
대청호
0
2km
베스트 뷰 포인트
위험 구간
비포장 구간
이동 시간
길 헷갈리는 곳
N
③ 장계관광지
금 강
인포삼거리
12분
② 소정교차로·
37번 국도 합류
37
위험 구간.
도로 폭이 좁고
커브길이 많음
1시간 2분
50분
575
둔주봉
④ 비포장 구간 시작
아람지산
할애비산
마성산
옥봉산
① 문정사거리
A
15분
⑥ 육영수 생가
정지용 생가
시외버스
터미널
501
15분
옥천역
Start·
Finish
1시간 10분
C
1시간 5분
원당교
B
⑤ 금강휴게소

금강3교
경부고속도로
금강
금강
휴게소
금강유원지

Ⓑ 금강휴게소 부근

굴다리 통과
다리밑 통과
구금강2교
경부고속도로
아름다운
풍경펜션

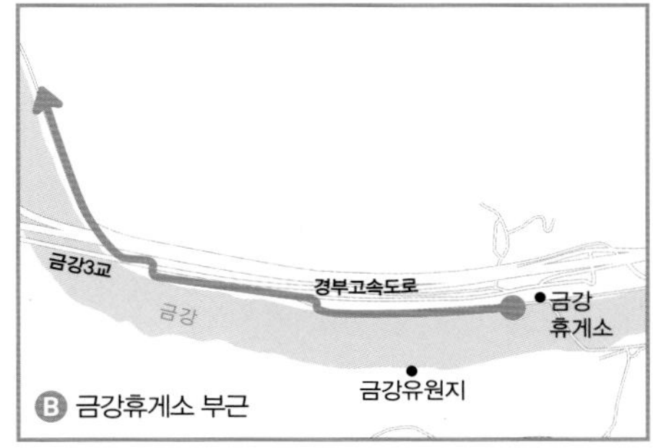

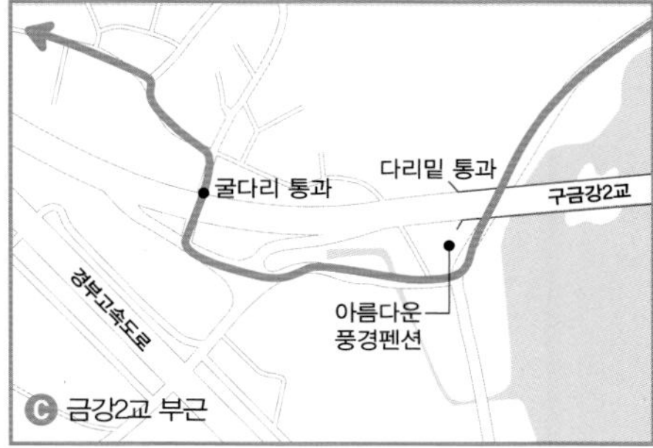

Ⓒ 금강2교 부근

난이도

문정사거리에서 옥천읍 경계의 차넘이골을 넘어가는 업힐이 이 구간 최대 오르막길이다. 경사도 5% 내외의 완경사 업힐이 약 3㎞ 정도 이어진다. 이후에도 크고 작은 업힐을 만나게 되지만 그렇게 부담스러운 구간은 없다.

주의구간

향수100리길은 기본적으로 일반 도로를 주행하는 구간이 대부분이다. 항상 주변 차량 소통에 주의를 기울여야 한다. 특히 소정교차로에서 인포삼거리까지는 37번 국도를 이용해야 하는데 도로 폭이 좁고 커브길이 많아 더욱 조심해야 한다. 차량 통행도 빈번하다. 장계관광지로 들어가기 위해서는 좌회전을 해야 하는데 내리막길에 차량 통행이 많아 이곳 역시 주의구간이다.

교통
IN/OUT 동일

지역 명품자전거길을 소개할 때 빠지지 않고 등장하는 코스다. 하지만 명성에 걸맞지 않게 접근성은 갈수록 떨어지고 있다. 과거 동서울종합터미널에서 옥천 직행 시외버스가 1일 3회 운행되었지만 현재는 운행되지 않는다. 버스를 이용해서 옥천을 방문하려면 서울-대전, 대전-옥천 순으로 1회 환승해야 한다. 자전거 거치대가 설치된 무궁화호 열차도 운행을 중단했다. 이제는 대중교통보다 자가용을 이용한 이동을 추천한다. 자가용으로 이동 시 옥천역 인근 새터공영주차장(옥천군 옥천읍 금구리 56-10)을 무료로 이용할 수 있다.

보급 및 음식

보급 받을 곳은 금강휴게소가 유일하다. 옥천읍내를 벗어나면 식사나 보급이 어려우니 행동식을 챙기고 식사는 읍내에서 해결하고 출발하는 것이 좋다. 옥천역 인근에는 쫄면으로 유명한 풍미당(물쫄면 6,000원, 김밥 3,000원)이 있다. 특히 물쫄면이 유명한데 비빔쫄면과 달리 뜨끈한 국물과 함께 먹는 식감이 독특하다. 첫째, 셋째 주 월요일은 휴무다. 정지용 생가 인근에는 묵으로 유명한 구읍할매묵집이 있다. 도토리묵이 7,000원이며, 착한 식당으로 선정된 집이다.
대청호와 금강을 끼고 있는 옥천의 대표 음식은 어죽이다. 언론에 소개된 찐한식당, 선광집 등이 유명한데 자전거 코스에서 벗어난 청산면에 위치하고 있다. 자전거 코스와 인접한 대박집도 어탕국수(7,000원)를 잘한다. 이 지역 별미인 도리뱅뱅이(12,000원)를 곁들이는 것도 좋다.

풍미당의 물쫄면

풍미당 043-732-1827, 충청북도 옥천군 옥천읍 중앙로 23-1
구읍할매묵집
043-732-1853, 충청북도 옥천군 옥천읍 향수길 46
대박집
043-733-5788, 충청북도 옥천군 옥천읍 성왕로 1250

즐길 거리

정지용 생가와 육영수 여사 생가는 서로 지척에서 마주 보고 있다. 정지용 생가에는 정지용문학관이 있는데 시인의 작품과 사진들을 전시해두었다. 09:00~18:00에 개관하며, 매주 월요일은 휴관이다. 육영수 여사 생가는 충청북도 기념물 제123호로 지정되어 있다. 조선시대 상류계급의 전형적인 건축양식을 갖추고 있으며 생전 사진자료들도 전시되어 있다.

정지용문학관
043-733-6078, 충청북도 옥천군 옥천읍 향수길 56
육영수 여사 생가
043-730-3083(옥천군 문화공보과), 충청북도 옥천군 옥천읍 향수길 119

물길 따라 라이딩

02
바닷길

언덕 위 풍차와 쪽빛 바다가 만나는 블루로드

영덕-후포 종주코스
(영덕풍력발전단지·해맞이공원·고래불해변·울릉도)

해안도로와 풍차길이 어우러진 매우 독특한 코스. 이곳에서 울릉도로 넘어가거나 울진까지 라이딩을 계속할 수 있다.

코스 상태 전 구간 포장 | 일부 자전거 전용도로 | 일부 안내표지 있음

난이도

①풍력단지 코스 경유	②풍력단지 코스 생략
코스 주행 거리 55km (중)	코스 주행 거리 53km (중)
상승고도 560m (중)	상승고도 390m (중)
최대 경사도 10% 이상 (상)	최대 경사도 5% 이하 (하)
칼로리 2,012kcal	칼로리 1,680kcal

접근성

반포대교 — 버스 310km — 영덕버스터미널

소요 시간
영양풍력단지코스 연계

왕편	코스 주행	복편
4시간 20분	5시간 14분	4시간 20분

1 영덕풍력발전단지. **2** 고래불해변의 조형물. **3** 영덕해맞이공원 대게 등대. **4** 영덕해맞이공원의 전경. **5** 블루로드 해변의 모습.

영양풍력단지 종주코스(p.162 참고)와 함께 1박 2일 자전거여행을 구성하는 코스다. 오지 영양에서 출발한 자전거는 낙동정맥의 마루금을 따라 대게의 고향 영덕까지 이어진다. 영덕에서 잠시 숨을 돌린 자전거는 바닷길을 따라 다시 길을 나선다.

7번 국도로 연결되는 동해안 바닷길은 언제나 여행자들의 로망이었다. 수많은 항구와 해송으로 둘러싸인 해변을 지나며 고성에서 부산까지 연결되는 동해안 길은 어느 한 곳 허투루 지나칠 수 없을 만큼 아름다운 풍경과 이야기, 그리고 비릿한 바다의 맛을 담고 있다.

그중에서 영덕에서 후포항까지 이어지는 바닷길은 '블루로드(Blue Road)'라는 이국적인 이름을 갖고 있다. 대게공원에서 고래불해수욕장까지 연결되는 65㎞ 길이의 도보여행길로 주로 알려져 있지만, 그 의미를 더 넓혀 경북 지역 최고의 해변길이라고 해도 무리가 없다. 옛 7번 국도를 따라가는 자전거 코스는 앞으로 조성될 동해안 종주 자전거길의 일부가 된다.

동해안 자전거길 하면 떠오르는 단어는 푸른 바다와 맑은 하늘이다.

이 코스에는 한 가지가 더 추가되는데, 바로 언덕 위의 풍차다. 해안도로와 인접한 능선을 따라 영덕풍력발전단지가 들어서 있기 때문이다. 주로 첩첩산중 백두대간으로 들어가야 만날 수 있는 풍차길 라이딩을 해변지대에서도 즐길 수 있다. 물론 풍차길로 오르려면 업힐은 각오해야 한다. 이마저도 수고스럽다면 그냥 모른 척 해안도로를 따라 라이딩을 이어가면 된다.

블루로드 라이딩의 끝자락에서 만나는 곳은 울진군과 영덕군의 경계에 자리 잡은 후포항이다. 출발지가 오지였던 만큼 한번 들어가기도 쉽지 않지만 이곳에서 빠져 나오기도 쉽지 않다. 서울로 돌아가는 직행버스는 아침에만 두 번 있어, 이미 끊어진 지 오래다. 저녁에 서울행 막차가 출발하는 울진까지 가려면 이곳까지 온 거리만큼 라이딩을 더 이어가야 한다. 울릉도로 출발하는 배는 아침에 출발한다. 라이딩을 이어갈지, 이곳에 주저앉아 횟감을 반주 삼아 저녁을 보낼지, 아니면 새로운 오지로 떠나는 여행을 시작할지 설레는 강요가 시작된다.

코스 정보

영덕버스터미널에서 출발하면 '영덕로'를 따라 남쪽으로 내려가다 '강영로' 방향으로 좌회전한다. 오십천 뚝방길을 따라 강구항까지 연결된다. 강구항부터 옛 7번 국도를 따라 바다를 끼고 올라가는 라이딩 코스가 시작된다. 약 5㎞ 정도 올라가다 보면 좌측으로 신재생에너지전시관으로 올라가는 삼거리에 도착한다. 영덕풍력발전단지를 가로질러 가려면 해안 코스에서 벗어나 좌측 오르막길로 진입해야 한다. 언덕으로 올라서면 풍차들이 도열해 있는 발전단지 안으로 진입하게 된다. 걷기 길인 블루로드 B코스와 만나게 된다. 영덕신재생에너지전시관을 지나 해안으로 내려오면 해맞이공원에서 해안도로와 다시 만난다. 도로는 축산항과 대진항, 고래불해변을 거쳐 후포면으로 진입하게 된다.

연계코스

영양풍력발전단지 종주코스 p.162
울릉도 일주코스-『자전거 여행 바이블』 참고

난이도

해안도로에서 영덕풍력발전단지가 위치한 능선까지 약 3㎞의 업힐을 올라가야 한다. 중간중간 순간 경사도 10% 안팎의 가파른 오르막이 튀어나온다. 정상 부근의 도로 사정은 좋다. 콘크리트 포장의 울퉁불퉁한 빨래판 길이 아니라 매끄러운 아스팔트 포장도로로 연결되어 있다.

주의구간

자전거도로와 일반 지방도를 주행하는 코스다. 차량 통행량은 그리 많지 않아 스트레스는 별로 없다. 후포항에서 멀지 않은 금곡리 부근에서 새로 만들어진 고속화된 7번 국도와 옛 7번 국도가 떨어졌다 붙었다를 반복하며 후포항까지 이어진다. 라이딩에 주의가 필요한 구간이다. 영덕 신재생에너지관에서 해맞이공원으로 내려오는 구간의 경사도가 가파르다. 자전거 속도를 줄이고 주행에 자신이 없으면 자전거를 끌고 내려오는 것이 좋겠다.

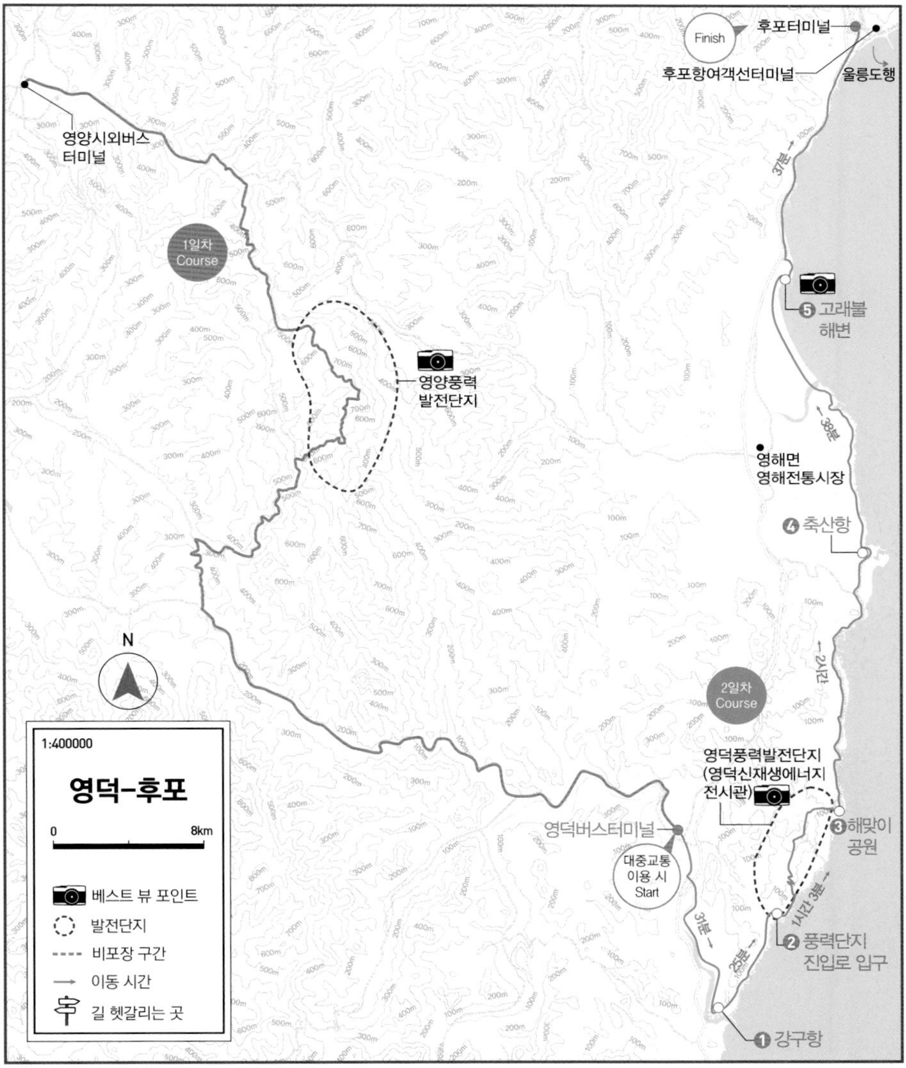

Finish
후포터미널
후포항여객선터미널
울릉도행
영양시외버스
터미널
1일차
Course
영양풍력
발전단지
37분
5 고래불
해변
38분
영해면
영해전통시장
4 축산항
2시간
2일차
Course
영덕풍력발전단지
(영덕신재생에너지
전시관)
3 해맞이
공원
영덕버스터미널
대중교통
이용 시
Start
1시간 3분
31분
25분
2 풍력단지
진입로 입구
1 강구항
N
1:400000
영덕-후포
0
8km
베스트 뷰 포인트
발전단지
비포장 구간
이동 시간
길 헷갈리는 곳

고도표

250m
200m
150m
100m
50m
영덕풍력단지 코스
생략 가능 업힐
5.0km
10.0km
15.0km
20.0km
25.0km
30.0km
35.0km
40.0km
45.0km
50.0km

영덕버스터미널		1 강구항		2 풍력단지 진입로 입구		3 해맞이 공원	식사	4 축산항		5 고래불 해변		후포 터미널
	31분		25분		1시간 3분		2시간		38분		37분	

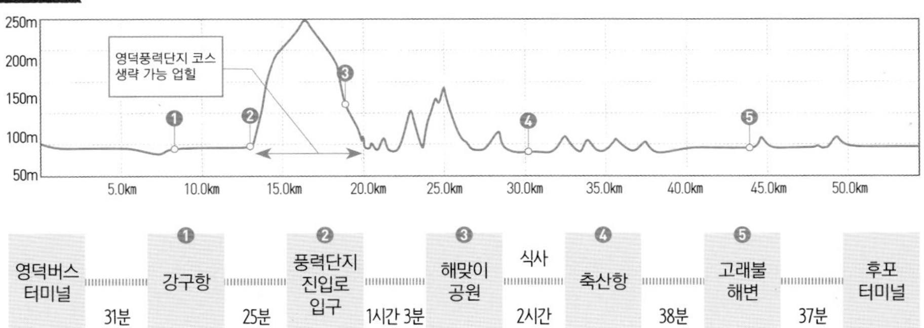

교통

IN/OUT 다름

IN 서울 강남고속버스터미널과 동서울종합터미널에서 영덕버스터미널행 차편이 운행되고 있다. 강남고속버스터미널에서는 1일 3회 출발한다. 요금은 28,700원(편도)이고, 4시간 20분 소요된다. 첫차는 07:40에 출발한다. 동서울종합터미널에서는 1일 7회 운행한다. 요금은 28,700원(편도)이고, 첫차는 07:00에 출발한다.

OUT 여행 일수와 코스 조합에 따라 다양한 케이스가 있다. 먼저 1박 2일 코스인 영양-영덕-후포리-울진으로 코스를 잡으면 다음 날 아침 일찍 라이딩을 서둘러야 한다. 후포터미널에서 강남고속버스터미널과 동서울종합터미널로 가는 차편이 운행되고 있다. 동서울종합터미널행 막차는 16:50에 출발한다. 요금은 32,000원(편도)이다. 코로나 확산 방지로 배차시간표가 유동적이다. 2020년 8월 현재 강남고속터미널로 운행되는 차편은 중단되었고, 동서울종합터미널행 버스만 1일 6회 운행된다. 후포에서 출발할 경우 미리 버스 시간을 확인해보는 것이 좋다. 후포터미널(054-788-2383), 울진시외버스터미널에서 동서울종합터미널로 가는 차편은 1일 7회 운행된다. 요금은 28,000원(편도)이고, 막차는 17:15에 출발한다.

서울에서 첫차로 영덕에 도착한 후 라이딩을 시작하면 해질 무렵 후포항에 도착한다. 위에서와 마찬가지로 포항이나 대구 인근 도시로 이동한 후 서울행 차편을 이용하거나 후포에서 1박 후 아침 버스를 이용해 귀경한다.

보급 및 음식

영덕 인근의 식당은 영양풍력발전단지 종주코스(p.162)를 참고한다.

후포리에는 전복죽으로 유명한 등대식당이 있다(전복죽 14,000원). 후포항 공영주차장이 있는 한마음광장 안쪽으로 횟집들이 모여 있는 회센터가 있다. 후포어시장회도매센터와 바로 옆 삼성회센터에서 저렴한 가격으로 회를 떠 먹을 수 있다. 언제부턴가 주차장 입구에서 판매하는 대게빵도 이 지역 명물로 자리 잡았다. 삼일식당도 대게국수와 회정식으로 인기다(대게국수, 회정식 각각 10,000원).

삼일식당의 대게국수

물회

등대식당 054-788-2556, 경상북도 울진군 후포면 후포로 240

후포어시장회도매센터

054-787-7757, 경상북도 울진군 울진대게로 169-71

삼일식당

054-788-3954, 경상북도 울진군 후포면 울진대게로 161

즐길 거리

과거에는 후포에서 울릉도로 자전거여행을 하는 것이 가능했지만 이제는 불가하다. 선사에서 자전거 반입을 불허하기 때문이다. 동해안 종주여행과 울릉도여행을 함께 고려하고 있다면 강구항에서 후포로 북상하지 말고 포항으로 남하해야 한다. 포항까지는 약 40km 거리고 포항발 썬라이즈호는 자전거 반입이 가능하다. 단 선내 반입을 위한 캐리어백이 필요하다.

갯바위 옆길 따라 신나는 라이딩

후포-울진 종주코스 (영덕 블루로드)

50점

난이도 | 코스 주행 거리 46km (중) 상승고도 266m (하) 최대 경사도 5% 이하 (하) 칼로리 1,651kcal

코스 상태 전 구간 포장 | 자전거 전용도로 있음 | 안내표지 있음

울진 대게 상징물

국토 종주 동해안 자전거길 안내표시

새롭게 복원된 망양정

아침에 영덕에서 라이딩을 시작해 후포에 도착했는데 당일에 서울로 올라가야 한다면, 울진터미널까지 더 올라가야 한다. 울진에서는 동서울종합터미널행 막차가 18:40에 있기 때문이다. 후포 탈출 방법 중 하나로 이 코스를 소개하지만 라이딩 도중 만나는 주변 풍경은 블루로드 못지않다. 2017년 개통된 동해안 자전거길 경북 구간이 포함되어, 길을 찾기도 편하다. 울진의 바닷길에서 유난히 눈에 많이 띄는 것은 바위다. 인근 바다에 왕돌초가 있기 때문인지 해안선 주변에서 갯바위들을 어렵지 않게 볼 수 있다. 울진 대게를 상징하는 조형물도 영덕보다 더 자주 보인다. 지자체 사이에서 벌어진 '대게의 고향' 타이틀 경쟁이 바닷길까지 뜨겁게 달군다. 이 코스의 전망 좋은 명소를 꼽으라면 망양정을 말할 수 있겠지만, 주변 전선 탓에 전망이 크게 만족스럽지는 않다. 차라리 망양휴게소에서 내려다보는 전망이 더 시원스럽다.

코스 정보

송림구간 라이딩

후포터미널에서 출발하면 후포여객선터미널을 지나 후포 등대를 돌고, 해안도로를 타서 북쪽으로 올라간다. 울진 대게의 고향인지라 길 이름도 '울진대게로'다. 10㎞ 정도 해안선에 바짝 붙어 달리던 길은 월송정교를 건너 해송숲 쪽으로 방향을 튼다. 약 2㎞의 송림숲을 달리는 재미있는 코스가 시작된다. 중간에 월송정을 지나 구산해변까지 이어진다. MTB 자전거를 몰고 온 라이더에게는 신나는 구간이지만 로드 자전거로 온 라이더는 당황스러울 것이다. 안내표시를 따라 송림으로 진입하지 말고 일반도로를 타고 우회하는 것이 좋다. 후포–울진 구간은 76km 거리의 동해안 자전거길 경북 구간의 일부에 해당한다. 종주 자전거길 안내를 따라가면 길을 찾는 데 큰 무리가 없다. 수산교를 건너 울진읍내에 접어들어 터미널로 가려면, 다리를 건너 계속 직진한다. 2㎞ 정도 올라가면 터미널에 도착한다.

난이도

이 코스의 총 상승고도는 266m다. 100m 이하의 작은 업힐 서너 곳을 넘어가야 한다. 가장 큰 언덕은 비행훈련원을 넘어가는 업힐이다. 경사도 10%를 넘어가는 급경사 구간은 없다. 따라서 중급자 정도의 실력이면 평균 속도 15㎞로, 3시간 안에 목적지까지 주파하는 데 별 어려움은 없다.

주의구간

동해안 종주 자전거길을 주행하지만 상당 부분은 자전거 전용도로가 아닌 옛 7번 국도를 따라간다. 일반 공도를 주행하더라도 차량 통행이 거의 없어 라이딩에 부담이 없다.

교통

이곳에서 서울 직행버스를 놓쳤다면 강릉행(삼척, 동해, 강릉) 혹은 태백, 포항, 대구 등 인근 도시로 이동해 서울행 차편으로 갈아타야 한다. 다행히 무정차 혹은 준무정차 버스에는 짐칸에 자전거를 실을 수 있다. 울진에서 삼척까지는 1시간 거리고, 태백까지는 1시간 30분 소요된다.

고도표

코스 주행 시간 2시간 57분

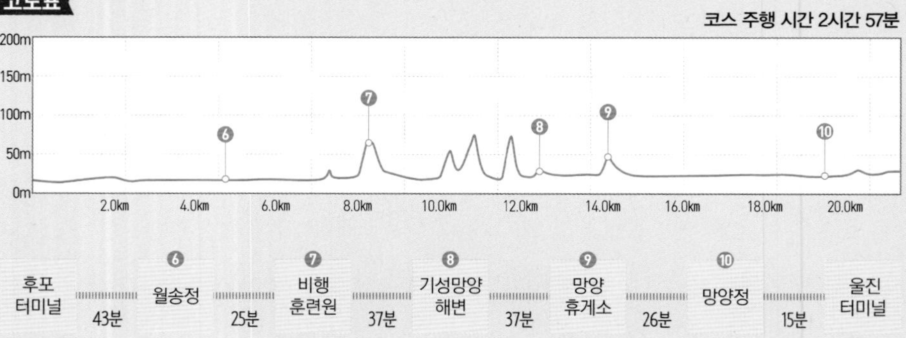

다시 시작되는 7번 국도의 추억 만들기

임원-동해 종주코스
(새천년해안도로·장호항·묵호항·망상오토캠핑장)

동해안 종주 코스 중 강원도 구간의 시작. 낙타 등 같은 업다운 구간이 많아 가장 터프한 코스다. 내려다보이는 바다 경관은 기대를 저버리지 않는다.

코스 상태 전 구간 포장 | 일부 자전거 전용도로 | 안내표지 있음

난이도

코스 주행 거리 70㎞ (중) 상승고도 701m (중)
최대 경사도 10% 이하 (중) 칼로리 2,464㎉

접근성

반포대교 —자전거 12㎞— 동서울종합터미널 —버스 303㎞— 임원정류장

소요 시간
1박 2일 / 2박 3일 추천

왕편(총 4시간 10분) 50분 3시간 20분

코스 주행 7시간 26분

1 동해안 종주 자전거길의 조형물. **2** 임원인증센터. **3** 맹방해변의 자전거길. **4** 동해안 종주 자전거길의 풍경.

수많은 추억을 간직하고 있는 옛 7번 국도. 수십 번도 넘게 다녀서 식상해진 그 길 위에 새로운 자전거길이 덧입혀졌다. 바로 동해안 종주 자전거길. 강원도 고성에서 시작해 부산 을숙도까지 연결되는 720㎞의 자전거길이 조성 중이다. 그중 강원도 구간인 임원-고성 240㎞ 코스가 개통되었다는 소식을 듣고 길을 나섰다.

종주 방향은 임원에서 고성으로 올라오는 코스로 잡았다. 그렇게 해야 동해 바다를 오른쪽에 놓고 몇 m라도 더 바다와 가깝게 라이딩 할 수 있기 때문이다. 북서풍의 영향으로 맞바람을 맞을 확률이 컸지만 그런 건 별로 걱정되지 않았다. 주변 경치를 충분히 즐기며 달리려면 일정을 2박 3일은 잡아야 한다. 한 번에 3일 휴가를 내기 어려웠기 때문에 1박 2일로 한 번, 당일치기로 한 번, 두 번에 걸친 라이딩으로 종주를 진행했다. 1박 2일 중 첫날은 임원항에서 망상까지 달리고, 둘째 날은 망상에서 속초까지 좀 빠듯하게 잡았다. 그래야 마지막 당일치기 구간인 속초-고성 구간을 여유롭게 마무리할 수 있기 때문이다.

5 추암해변 촛대바위. **6** 오징어와 추암 촛대바위. **7** 동해시에서 전천과 연결되는 자전거길.

첫날 라이딩은 임원항에서 시작됐다. 장호, 용화, 문암, 궁촌 등 익숙한 지명들이 길 옆으로 스쳐 지나간다. 자동차로 달렸던 길이지만 페달을 밟아 자전거로 달리면 전혀 다른 길이 된다. 낙타 등같이 오르막과 내리막이 반복되는 도로를 힘겹게 오르고 다시 내려가기를 반복한다. 해발 100m도 되지 않는 낮은 언덕이지만 그곳에서 내려다보는 해변의 모습은 낯설다. 오르막의 고됨을 정상의 멋진 풍경으로 보상받는다. 차를 타고 지나치는 이의 눈에는 고생스럽게 보이겠지만 긴장과 이완이 반복되는 재미있는 구간이다.

맹방해수욕장에 도착하면 그제야 사방이 트이고 길은 평평해진다. 해변도로를 달리는 맛이 난다. 하 맹방에서 상 맹방까지 길게 이어진 해변을 달리다 보면 삼척시다. 삼척의 명소 새천년 해안도로와 만난다. 그리고 다시 촛대바위로 유명한 추암해변을 지나간다. 언덕에서 내려다봤던 장호, 용화해변의 모습이 아직 생생한데, 다른 비경들이 쉴 새 없이 몰아친다.

고도표

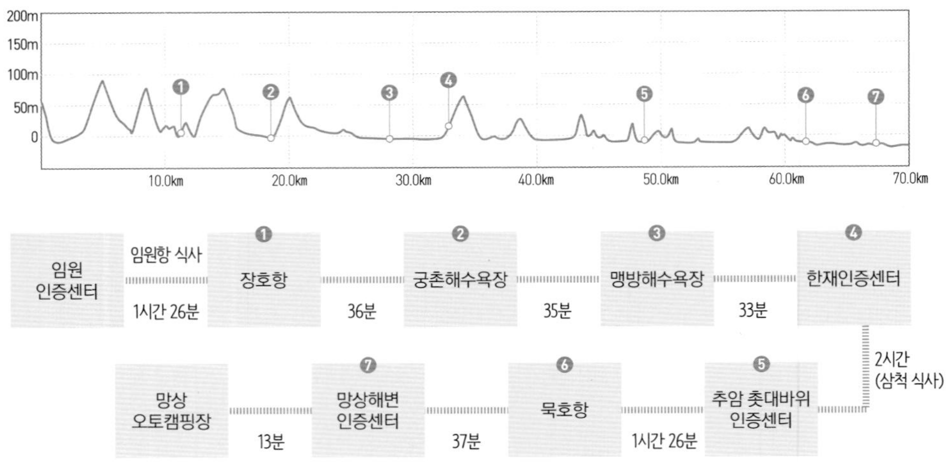

코스 정보

시외버스가 잠시 정차하는 임원항에서 라이딩이 시작된다. 종주 인증을 하기 위해 임원인증센터를 찾게 되는데, 위치가 좀 생뚱맞다. 읍내에서 북쪽으로 2㎞ 떨어진 언덕 중간에 자리 잡고 있다. 이곳에서 북쪽으로 자전거길을 따라 올라가게 된다. 신남, 장호, 용화해변을 지나갈 때마다 롤러코스터를 타고 오르내리는 듯한 업다운이 반복된다. 맹방해수욕장에 도착하면 탁 트인 바닷길이 길게 이어진다. 삼척시로 진입하면 4㎞ 남짓 되는 길이의 새천년해안도로와 추암해변에 도착한다. 바로 이어서 동해시를 관통한다. 아파트와 해군2함대 사령부 등을 지나가는데, 주변 경관은 비경과는 거리가 있는 답답한 구간이다. 묵호항을 지나면 다시 바다와 맞닿아 달리게 되고 주변의 인적도 드물어진다. 도로 바닥과 안내표지판에 자전거 코스가 안내되고 있어 길을 찾아가는 데 전혀 부담이 없다.

연계코스

동해-속초 종주코스 p.105

울릉도 일주 코스-『자전거 여행 바이블』 참고.

동해안 종주 자전거길 인증 도장

난이도

해안도로를 따라 라이딩 하는 코스지만 임원-동해 구간은 작은 업다운이 계속 반복된다. 모두 해발 100m가 넘지 않는 작은 언덕이고 경사도 역시 대부분 5% 내외로 크게 부담스럽지는 않다. 단, 해변의 평지 코스를 기대하고 왔다면 좀 당황스러울 수 있다.

주의구간

자전거 전용도로와 일반도로가 혼재되어 있다. 일반도로 구간이라도 차량 통행량은 그리 많지 않다. 차량 스트레스를 받을 일은 별로 없다.

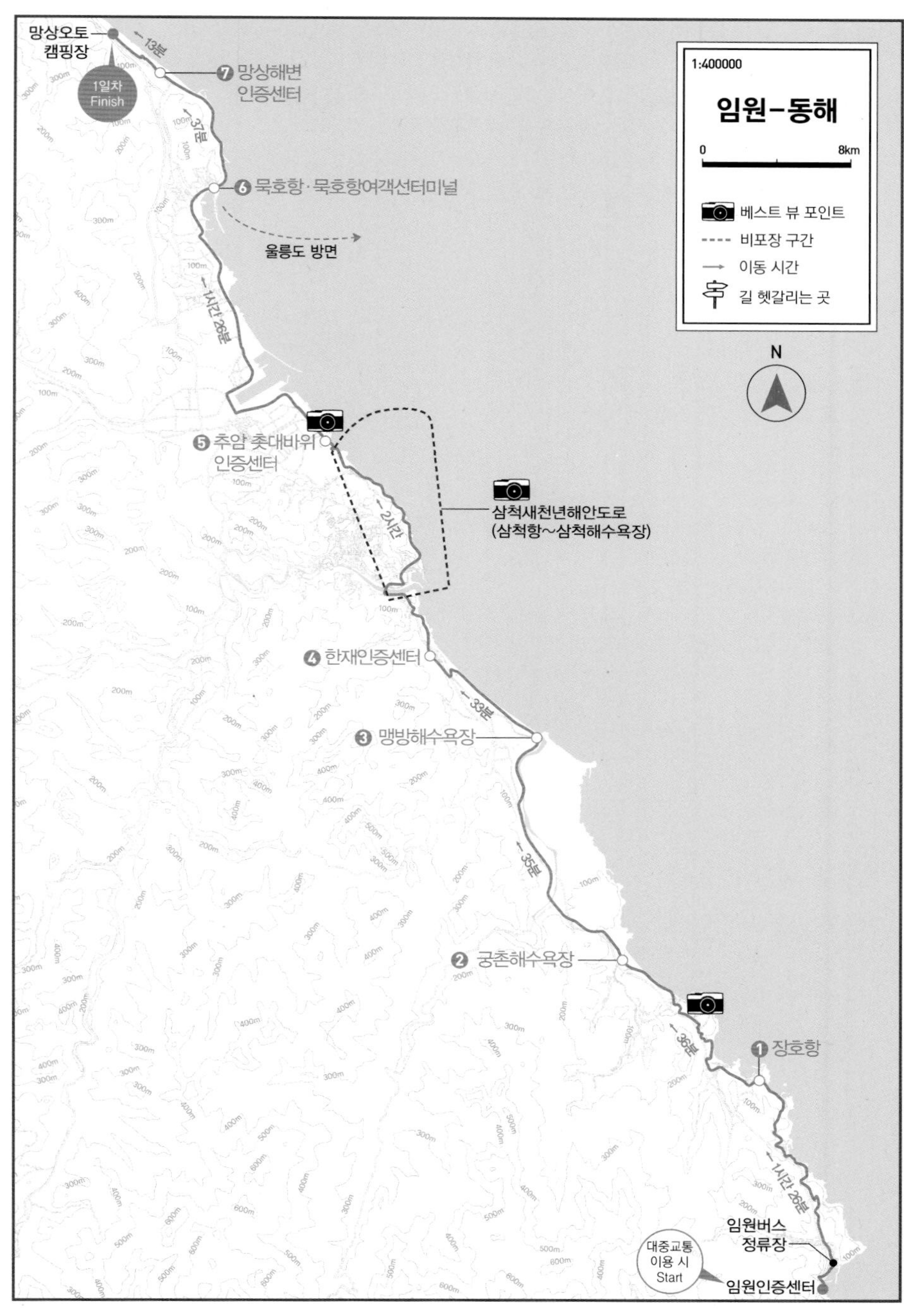
1:400000
임원-동해
0
8km
베스트 뷰 포인트
비포장 구간
이동 시간
길 헷갈리는 곳
N
망상오토
캠핑장
1일차
Finish
13분
❼ 망상해변
인증센터
37분
❻ 묵호항·묵호항여객선터미널
울릉도 방면
1시간 26분
❺ 추암 촛대바위
인증센터
삼척새천년해안도로
(삼척항~삼척해수욕장)
2시간
❹ 한재인증센터
33분
❸ 맹방해수욕장
35분
❷ 궁촌해수욕장
36분
❶ 장호항
1시간 26분
임원버스
정류장
대중교통
이용 시
Start
임원인증센터

교통

IN/OUT 다름

IN 남에서 북으로 올라가는 코스의 경우 대부분 자전거 인증센터가 있는 임원항을 출발지로 삼는다. 동서울종합터미널에서 임원항으로 차편이 운행되고 있다. 1일 8회 운행되며 07:10에 첫차가 출발한다. 요금은 26,000원(편도)이고, 3시간 20분 소요된다. 고속버스는 삼척까지만 운행된다. 실제로 임원까지 시외버스가 운행되는 것을 모르고 고속버스로 삼척까지 온 뒤에 택시를 타고 임원인증센터까지 점프하는 자전거 여행객도 있다(종주길이므로 아웃 코스 방법은 이곳에서 생략. p.108 참고).

보급 및 음식 

삼척 일대의 가장 대표적인 음식 중 하나는 바로 곰치국이다. 임원항 초입에 있는 여정식당도 이 동네 맛집으로 꼽히는 음식점이다. 재료 아끼지 않고 푸짐하게 담아주는 곰치국(20,000원 선)이 좋다. 삼척항에도 곰치국 하나로 전국구로 유명해진 바다횟집이 있다. 성원닭갈비는 태백 스타일의 물닭갈비(1인분 9,000원)를 내놓는 집이다. 코스에서 1.3㎞ 벗어난 오르막 지역에 위치하고 있어 접근성은 좋지 않다. 해산물이 식상해 가금류를 먹고 싶은 사람들에게 추천한다.

숙소 인근에서 회를 떠다 먹기 좋은 곳을 꼽으라면 단연 묵호항회센터다. 횟감을 구입하면 입구 쪽에 있는 할머니들이 할복비를 받고 손질을 해주는데, 기계를 쓰지 않고 일일이 썰어주는 손맛이 좋다.

저렴하고 가볍게 한 끼 식사를 해결하고 싶다면 옥이네분식이 있다. 묵호항 인근 동해바다시장 안에 있는 분식 식당으로, 대표 메뉴는 홍합장칼국수(4,000원)다.

곰치국

여정식당 033-573-2070, 강원도 삼척시 원덕읍 임원리 136

바다횟집 033-574-3543, 강원도 삼척시 새천년도로 89-1

성원닭갈비 033-575-7677, 강원도 삼척시 정상안1길 14-32

옥이네분식 033-532-8242, 강원도 동해시 발한복개로 25

숙박 및 즐길거리

망상오토캠핑장

망상에서 1박을 한다면 망상오토캠핑장을 추천한다. 무엇보다도 바닷가에 맞닿아 있는 주변 입지가 환상적이다. 이곳 카라반을 숙소로 잡는다면 자전거여행과 궁합이 맞는 근사한 하룻밤을 보낼 수 있다. 단 여름 성수기와 주말에는 예약이 쉽지 않다. 사용일 60일 전부터 홈페이지에서 예약이 가능하다. 부지런을 떤다면 예약 확률을 높일 수도 있다. 이곳이 아니라도 망상 주변에는 관광호텔부터 펜션, 민박까지 다양한 형태의 숙소가 있다. 여름 극성수기만 아니라면 방을 구하는 데 어려움은 없다.

묵호항여객선터미널에서도 울릉도로 들어가는 여객선이 매일 출항한다. 단 접이식 자전거만 반입이 가능하다.

망상오토캠핑리조트

033-539-3600~2, http://www.campingkorea.or.kr, 강원도 동해시 동해대로 6370

묵호항여객선터미널 1644-9602

익숙한 곳이 낯선 곳으로 변하는 자전거길

동해-속초 종주코스 (헌화로·정동진·경포대·대포항)

익숙한 강릉-속초 일대의 해변과 포구를 지나는 코스. 무심코 지나쳤던 익숙한 풍경도 자전거를 타면 낯선 길이 된다.

코스 상태 전 구간 포장 | 일부 자전거 전용도로 | 안내표지 있음

70점

난이도

- 코스 주행 거리 101km (상) 상승고도 749m (중)
- 최대 경사도 10% 이하 (중) 칼로리 3,380kcal

누적 주행거리

임원항 —(1일 차 70km)— 망상오토캠핑장 —(2일 차 101km)— 속초고속버스터미널

누적 소요 시간
1박 2일 코스

첫째 날		둘째 날	
왕편(총 4시간 10분) 자전거 50분, 버스 3시간 20분	코스 주행 자전거 7시간 26분	코스 주행 자전거 8시간 42분	복편 버스 2시간 30분

1 안인피암터널 구간의 자전거길. **2** 송림을 지나는 자전거길. **3** 동해안 종주 자전거길 안내표시. **4** 일몰 후 동해안 자전거길. 정암해수욕장 인근. **5** 헌화로 자전거길. **6** 강릉항 솔바람다리.

동해안 종주 자전거길 중 강원도 구간의 이틀째 라이딩이 시작되었다. 최종 목적지는 속초다. 약 100㎞가 넘는 거리의 라이딩을 시작해야 하기에 아침 일찍 길을 나섰다. 첫날 코스가 낙타 등 같은 업다운이 반복되는 터프한 코스였다면 둘째 날 망상에서 속초까지 이어진 자전거길은 무난하다.

어느 정도 라이딩 경험이 있는 자전거 여행자에게 평지길 100㎞는 그리 어려운 코스로 여겨지지 않는다. 문제는 눈앞에 펼쳐질 수많은 아름다운 해변과 이름 모를 포구들이다. 경치에 홀리고 주변 경관에 취하다 보면 페달링이 느려지고 자전거를 멈추는 일이 잦아진다. 목적지에 빨리 도착하는 것만을 여행의 목적으로 삼기보다 마음이 끌리는 대로 속도를 줄이며 천천히 주변을 즐기는 것도 좋다. 중간중간 코스에서 탈출할 수 있는 버스터미널도 있다.

출발한 지 얼마 되지 않아 자전거는 이 구간에서 가장 유명한 드라이브 코스로 알려진 헌화로에 접어든다. 임원-동해 구간에 이어 강렬한 도입부다. 해안선과 기암괴석이 어우러지며 구불구불 이어지는 도로를 달리면 기분이 황홀해진다. 마주 보이는 동해바다는 짙푸른 색을 띠며 하늘과 맞닿아 선명한 수평선을 만들어낸다. 바라보는 것만으로도 가슴이 트인다. 어떤 계절에 이곳을 찾더라도 맑고 청명한 날을 택해야 할 이유다.

자전거길은 헌화로를 시작으로 정동진 모래시계해변, 강릉 안목항, 커피거리, 경포대해수욕장, 사천진항, 영진항, 주문진항까지 익숙한 해변과 항구들을 지나치며 속초를 향해 올라간다. 길을 서둘렀어도 해가 떨어지고 나서야 속초 외곽에 도착했다. 낯선 지역에서의 야간 라이딩은 항상 부담스럽지만 이곳에서는 조금 달랐다. 설악해수욕장을 지나면 자전거길은 해변과 도로 사이로 난 데크길을 따라 이어지기 시작했다. 데크 바닥에 설치된 조명이 운치 있는 분위기를 만들어주고 검은 어둠 속의 파도 소리는 더욱 크게 귓속을 때린다. 파도 소리와 바람 그리고 조명을 따라 달리다 보면 저 멀리 불야성을 이루고 있는 대포항이 보인다. 100㎞의 대장정의 끝이 보이는 순간이다. 이제 속초에 도착했다.

보급 및 음식

심곡쉼터 감자옹심이

옥계항 주변의 추천할 만한 식당으로는 항구마차가 있다. 도로변 포장마차인데, 탤런트 최불암 씨가 진행하는 프로그램 〈한국의 밥상〉에 나와 일약 유명 맛집으로 알려졌다. 대게 칼국수(6,000원)와 회덮밥(10,000원) 등이 인기 메뉴다. 11:00 이후 영업을 시작한다. 심곡쉼터는 헌화로 업힐이 시작되는 초입에 위치한다. 감자옹심이(6,000원)가 이곳의 대표 메뉴. 시원한 김치와 곁들여 먹는 투박한 맛이 일품이다.
강릉 일대 자전거 코스 주변에도 유명 맛집이 있다. 정주영 회장이 즐겨 찾았다는 송정해변 막국수는 물막국수(8,000원)가 맛있고, 순두부로 유명한 초당마을의 동화가든에서는 점심에만 판매하는 짬뽕순두부(7,000원)가 인기다. 해안도로 주변에는 커피숍도 많다. 커피 한 잔 할 여유가 된다면 테라로사에서 1세대 바리스타가 내려주는 커피를 추천한다. 목~일요일 08:00~17:00까지만 운영하며, 사천항에도 분점이 있다.

항구마차 033-534-0690, 강원도 강릉시 옥계면 금진리 149-3
심곡쉼터 033-644-5138, 강원도 강릉시 강동면 심곡리 63
송정해변 막국수 033-652-2611, 강원도 강릉시 창해로 267
동화가든 033-652-9885, 강원도 강릉시 초당동 309-1
테라로사
033-662-5365, 강원도 강릉시 연곡면 홍질목길 55-11

즐길거리

묵호항에 이어 강릉항에서도 울릉도로 떠나는 여객선이 출항한다. 선사는 씨스포빌이다. 2020년 8월 현재 자전거(일반 자전거, 접이식 자전거 모두) 반입이 전면 불가해졌다.

씨스포빌 1577-8665, www.Seaspovill.com

코스 정보

연계코스

속초-고성 종주코스 p.110
임원-동해 종주코스 p.099

둘째 날의 동해안 종주(강원 구간) 라이딩은 망상오토캠핑장에서 시작한다. 출발지로부터 5㎞ 떨어진 옥계항에서 이날의 하이라이트인 헌화로 구간에 진입한다. 해변과 바짝 붙어 달리던 도로는 심곡항에 이르러 오르막과 만난다. 이 업힐을 넘어가면 정동진에 도착하고 길은 계속 바다와 맞닿아 이어진다. 안인해변에 이르러서는 골프장으로 돌아가는 길로 자전거 코스가 안내된다. 과거 율곡로를 이용해 강릉으로 진입했던 것에 비해 구불구불 돌아가는 느낌이지만 차량 스트레스가 없는 한적한 길이라 운치 있다. 강릉시 안목항에 도착하면 자전거길은 바다와 멀어지거나 큰 언덕을 넘어가는 일 없이 해안선을 따라 거의 일직선으로 올라간다. 우측으로 수많은 해변과 항구를 지나가는 본격적인 바닷길이 속초까지 이어진다.

난이도

헌화로 구간 중 심곡항에서 정동진으로 넘어가는 업힐이 이 구간 최대 오르막길이다. 오르막길이는 1㎞이고 경사도는 5% 내외로 그리 부담스럽지 않다. 이곳을 통과하면 거의 평지 코스다.

주의구간

자전거 전용도로와 일반도로 구간이 혼재되어 있다. 전반적으로 무난하지만 망상해변에서 옥계항까지 도로 폭이 좁다. 동해고속도로 옥계IC로 진출입하는 차량의 통행량도 제법 된다.

교통

IN/OUT 다름

OUT 망상에서 아침 일찍 서둘러 출발해도 저녁이나 되어야 속초에 도착한다. 다행히 속초고속버스터미널에서 출발하는 서울행 차편이 막차(22:40)까지 약 30분 간격으로 있어 편리하다. 15,600원(편도)이며, 2시간 30분 소요된다. 동서울종합터미널로 들어가는 차편도 운행된다. 14,600원(편도)이고 막차는 19:40에 출발한다. 속초시외버스터미널(033-633-2328, 강원도 속초시 동명동 261-16)의 동서울종합터미널행 막차는 22:00에 출발한다. 요금은 19,700원(편도)이다. 속초에 도착하기 전에 서울로 되돌아가려면, 인근 버스터미널을 이용하면 된다. 주문진버스터미널에서 동서울터미널행 막차가 21:50에 출발하고, 서울남부터미널행 막차는 18:45에 출발한다. 낙산버스터미널(033-672-2477)에서도 동서울터미널행 차편이 있으며, 17:55에 막차가 출발한다. 양양시외버스터미널(033-671-4411)에서도 동서울터미널행 막차가 21:15에 출발한다.

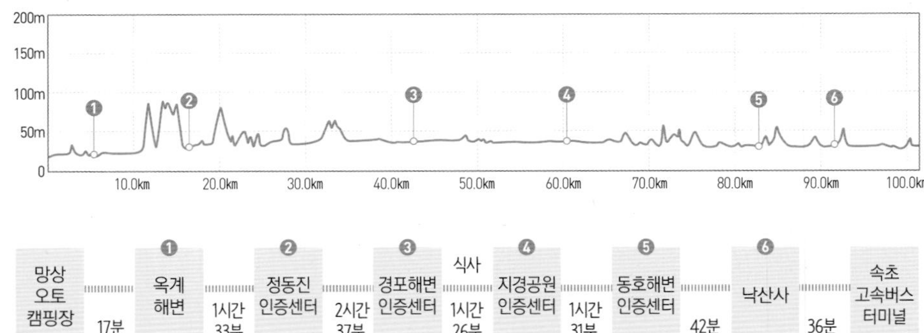

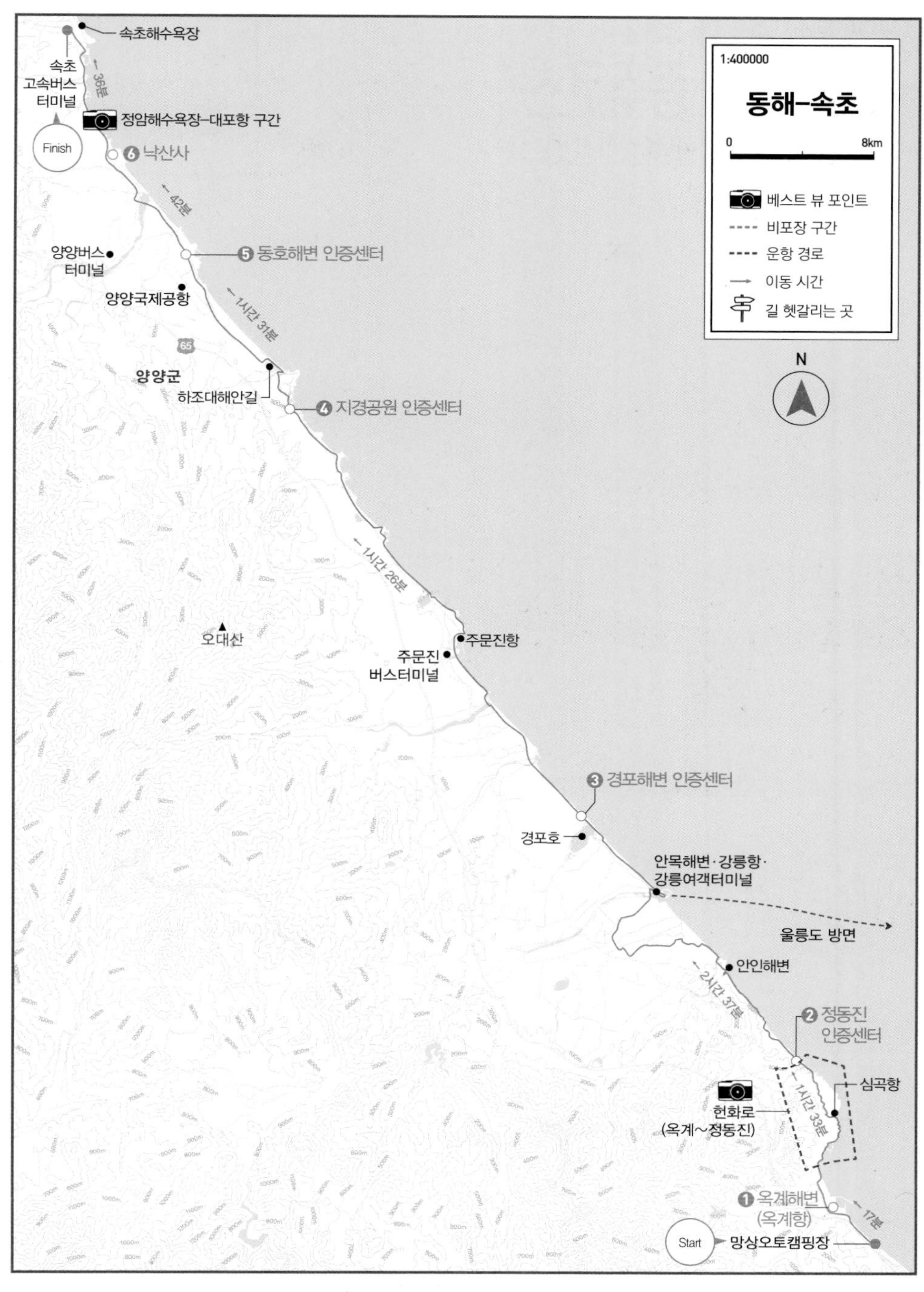
1:400000
동해–속초
0
8km
베스트 뷰 포인트
비포장 구간
운항 경로
이동 시간
길 헷갈리는 곳
N
속초해수욕장
속초 고속버스 터미널
36분
정암해수욕장–대포항 구간
Finish
6 낙산사
42분
양양버스 터미널
5 동호해변 인증센터
양양국제공항
1시간 31분
65
양양군
하조대해안길
4 지경공원 인증센터
1시간 26분
오대산
주문진항
주문진 버스터미널
3 경포해변 인증센터
경포호
안목해변·강릉항· 강릉여객터미널
울릉도 방면
안인해변
2시간 37분
2 정동진 인증센터
심곡항
1시간 33분
헌화로 (옥계~정동진)
1 옥계해변 (옥계항)
17분
Start
망상오토캠핑장

바다와 호수 그 사잇길을 달리다

속초-고성 종주코스 (송지호·영랑호·통일전망대·화진포)

종주길은 통일전망대를 목전에 두고 속초를 벗어나 송지호와 화진포를 지난다. 석호와 바다가 어우러지는 독특한 코스.

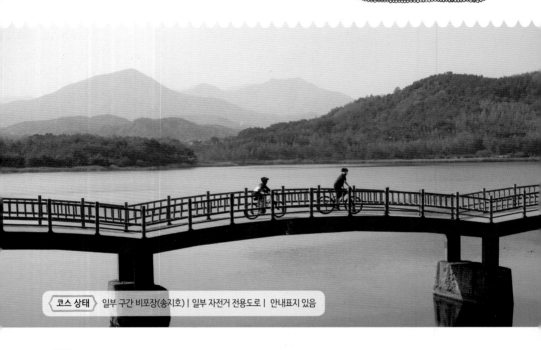

코스 상태 일부 구간 비포장(송지호) | 일부 자전거 전용도로 | 안내표지 있음

난이도

코스 주행 거리 59km (중) 상승고도 264m (하)
최대 경사도 5% 이하 (하) 칼로리 1,880kcal

접근성

버스 192km
반포대교 — 속초고속버스 터미널

소요 시간

왕편	코스 주행	복편
2시간 30분	4시간 26분	3시간

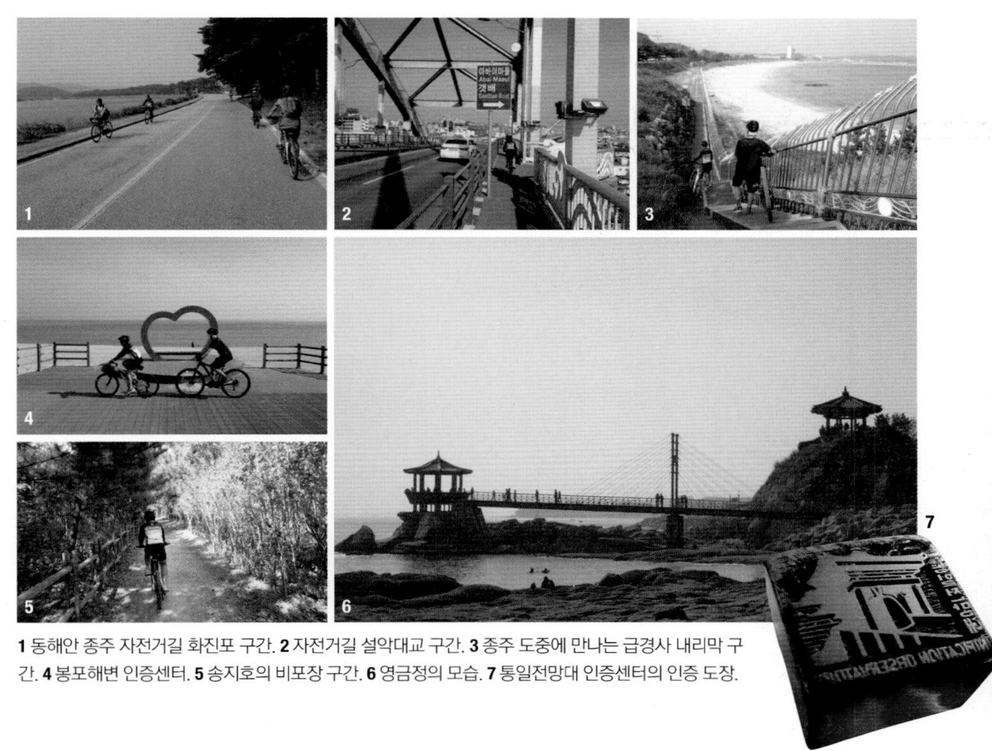

1 동해안 종주 자전거길 화진포 구간. 2 자전거길 설악대교 구간. 3 종주 도중에 만나는 급경사 내리막 구간. 4 봉포해변 인증센터. 5 송지호의 비포장 구간. 6 영금정의 모습. 7 통일전망대 인증센터의 인증 도장.

동해안 종주 자전거길 중에서 강원도 구간의 마지막 코스다. 첫째 날 롤러코스터 같은 업다운을 반복하고, 둘째 날 해변과 송림(松林)을 원 없이 뚫고 달렸다면 셋째 날은 호수와 바다 사잇길을 따라 북쪽을 향해 올라간다. 속초에서 고성에 이르는 해안선에는 유난히 호수가 많다. 속초의 청초호와 영랑호, 고성의 송지호와 화진포가 바다와 맞닿아 있다. 바닷물이 육지로 들어온 뒤 모래톱에 막혀 생성된 석호(潟胡)들이다. 이 구간을 라이딩 하는 여행자는 부지불식간에 오른쪽으로는 바닷가를 끼고 왼쪽으로는 석호를 보는 톡특한 길을 달리게 된다. 속초에서는 청초호와 영랑호를 지나가지만 어디가 호수인지 잘 모른다. 고성으로 접어들어 송지호를 만나게 되면 그제야 바닷가의 넓은 호수 속으로 들어와 달리고 있구나 하고 알게 된다.

종주 자전거길 끝자락에서 만나는 화진포는 이날의 하이라이트다. 어디가 육지고 어디가 섬인지 알아차리지 못할 만큼 호수는 광활하게 느껴진다. 파도 없이 잔잔한 물결만이 이곳이 석호라는 사실을 알려준다. 송림으로 둘러싸인 호수는 더욱 고요하다. 이런 절경을 다른 사람들이라고 몰랐을까? 분단 전후로 이곳에 남북 권력자들의 별장이 세워졌다. 화진포에는 석호의 끝자락 동해 바다가 내려다보이는 높은 곳에 김일성의 별장이 자리 잡았다. 한국전쟁 뒤 이번에는 석호 안쪽의 조용하고 낮은 자리에 이승만 대통령의 별장이 세워졌다. 또 이곳을 마주 보는 곳에 그의 권력을 좇았던 이기붕의 별장이 있다. 수십 년이 지난 지금, 그들이 세운 건축물들만 남아 그들의 성향을 대신 말해주는 듯하다.

화진포를 벗어나면 이 종주 여행의 종착지에 도착하게 된다. 아직 기력이 남아 끝까지 더 올라가고 싶지만 자전거로 진입할 수 있는 곳은 통일전망대 출입신고소까지다. 아쉽지만 이제 라이딩을 끝내야 한다. 철마가 더 달리고 싶듯 '잔차'도 더 달리고 싶다. 언젠가 자전거로 통일전망대를 지나 두만강 하구까지 닿을 날을 기대해본다.

코스 정보

셋째 날 라이딩은 속초고속버스터미널과 맞닿아 있는 속초해수욕장에서 시작한다. 시작과 동시에 이리저리 복잡한 속초 도심을 통과하던 자전거길은 아바이마을 위를 지나는 설악대교와 금강대교를 넘어 영금정에 도착한다. 이곳을 벗어나면 자전거길 주변은 다시 한적해지며 봉포항에 도착한다. 이후 해변과 맞닿은 길은 연이어 천진, 청간, 아야진, 문암, 백도해수욕장을 지나며 북쪽으로 올라간다. 송지호해수욕장을 지나면 송지호교 밑을 통과해 7번 국도 옆에 만들어진 송지호 옆길을 따라간다. 공현진항에서 바다와 다시 만난 자전거길은 다시 거진항까지 이어진다. 길을 찾기에도 무리가 없고 난이도 없는 평지 코스가 계속된다. 거진항을 지나면 작은 언덕을 넘어가는데, 언덕 너머에는 화진포가 있다. 화진포를 지나 대진항에 접어들면 대진등대로 넘어가는 급경사의 비포장도로로 코스가 안내된다. 동해안 종주 자전거길의 가장 북쪽에는 통일전망대 인증센터(민통선 밖)가 있다. 민통선 안쪽으로는 자전거가 들어갈 수 없기 때문에 출입신고소에 마련된 통일전망대 인증센터(민통선 안)에서 최종 종주 인증을 마치면 된다.

고도표

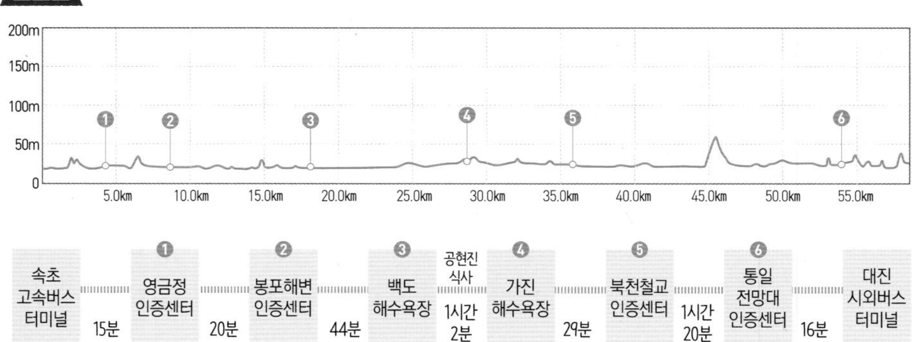

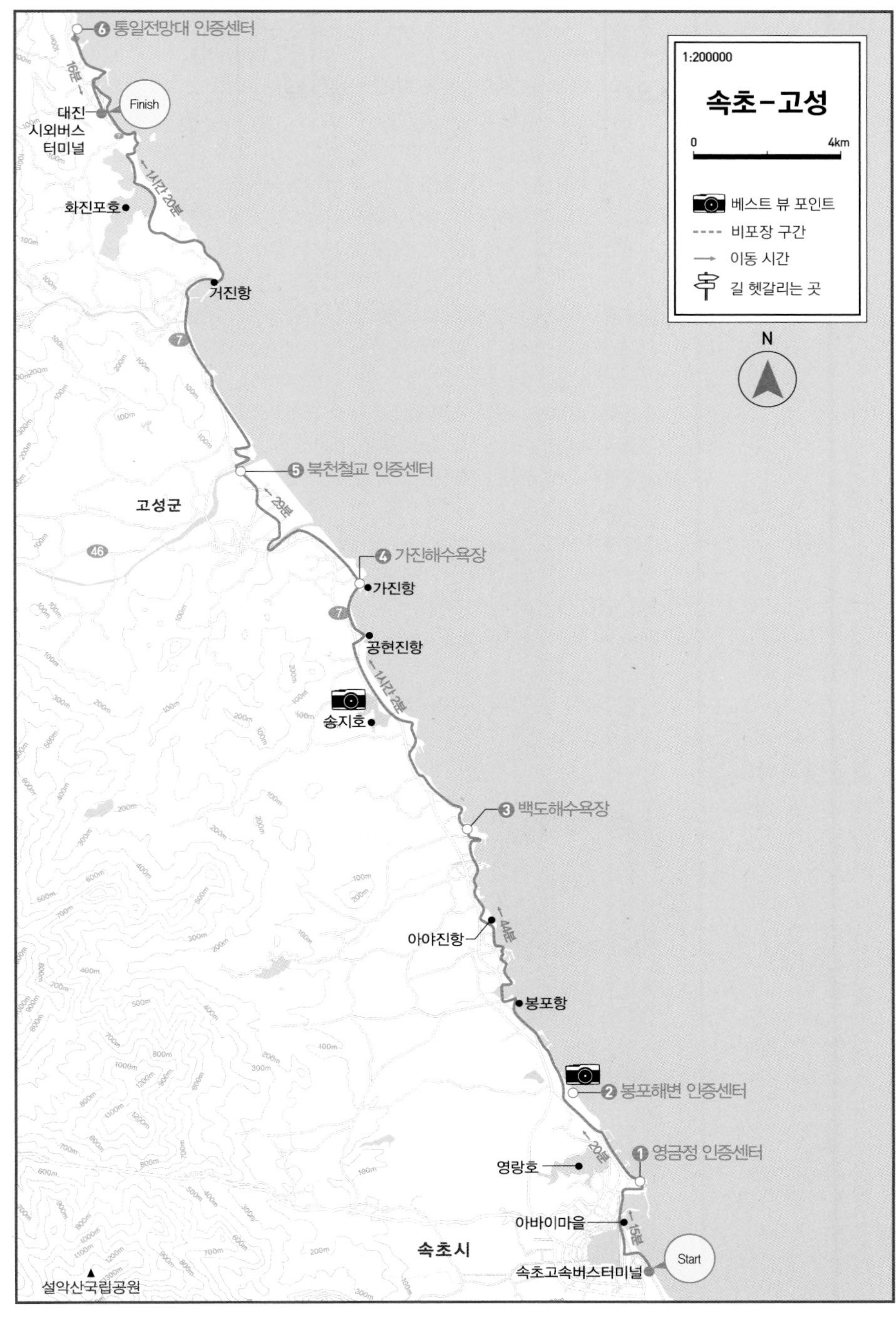
1:200000
속초-고성
0
4km
베스트 뷰 포인트
비포장 구간
이동 시간
길 헷갈리는 곳
N
6 통일전망대 인증센터
16분
Finish
대진 시외버스 터미널
1시간 20분
화진포호
거진항
7
5 북천철교 인증센터
29분
고성군
46
4 가진해수욕장
가진항
7
공현진항
1시간 2분
송지호
3 백도해수욕장
아야진항
44분
봉포항
2 봉포해변 인증센터
20분
1 영금정 인증센터
영랑호
아바이마을
15분
Start
속초고속버스터미널
속초시
설악산국립공원

난이도

60㎞ 거리의 코스에 오르막 구간은 거의 없다. 앞서 달렸던 임원-동해-속초 구간과 비교하면 난이도는 가장 무난하다. 대진등대를 넘어가는 짧은 비포장 오르막이 나오지만 길이가 짧아 끌바로 넘어가도 되고 우회도로가 있어 피해가도 그만이다.

주의구간

특별히 위험한 구간은 없다. 자전거길 안내표지판을 따라가다 보면 송지호 옆을 지나가는 1㎞ 거리의 비포장도로와 만난다. 로드자전거로 이 코스를 찾는 사람들은 당황스러울 수도 있다. 송지호교 밑으로 진입하기 1㎞ 전 오호교를 건너자마자 좌회전한 다음 송지호를 크게 돌아 왕곡마을을 지난다. 공현진교 인근에서 자전거도로와 다시 합류하는 코스로 우회하는 것이 좋다.

교통

IN/OUT 다름

IN 서울 강남고속버스터미널에서 속초고속버스터미널행 차편이 약 30분 간격으로 있다. 첫차는 06:00에 출발하고, 요금은 15,600원(편도)이다. 동서울종합터미널에서도 속초로 가는 차편이 있다. 첫차는 07:05에 출발하며, 요금은 15,100원(편도)이다.

만약 통일전망대 출입신고소에서 남쪽으로 내려오는 방향으로 라이딩 계획을 잡는다면 대진시외버스터미널이 출입신고소에서 약 3㎞ 거리로 가장 가깝다. 동서울종합터미널에서 이곳으로 들어오는 차편은 08:20에 첫차가 출발한다. 요금은 23,400원(편도)이고, 3시간 소요된다.

OUT 통일전망대 출입신고소에서 가장 가까운 곳의 터미널은 대진시외버스터미널(033-681-0404, 강원도 고성군 현내면 금강산로 196)이다. 이곳에서 동서울종합터미널로 가는 차편이 있다. 18:00에 막차가 출발한다. 요금은 23,400원(편도)이고 3시간 소요된다. 임시로 가정집에서 티켓을 판매하고 있어 카드 사용이 불가하다. 계좌이체는 가능하니 참고한다.

보급 및 음식

단천식당의 순대국밥

단천식당은 아바이마을에 자리 잡고 있는데, 가자미회냉면(8,000원)과 순대국밥(8,000원)이 인기다. 아바이마을 맞은편 갯배선착장에도 오래된 식당들이 모여 있다. 속초88생선구이는 생선구이(1인 15,000원), 옛골 식당은 생선조림과 탕을 잘한다.

고성 일대의 맛집으로 수성반점이 옛날 중국집의 맛을 느낄 수 있어 좋고(해물짬뽕 8,000원, 볶음밥 7,000원), 백촌막국수는 코스에서 좀 벗어나 있지만 시원한 동치미와 명태식혜가 일품이다(메밀막국수 8,000원).

단천식당 033-632-7828, 강원도 속초시 아바이마을길 17

속초88생선구이
033-633-8892, 강원도 속초시 중앙부두길 71

옛골 033-631-5010, 강원도 속초시 청초호반로 321-1

수성반점 033-631-1492, 강원도 고성군 죽왕면 공현진리 82

백촌막국수 033-632-5422, 강원도 고성군 백촌1길

즐길 거리

화진포는 국내 최대의 석호다. 시간이 된다면 스쳐 지나가지 말고 석호를 한 바퀴 돌아보는 것도 좋겠다. 바다와 호수 그리고 송림이 어우러진 아름다운 곳이라 이곳에는 김일성, 이승만, 이기붕 별장이 남아 있다. 화진포 역사안보전시관 통합입장권(성인 3,000원)을 끊으면 모두 입장할 수 있다. 김일성 별장에서 연결되는 산책로를 따라 응봉(해발 122m) 정상에 오르면 동해와 화진포를 모두 조망할 수 있다.

물길 따라 라이딩

03
섬길

자전거, 느림의 미학에 빠지다

청산도 순환코스
(서편제 촬영지·슬로길·상서돌담마을)

느림의 섬, 슬로길로 유명한 청산도. 아름다운 조화를 이루는 풍경이 여행객의 발길을 한참 동안 잡아 둔다. 코스의 기승전결도 확실하다.

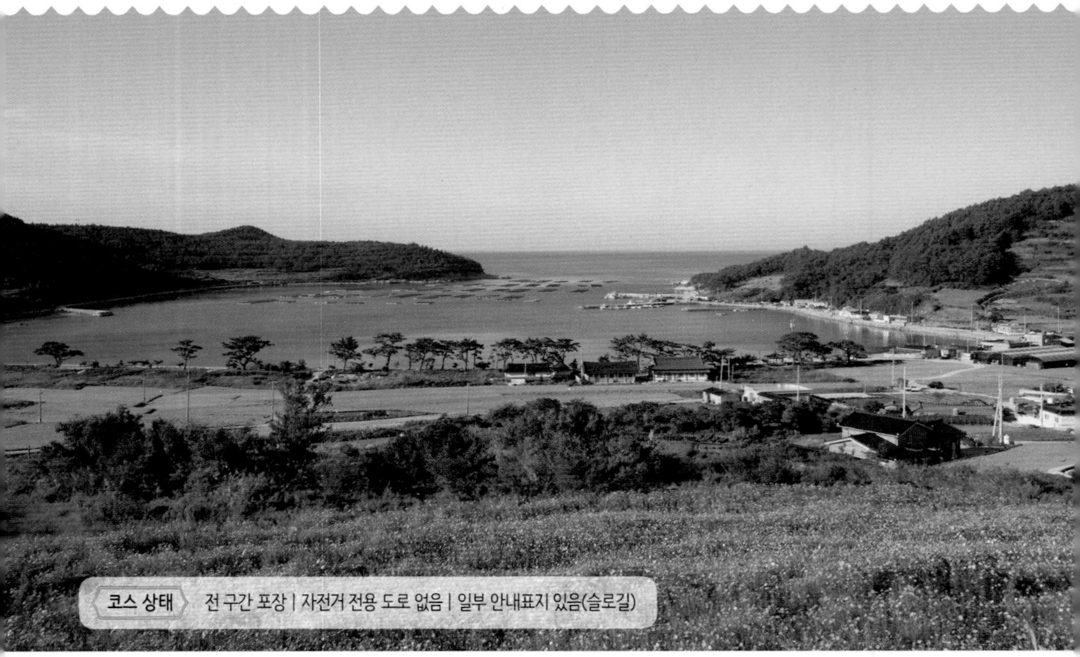

코스 상태 전 구간 포장 | 자전거 전용 도로 없음 | 일부 안내표지 있음(슬로길)

난이도

코스 주행 거리 24km (하) 상승고도 480m (중)
최대 경사도 10% 이상 (상) 칼로리 1,091kcal

접근성

반포대교 — 버스 429km — 완도버스터미널 — 자전거 2km — 완도여객터미널 — 배 19km — 청산여객터미널

소요 시간

왕편(총 6시간)	코스 주행	복편(총 6시간)
버스 5시간, 자전거 10분, 배 50분	자전거 2시간 48분	배 50분, 자전거 10분, 버스 5시간

1 신흥리해변을 지나는 길. **2** 당리언덕에서 내려다보이는 코스모스 꽃밭. **3** 서편제 돌담길을 지나 드라마 〈봄의 왈츠〉 세트장으로 난 길. **4** 서편제 돌담길. **5** 바닥에 그려진 슬로길 안내표시. **6** 섬의 북쪽을 달리는 자전거의 모습.

청산도는 걷기 여행자들의 필수 코스인 슬로길이 있다. 청산도는 슬로시티이자, 영화 〈서편제〉의 촬영지, 유채꽃과 청보리밭으로 널리 알려져 있다. 매년 4월이 되면 슬로길 축제가 열린다. 이때 섬은 노란색 유채꽃으로 뒤덮이며 푸른 보리밭과 어우러져 아름다움의 절정을 보여준다. 걷기에 좋은 길은 자전거 타기에도 좋다. 비록 움직이는 속도는 다르지만 걷기 여행자와 자전거 여행자가 자연과 풍경을 대하는 자세는 일맥상통하기 때문이다.

4월의 섬으로 들어가 축제에 참여하는 것은 생각만큼 쉽지 않다. 차편과 배편을 잡아야 하고 먹을 곳과 잠잘 곳도 알아봐야 한다. 주말에 여행한다면 더욱 어려워진다. 주말엔 작은 섬이 가라앉을 정도로 많은 사람들이 모여들기 때문이다. 이렇게 몇 년간 '거사'를 실행하지 못하고 침만 꼴깍꼴깍 삼키며 기회를 엿보다 코스모스가 피는 가을이 되어서야 비로소 길을 나섰다.

5시간을 넘게 버스를 타고 달려 완도여객터미널에 도착했다. 제주도와 보길도로 들어가기 위해 자주 찾았던 곳이다. 때론 강진이나 해남 땅끝마을을 찍고 들렀던 곳이다. 그때마다 청산도는 눈에 들어오지 않았다. 항상 빨리 제주도에 들어가야지 하는 생각에 마음만 급했다. 이번에는 오로지 청산도에 가기 위해서 이곳을 찾았다.

라이딩의 시작은 슬로길 1코스를 따라간다. 도락리 안길을 지나 해변의 노송군락지를 지나간다. 이곳까지는 여느 섬의 모습과 다를 바 없다. 서편제 돌담길이 있는 당리언덕을 오르기 시작한다. 봄이면 노란 유채꽃들이 가득해 장관이었을 이곳에 가을 코스모스가 가득 차 있다. 분홍색으로 물든 꽃밭을 지나 언덕 위로 올라선다. 도락리해변은 두 팔을 벌려 바다를 끌어 안았고, 봄이면 초록색으로 물들었을 들판은 이제 황금색으로 변해 있다. 분홍색 코스모스 너머로 드문드문 서 있는 노송은 해변을 따라 수놓은 레이스같이 풍경의 디테일을 완성한다. 1코스 초입부터 여행자의 긴장감과 경계심이 여지 없이 무너진다. 언덕 위의 경치에 한참을 취해 있다 다시 길을 나선다. 낯익은 돌담길이 펼쳐진다. 〈서편제〉의 주인공 세 사람이 아리랑을 부르며 내려오던 길이 바로 이곳. 정겨운 길을 벗어나면 슬로길은 이제 바다를 향해 들어간다. 섬의 지세 한 자락이 거침없이 바다로 나간다. 바로 화랑포다. 자전거는 절벽 위에 설치된 스카이워크로 나가듯 바다 한가운데를 향해 달려간다.

코스 정보

라이딩은 도청항 선착장에서 시작된다. 관광객들로 번잡한 항구를 벗어나면 첫 번째 갈림길과 만난다. 답리로 올라가는 오르막길과 도락리로 들어가는 평지길인데, 도락리로 들어가야 한다. 코스는 슬로길 1구간을 따라간다. 슬로길은 도락리마을과 노송군락지를 지나 당리언덕으로 올라간다. 언덕을 오르면 서편제 돌담길을 따라가게 된다. 이곳에 드라마 〈봄의 왈츠〉 촬영지도 있다. 계속해서 직진하면 화랑포와 화랑포 전망대를 한 바퀴 돌아 출발지였던 당리 입구에 도착한다. 도로를 따라 내려가다 보면 우측으로 권덕리해변으로 들어가는 갈림길과 만나게 된다. 들어갔다 다시 되돌아 나와야 하는 막다른 길이다. 여유가 있으면 이곳도 다녀와보자. 직진하면 부흥리로 넘어가는 업힐과 만나게 된다. 업힐을 내려오면 느린섬여행학교를 지나 상서돌담마을로 우회전해 들어간다. 이후에는 섬 순환도로를 따라 주행하면 된다.

난이도

선착장이 있는 섬의 서쪽에서 신흥해변으로 넘어가려면 약 1㎞ 길이의 업힐을 넘어야 한다. 상승고도는 100m 정도로 제법 가파르게 올라간다. 이 구간을 제외하더라도 짧지만 가파른 구간이 꽤 많은 편이다. 도락리에서 당리언덕으로 오르는 길도 아름답지만 가파르다. 초보자가 멋모르고 왔다가 제법 고생할 만한 코스다.

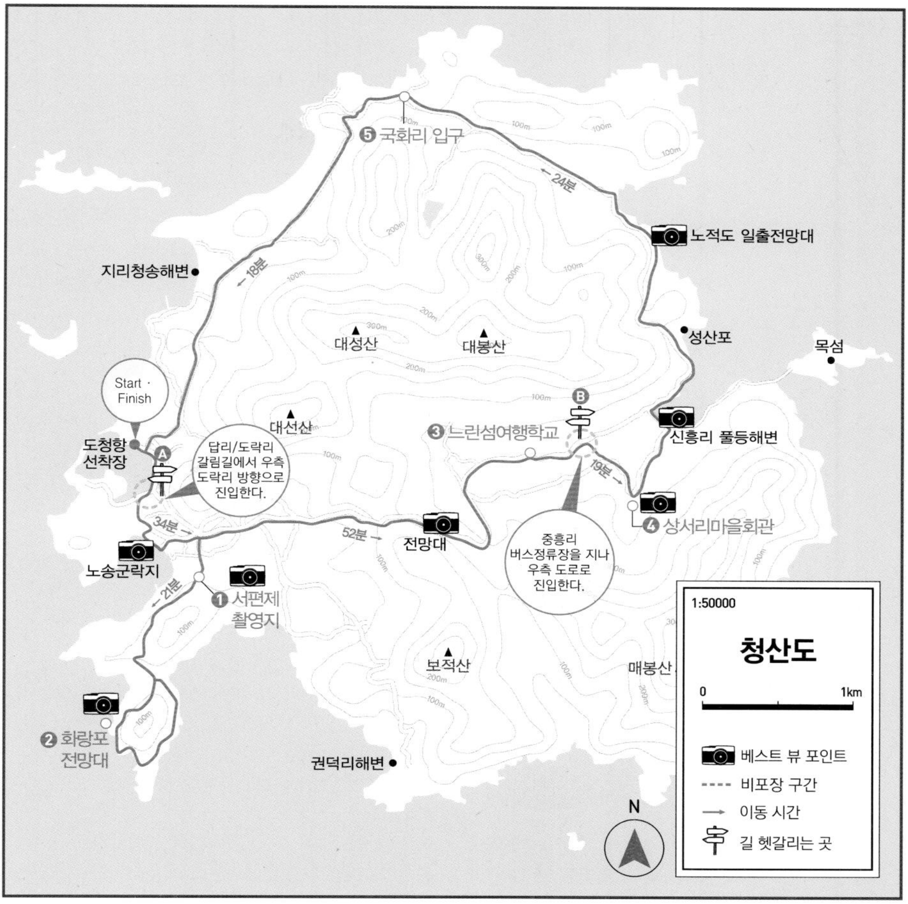

⑤ 국화리 입구
24분
노적도 일출전망대
지리청송해변
18분
대성산
대봉산
성산포
목섬
Start · Finish
대선산
③ 느린섬여행학교
신흥리 풀등해변
도청항
선착장
답리/도락리 갈림길에서 우측 도락리 방향으로 진입한다.
19분
34분
52분
전망대
④ 상서리마을회관
노송군락지
21분
① 서편제 촬영지
중흥리 버스정류장을 지나 우측 도로로 진입한다.
1:50000
청산도
0
1km
보적산
매봉산
② 화랑포 전망대
권덕리해변
N
베스트 뷰 포인트
비포장 구간
이동 시간
길 헷갈리는 곳

고도표

200m
150m
100m
50m
0m
2.0km
4.0km
6.0km
8.0km
10.0km
12.0km
14.0km
16.0km
18.0km
20.0km
22.0km

도청항 선착장	① 서편제 촬영지	② 화랑포 전망대	③ 느린섬 여행학교	④ 상서리 마을회관	⑤ 국화리 입구	도청항 선착장
34분	21분	52분	19분	24분	18분	

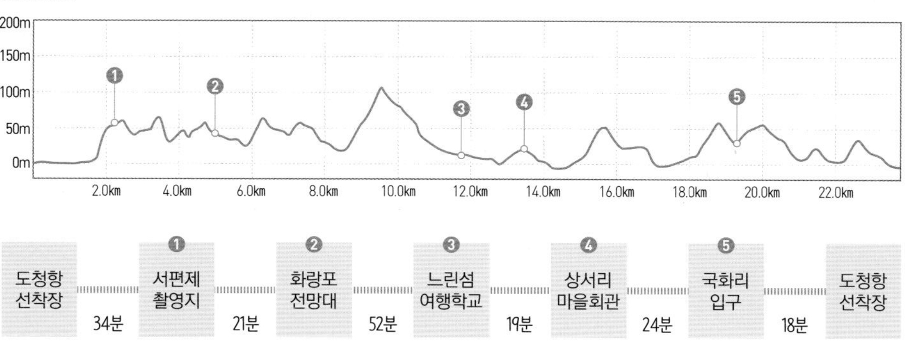

주의구간

자전거 도로는 따로 없지만 섬 안의 통행량이 별로 없어(비수기 기준) 라이딩에 부담 없다. 단 슬로길 1구간 도청리에서 당리언덕을 넘어 서편제 돌담길 구간은 항상 탐방객들로 붐빈다. 자전거 속도를 줄이거나 여의치 않으면 이 구간만큼은 자전거에서 내려 천천히 통과하는 것이 좋다.

교통
IN/OUT 동일

IN 서울 센트럴시티터미널에서 완도공용버스터미널로 1일 2회(첫차 08:10) 차편이 운행되고 있다. 요금은 40,100원(편도)이다. 고속버스 노선 중 서울에서 가장 멀리 가는 차편으로, 5시간 소요된다. 완도버스터미널에서 완도여객터미널까지는 약 2㎞ 거리다. 완도여객터미널에서 청산도 도청항 선착장으로 출항하는 여객선에 탑승할 수 있다. 약 50분 소요되며 요금은 7,700원(편도)이다. 4월 유채꽃축제 기간과 9월 코스모스 개화 때에는 관광객들이 몰리는 성수기여서 왕복 배편을 미리 예약하는 것이 좋다. 예약은 '가보고 싶은 섬(http://island.haewoon.co.kr)'에서 할 수 있다. 완도공용버스터미널에서 서울 센트럴시티터미널행 차편은 1일 3회(08:10, 10:20, 15:10) 운행되고 있다.

* 완도에서 제주도로 들어가는 최단 항로(거리 104㎞) 여객선이 운항되고 있다. 선사 한일고속훼리(http://hanilexpress.co.kr)에서 완도-제주 구간의 여객선을 운항하며 고속선은 1시간 40분이면 제주도에 도착할 수 있다(일반선은 2시간 50분 소요). 2등실 요금은 26,250원(편도)부터 시작된다.

보급 및 음식

산채톳비빔밥

청산도의 숙소나 식당들은 섬의 관문인 도청항에 모여 있다. 항구 주변에서 간단한 식사를 원한다면 섬마을식당의 백반(7,000원)과 청해반점의 전복백짬뽕(12,500원)으로, 한 끼 해결하기에 좋다. 선착장 바로 앞에는 작은 규모의 수산물센터가 있다. 청산도에서 나는 전복, 소라, 해삼 등의 해산물들을 주로 취급한다. 도청항을 벗어나서는 상서마을회관 입구에 상서리 담쟁이쉼터식당이 있다. 산채톳비빔밥(7,000원)과 전복백반(12,000원)이 주요 메뉴다. 푸짐한 양에 인심도 좋은 곳이다.

섬마을식당
061-552-8672, 전라남도 완도군 청산면 도청리 930-13

청해반점
061-554-6332, 전라남도 완도군 청산면 청산로3번길 22

담쟁이쉼터식당
010-5495-3511, 전라남도 완도군 청산면 상동리 268번지 1호

숙박 및 즐길거리

청산도에서 1박을 한다면 느린섬여행학교를 추천한다. 섬 중앙에 위치하고 있어 식당 접근이나 보급에는 불편한 편이지만 섬에서 가장 규모가 큰 숙박시설이다. 슬로푸드체험장도 같이 있어 식사도 해결할 수 있다. 편의성을 따진다면 도청항 인근에 숙소를 잡는 것이 좋다. 당리언덕에도 바다 전망의 한옥펜션들이 모여 있다.

유명 관광지여서 섬의 크기에 비해 숙소와 식당이 많다. 단, 슬로길 축제가 열리는 4월에는 배편과 숙소 예약이 필수다. 엄청난 수의 관광객들이 섬을 찾기 때문. 식당도 단체관광객이 아니면 자리 잡기 힘들 정도다.

느린섬여행학교
061-554-6992, 전라남도 완도군 청산면 청산로 541

자전거가 가장 잘 어울리는 섬

증도 순환코스 (신안해저유물·한반도해송숲·태평염전)

자전거를 타면 섬의 모습이 뚜렷하게 보인다. 시간이 멈춘 듯 눈앞에 머물던 풍경이 자전거를 타는 순간 동적이고 입체적으로 바뀐다.

코스 상태 비포장 구간 포함 | 일부 자전거 전용도로 | 일부 안내표지 있음

50점

난이도
코스 주행 거리 41km (중) 상승고도 297m (하)
최대 경사도 10% 이하 (중) 칼로리 1,335kcal

접근성
반포대교 — 버스 429km — 지도여객터미널 — 자전거 10km — 증도대교

소요 시간
1박 2일 추천

왕편(총 4시간 50분): 버스 4시간 10분, 자전거 40분
코스 주행: 자전거 3시간 33분
복편(총 5시간 10분): 버스 1시간 20분, 버스 3시간 50분

1 헷갈리는 곳 A. 구분포로 우회전한다. **2** 섬 북쪽 임도길. **3** 태평염전. **4** 해저유물기념관으로 들어가는 다리. **5** 태평염전 옆으로 난 길 **6** 짱뚱어다리.

증도는 '갯벌과 염전 그리고 해송의 섬'으로 불린다. 신안군에는 1,004개의 섬이 있다. 그중 가장 자전거 타기 좋은 곳으로 꼽히는 증도는 청산도와 마찬가지로 느림의 도시, 슬로시티로 지정되어 있다. 청산도가 걷기길로 유명하다면, 증도는 자전거길로 알려져 있다.

청산도가 화사한 유채꽃 이미지라면 증도를 대표하는 이미지는 염전이다. 그런 탓일까? 사실 증도 라이딩의 시작은 그렇게 드라마틱하지 못했다. 증도대교를 넘어 섬으로 진입하면 좁은 농로와 임도를 따라가게 된다. 나무들에 가려진 시야 사이로 중간중간 작은 해변이 드러나는데 정겹기보다는 섬 특유의 답답한 풍경이 이어진다. 갯벌과 염전만 끝없이 펼쳐지자 이곳이 먹을 것 없이 소문만 요란한 곳이 아닐까 하는 의구심마저 들었다. 어느덧 자전거가 섬 북서쪽 끝에 위치한 해저유물기념탑에 도착하자 이런 생각들은 그저 기우였음이 밝혀진다. 탁 트인 망망대해 한가운데 점점이 흩뿌려져 있는 섬들의 모습은 답답했던 마음을 한순간 시원하게

날려버린다. 이제부터 길은 바다와 맞닿아 달리기 시작한다. 썰물 때는 끝없는 갯벌이 펼쳐지고 밀물 때는 바로 발밑까지 찰랑찰랑 바닷물이 차오른다. 섬의 서쪽은 바다와 뻘이 끝없이 펼쳐져 있는 모습을 보여준다.

짱뚱어다리를 넘어 우전해변으로 들어가면 이번에는 해변을 따라 펼쳐져 있는 드넓은 해송숲과 만나게 된다. 10만 그루의 소나무가 우리나라 모습의 군락을 이루고 있어 한반도해송숲으로 불리는 곳이다. 자전거는 해송 사이를 가로지른다. 모래가 살짝 덮여 있는 비포장길을 따라 소나무 사이를 달리는 특별한 경험이다. 이곳에 오기 전에는 생각 못했던 구간이다.

이제 갯벌과 바다 그리고 해송 라이딩을 경험했으니 염전을 보러 섬의 동쪽으로 이동한다. 그곳에는 우리나라 최대 단일 염전으로 알려진 태평염전이 자리 잡고 있다. 섬 안쪽에는 염전이 끝없이 펼쳐져 있다. 소금박물관부터 레스토랑까지, 마치 소금테마파크 같은 이곳에서 자전거는 자연스럽게 풍경 속으로 스며든다.

보급 및 음식

안성식당의 짱뚱어탕

증도를 대표하는 음식 중 한 가지는 짱뚱어탕이다. 여름 제철 음식으로 갯벌 물고기 짱뚱어를 삶아 된장국물과 시래기·호박 등을 넣어 끓여낸다. 이 지역 대부분의 식당에서 맛볼 수 있다. 안성식당은 증도 맛집으로 알려진 곳이다(짱뚱어탕 10,000원). 태평염전에서 운영하는 솔트레스토랑에서는 신안의 함초와 천일염을 이용한 음식들을 판매하고 있다(쌈밥정식 15,000원, 함초해물칼국수 8,000원). 솔트카페에서 판매하는 소금아이스크림(2,000원)도 별미다. 증도는 섬이라 선택할 수 있는 음식의 폭이 그리 넓지 않다.

만약 자가용으로 이동했다면 가까운 함평이나 무안의 음식을 맛보는 것을 추천한다. 함평에는 육회비빔밥(7,000원)으로 널리 알려진 화랑식당이 있다. 육회와 함께 돼지 비계를 비벼먹는 독특한 식감을 자랑한다. 곁들여 나오는 선짓국도 좋다. 무안은 낙지로 유명한 지역이다. 터미널 주변 읍내에 낙지골목이 조성되어 있다. 최근에 방송을 탄 제일회식당이 단연 인기다. 기절낙지, 낙지호롱, 연포탕, 비빔밥 등의 메뉴를 내놓는다.

소금밭전망대

안성식당
061-271-7998, 전라남도 신안군 증도면 증도중앙길 43

솔트레스토랑
061-261-2277, 전라남도 신안군 증도면 대초리 1648-2

화랑식당 061-323-6677, 전라남도 함평군 함평읍 시장길 96

제일회식당 061-452-1139, 전라남도 무안군 망운면 망운로 13

코스 정보

라이딩은 증도대교 북단에서 시작된다. 증도대교의 보행자 · 자전거 겸용 도로를 따라 다리를 건너 내려오면 첫 번째 갈림길이 나오는 곳에서 우회전한다. 항상 섬을 주행할 때는 바다를 우측에 끼고 달리는 것이 조금이라도 바다와 가까이 달리는 방법이다. 섬에서는 시계 반대 방향으로 돈다. 좁은 농로를 따라 출발지로부터 4㎞ 지점에 임도로 올라가는 시멘트 포장길과 만난다. 길이 헷갈리는 지점이다. 아스팔트 포장도로를 따라가지 말고 오르막 시멘트 포장길로 접어들어야 비포장 임도로 접어들게 된다.

임도길은 낮은 업다운을 만들며 산허리를 따라가다 중간중간 탁 트인 해변길과 만나게 된다. 이러길 몇 번 반복하다가 섬의 서쪽 끝에 자리 잡고 있는 신안해저유물발굴기념비에 도착해서야 길은 다시 잘 닦여진 아스팔트 도로와 만나게 된다. 이곳을 지나 해안도로를 따라 내려가다 보면 우측에 우전해수욕장으로 연결되는 짱뚱어다리에 도착한다. 좁고 계단이 있어 자전거를 끌고 건너가야 한다. 자전거에서 내리기 싫다면 직진해서 크게 돈다. 우전해변으로 들어서면 해송 가운데로 나 있는 숲길을 달리게 된다. 해송길은 엘도라도리조트까지 연결돼 있지만 어느 정도 가다 보면 모래로 뒤덮여 있어 산악자전거로도 주행이 불가능한 구간과 만나게 된다. 이때는 해송길과 나란히 나 있는 805번 지방도로 빠져나간다. 엘도라도리조트를 지나 계속 직진하면 도로가 끝나는 지점과 만난다. 이곳에서 회차해서 805번 지방도를 타고 태평염전 쪽으로 방향을 잡고 라이딩을 계속한다.

난이도

라이딩 초반에 통과하는 섬 북쪽 지역에 작은 업다운 구간이 집중되어 있다. 중간중간 비포장 구간도 통과하지만 총 상승고도는 300m 미만으로 그렇게 높이 올라가지 않는다. 경사도 역시 10% 이하로 끌바를 해야 될 정도의 난코스 구간도 없다. 섬의 남측은 경사가 거의 없는 평지 지형이고 도로 사정도 좋은 편이다.

주의구간

섬의 북쪽은 차량 통행이 거의 없는 무인지경이다. 짱뚱어다리를 건너 우전해변의 해송길 역시 인적이 드물다. 단 805번 지방도는 섬을 드나드는 차량의 통행이 빈번하기 때문에 라이딩 시 주의해야 한다.

교통

IN 서울 센트럴시티터미널에서 증도 바로 옆 지도버스터미널행 버스가 1일 2회(07:30, 16:20) 운행되고 있다. 요금은 37,200원(우등, 편도)이고, 4시간 10분 소요된다. 지도버스터미널에서 증도대교까지 약 10㎞ 거리고, 자전거로 40분가량 소요된다. 증도까지 가는 직행버스는 광주와 목포에서 운행된다.

OUT 라이딩을 마치고 당일로 지도공용버스정류장(061-275-3033)에서 서울로 돌아오기에는 차편이 애매하다. 지도에서 서울 센트럴시티터미널행 직행버스가 1일 2회(09:35, 14:30)만 운영된다. 막차를 타기에는 라이딩 시간이 너무 촉박해진다. 당일에 서울로 올라오려면 목포나 광주로 이동해 다시 서울행 버스로 환승해야 한다. 엘도라도리조트가 있는 증도 우전리버스정류소에서도 광주와 목포행 금호고속 직행버스가 운행되고 있다. 우전리에서 출발하는 목포행 버스는 1일 3회(막차 16:30) 운행된다(*버스 운행 시간은 업체 사정에 따라 변경될 수 있기 때문에 출발 전 해당 차편을 문의하는 것이 좋다).

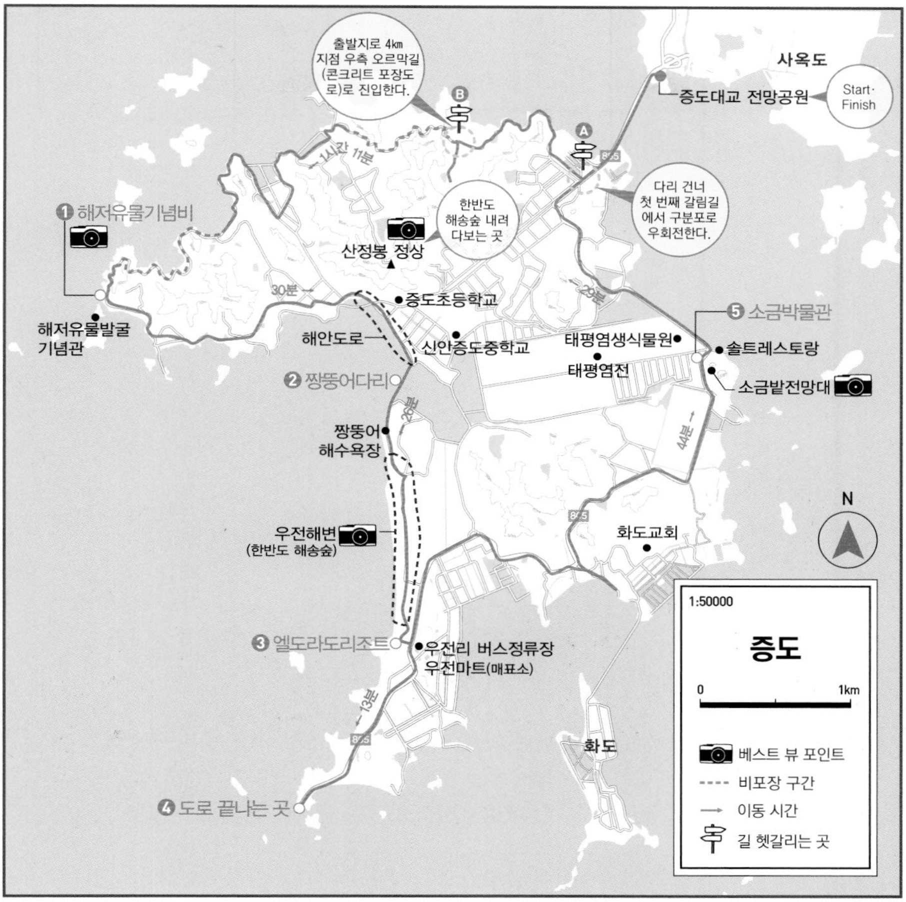

출발지로 4㎞
지점 우측 오르막길
(콘크리트 포장도
로)로 진입한다.
사옥도
증도대교 전망공원
Start·
Finish
B
A
1시간 11분
805
다리 건너
첫 번째 갈림길
에서 구분포로
우회전한다.
❶ 해저유물기념비
한반도
해송숲 내려
다보는 곳
산정봉 정상
30분
29분
증도초등학교
❺ 소금박물관
해저유물발굴
기념관
해안도로
신안증도중학교
태평염생식물원
솔트레스토랑
태평염전
❷ 짱뚱어다리
소금밭전망대
26분
44분
짱뚱어
해수욕장
N
805
화도교회
우전해변
(한반도 해송숲)
1:50000
증도
0
1km
❸ 엘도라도리조트
우전리 버스정류장
우전마트(매표소)
13분
805
화도
베스트 뷰 포인트
비포장 구간
이동 시간
길 헷갈리는 곳
❹ 도로 끝나는 곳

고도표

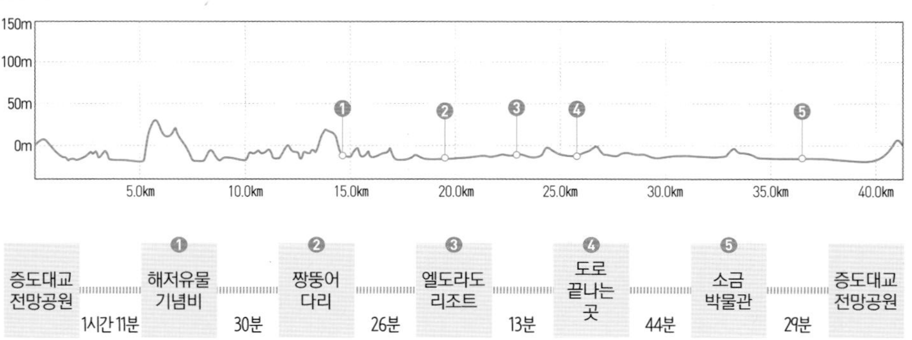

천사의 섬 신안에서 만난 하트해변

비금-도초도 순환코스 (명사십리해변·하트해변·시목해변)

관광지로 유명하진 않지만
기대 이상으로 자연풍광이 아름다운 섬.
하트해변은 물론, 명사십리해변을
달리는 기분은 오래도록 기억된다.
흑산도와 함께 여행하기 좋다.

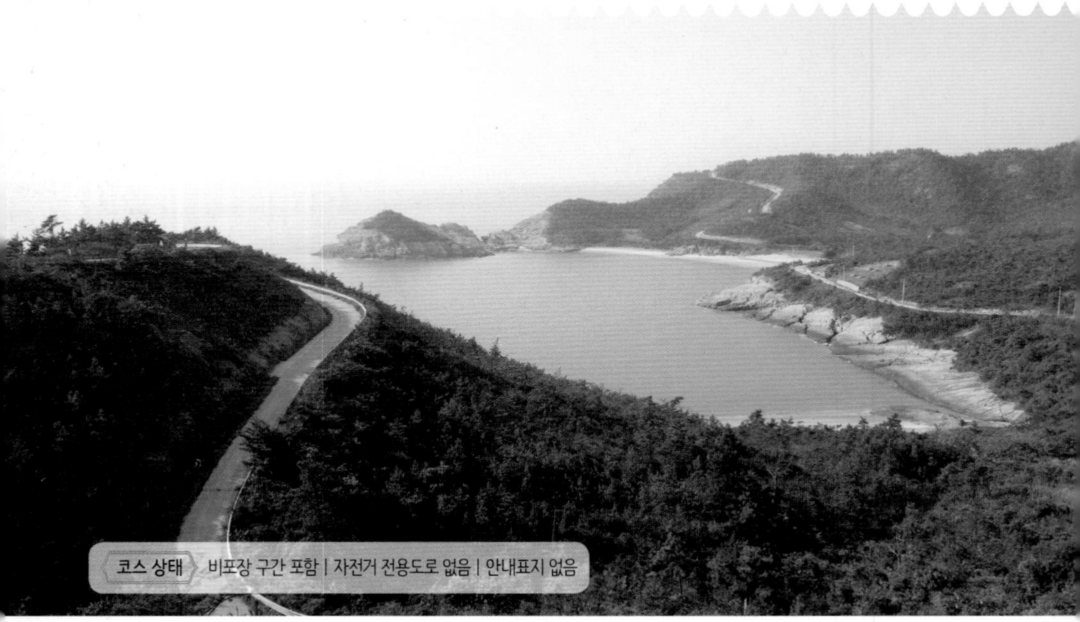

코스 상태 비포장 구간 포함 | 자전거 전용도로 없음 | 안내표지 없음

난이도

코스 주행 거리 45km (중) 상승고도 300m (중)
최대 경사도 10% 이하 (중) 칼로리 1,556kcal

접근성

반포대교 —버스 341km— 목포고속버스 터미널 —자전거 5km— 목포여객 터미널 —배 54km— 도초여객 터미널

8시간 44분
1박 2일

소요 시간 (첫날)

왕편(총 5시간 10분): 4시간 / 20분 / 50분

코스 주행: 3시간 34분

1 비금도 · 도초도로 운항하는 쾌속선. **2** 비금도 하트해변. **3** 비금도와 도초도를 연결해주는 서남해대교. **4** 명사십리해변. **5** 도고마을 벽화.

우리는 기대하지 않았던 멋진 만남에 더 큰 감동을 받는다. 흑산도 가는 길에 별 기대 없이 들른 섬, 비금도와 도초도가 바로 그랬다. 다도해에 펼쳐진 신안군의 섬들 중 목포로 들어가는 길목에 마치 관문처럼 버티고 있는 두 개의 섬이 바로 비금도와 도초도다. 외지인에게는 별로 알려지지 않았고, 인기 관광지가 있는 것도 아니다. 비금도의 하트해변 정도가 특이해 보일까? 멀리 흑산도까지 어려운 걸음을 하는 김에 주변 섬을 한 곳 더 돌아볼 요량으로 지도를 살펴보다 눈에 들어온 곳이었다. 비금도와 도초도가 서로 다리로 연결되어 있기에 한 번에 두 곳을 둘러볼 수 있다는 것도 마음에 들었다. 이런 게 바로 일타쌍피가 아닌가.

비금-도초도까지 다녀오기로 하면서 계획은 조금 복잡해졌다. 아침에 출발해 점심 무렵에 목포에 도착한 뒤 오후에 섬을 둘러보기로 했다. 다음 날 아침 일찍 흑산도로 들어가 라이딩을 마치고 마지막 배로 목포로 돌아오면 1박 2일 일정의 알찬 투어가 완성된다. 계획이 정해지니 그다음은 일사천리로 진행되었다. 뱃삯은 같지만 자전거를 올리고 내리는 데 두 번이나 적재요금을 내야 한다는 점과 홍도를 둘러볼 시간이 없다는 점이 아쉬웠지만 그 정도는 감수하기로 했다.

버스와 자전거, 그리고 배로 세 번을 갈아타서야 도초도에 도착했다. 가장 먼저 명사십리해변으로 페달을 밟았다. 평범한 도로를 달려간다. 중도 못지않게 이곳에도 염전이 지천에 보인다. 그렇게 달리다 명사십리해변을 만났을 때 입에서는 '아!' 하는 감탄사가 나왔다. 드넓은 모래사장과 풍력발전기가 만들어내는 풍경은 전혀 예상치 못한 경관이었다. 더구나 모래 바닥은 자전거로 달릴 수 있을 만큼 단단하다. 백령도의 사곶해변이 떠오른다. 여름이 지난 해변은 인적이 없다. 이 넓은 해변을 마치 전세라도 낸 듯 자전거를 타고 이리저리 달리기 시작한다. 무인도에 들어온 듯한 쓸쓸한 매력이 있다. 모래사장 위를 라이딩 하며 원평해변으로 이동한다. 이곳 역시 무인지경이다. 탐험가가 된 듯 아무도 지나가지 않은 모래를 힘차게 밟고 지나간다. 이제 하트해변으로 발걸음을 옮긴다. 모래사장의 해안선이 끝나고 기암절벽의 해안선이 펼쳐진다. 얼마나 예쁜 하트가 기다리고 있을지 궁금한 마음에 열심히 페달을 밟아본다.

코스 정보

목포연안여객터미널에서 출발하는 쾌속선을 타고 섬에 도착했다면 라이딩은 도초선착장에서 시작된다. 먼저 서남문대교를 넘어 비금도로 진입한다. 섬을 시계 반대 방향으로 돌기 위해 섬을 가로지르는 2번 국도를 따라 이동하면 비금도 동쪽 끝 가산선착장에 도착한다. 목포 북항에서 출발하는 카페리선을 타고 온다면 이곳으로 배가 들어온다. 선착장에 도착하기 전 도고마을로 들어가는 샛길로 빠져나간다. 도고마을의 벽화를 둘러보고 명사십리해변으로 향한다. 중간에 이 지역 출신 바둑기사 이세돌 9단의 기념관을 지난다. 명사십리해변에 도착하면 단단한 모래사장을 따라 서쪽의 원평항 쪽으로 이동한다. 중간에 산책로를 따라 들어가면 잠시 바다와 멀어졌다가 원평해변으로 넘어갈 수 있다. 원평해변에서 원평해수욕장길을 따라서 내륙으로 나오다가 작은 사거리에서 우측의 원평길로 진입한다. 고막교를 건너 좌회전한 뒤 서산저수지를 지나 아미해수욕장으로 향한다. 이렇게 해야 섬의 서쪽 해안도로로 진입할 수 있다. 구불구불 이어진 해안도로를 따라가면 아미해변을 지나 하트해변에 도착하게 된다. 해변을 지나 언덕으로 오르면 전망대를 지나 업힐을 내려간다. 다시 출발지였던 서남문대교를 넘어 이번에는 도초도의 남쪽으로 내려간다. 도초초등학교를 지나자마자 우측 길로 접어들어 시목해변에 도착한다. 왔던 길로 되돌아 나오지 말고 '경관이 아름다운 곳' 표지판을 따라 가는게해변 방향으로 진입한다.

난이도

라이딩 코스의 상승고도는 300m로 해발 100m가 넘는 큰 고개는 없다. 비금도에서는 아미해변에서 하트해변으로 이어지는 해안도로의 중간 경사도가 10% 정도로 제법 가파르게 느껴진다. 도초도에서는 시목해변에서 가는게해변으로 넘어가는 업힐이 한 곳 있다.

주의구간

다른 곳과 마찬가지로 섬 안의 차량 통행은 거의 없는 편이다. 단 2번 국도 구간은 종종 화물차량들이 출입하기 때문에 라이딩 시 주의를 요한다.

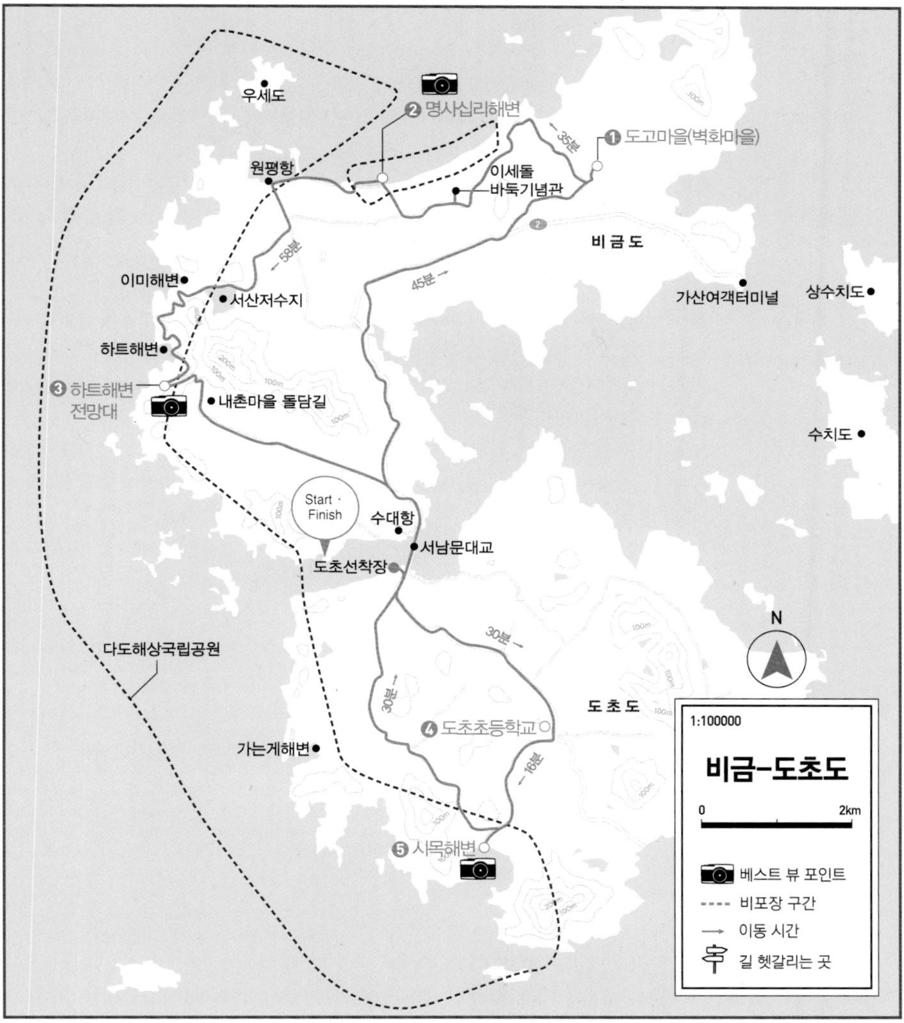

우세도
❷ 명사십리해변
❶ 도고마을(벽화마을)
← 35분
원평항
이세돌
바둑기념관
비 금 도
← 58분
45분 →
이미해변
서산저수지
가산여객터미널
상수치도
하트해변
❸ 하트해변
전망대
내촌마을 돌담길
수치도
Start ·
Finish
수대항
서남문대교
도초선착장
N
30분 →
다도해상국립공원
30분 →
도 초 도
❹ 도초초등학교
← 16분
가는게해변
❺ 시목해변
1:100000
비금-도초도
0
2km
베스트 뷰 포인트
비포장 구간
이동 시간
길 헷갈리는 곳

고도표

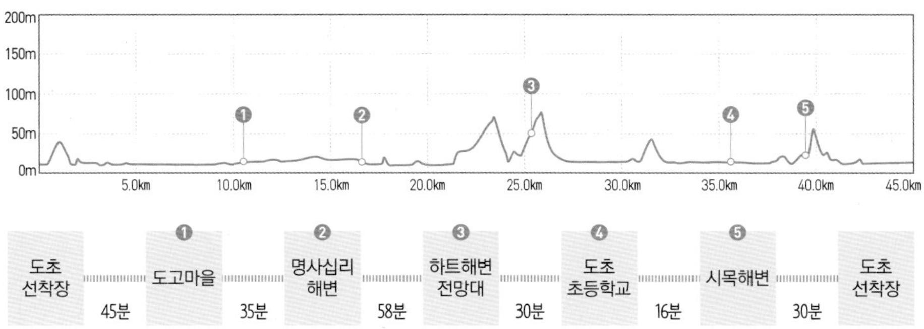
200m
150m
100m
50m
0m
5.0km
10.0km
15.0km
20.0km
25.0km
30.0km
35.0km
40.0km
45.0km
도초 선착장
45분
❶ 도고마을
35분
❷ 명사십리 해변
58분
❸ 하트해변 전망대
30분
❹ 도초 초등학교
16분
❺ 시목해변
30분
도초 선착장

교통

IN/OUT 동일

서울 센트럴시티터미널에서 목포고속버스터미널까지 차편이 수시로 운행되고 있다. 첫차는 05:35에 출발하고 약 30분 간격으로 운행된다. 요금은 32,800원(우등, 편도)이고, 4시간 소요된다. 동서울종합터미널에서도 1일 3회 목포행 차편이 운행되고 있다. 첫차는 10:10에 출발하고 요금은 34,500원(편도)이며, 4시간 20분 소요된다.

목포고속터미널에서 배를 타는 목포연안여객터미널까지는 5㎞ 거리다. 터미널 앞의 영산로를 따라 이동하다 동부광장사거리에서 산정로 방향으로 좌회전한 뒤 동명사거리에서 해안로를 따라 이동하면 된다. 비금도와 도초도까지 들어가려면 목포연안여객터미널에서 비금도, 도초도까지 운항하는 배편을 이용하면 된다.

남해고속(061-244-9915~6)과 동양고속훼리(061-243-2111~4)에서 운항한다. 목포에서 1일 4회(07:50, 08:10, 12:50, 16:00) 출항한다(선사별로 홀수일과 짝수일에 운항하는 시간대가 다르다). 비금-도초도까지는 50분 소요되고 요금은 21,100원(편도). 자전거 탑재 시 1대당 5,000원의 추가 요금이 있다.

* 비금-도초도에 들른 배는 다시 흑산도로 들어가는데, 목포에서 흑산도까지는 2시간 소요되며, 요금은 37,600원(편도)이다. 필자는 첫날 비금-도초도에서 하선해 라이딩을 즐긴 뒤 1박 하고 다음 날 흑산도로 들어가서 당일 목포로 되돌아오는 일정으로 움직였다.

* 목포연안여객터미널 이외에도 목포 북항, 암태도(남강선착장), 송공항(압해도)에서도 비금-도초도로 들어가는 배가 출항한다. 목포터미널과 달리 차도선들이 운항한다. 쾌속선보다 느리고, 중간에 다른 섬을 경유하기 때문에 약 2시간 정도 소요된다. 북항에서는 1일 4회(06:00, 08:40, 13:30, 18:25) 비금농협고속훼리와 도초농협훼리가 운항하고 있다. 요금은 비금도까지 8,000원이다. 비금농협차도선사업소 목포매표소(061-244-5251), 비금도 가산매표소(061-262-5251).

* 날씨에 따른 운항 여부는 출발 전 해당 선사에 미리 확인해야 하며, 하계 휴가 시즌과 명절(설, 추석)에는 요금이 할증된다. 정확한 요금과 시간은 해당 선사의 홈페이지에서 확인한다.

보급 및 음식

라이딩 중간에 보급을 받을 만한 곳이 마땅치 않다. 도초면사무소와 비금면사무소 인근에 각각 하나로마트가 있다. 비금-도초도에서 가장 유명한 생선은 간재미다. 매년 봄이면 신안 간재미 축제가 열린다. 간재미는 서해안에서 1년 내내 잡히는 생선이지만 여름 산란기 전 겨울과 봄을 제철로 친다. 보광식당에서 간재미무침(30,000원)을 잘한다. 보광식당을 비롯해 선착장 주변의 횟집에서는 백반(7,000원)을 판매한다.

간재미무침

보광식당

061-275-2136, 전라남도 신안군 도초면 불섬길 85-12

숙박 및 즐길거리

관광지로 유명한 섬이 아니라서 식당과 숙소가 매우 제한적이다. 배를 이용하거나 식당을 이용하기에는 도초여객터미널 부근에서 숙소를 잡고 움직이는 것이 좋다. 선착장 바로 앞에 있는 창성장의 위치가 좋다.

창성장 061-275-2014, 전라남도 신안군 도초면 불섬길 85-6

천당과 지옥을 오가는 강렬한 아름다움

흑산도 순환코스
(상라봉십이고갯길·한다령·묵령)

끝없는 업힐과 아름다운 풍경이 공존하는 코스. 고되고 힘들지만 한시도 주변 풍경에서 눈을 뗄 수가 없다. 톡 쏘는 홍어의 맛만큼이나 강렬하다.

코스 상태 전 구간 포장 | 자전거 전용도로 없음 | 안내표지 없음

80점

난이도
코스 주행 거리 27㎞ (하) 상승고도 921m (상)
최대 경사도 10% 이상 (상) 칼로리 1,562kcal

접근성
배 48km
도초선착장 — 진리선착장

18시간 30분
1박 2일

소요 시간 (누적)

첫째 날		둘째 날	
왕편(총 5시간 10분)	코스 주행	코스 주행	복편(총 6시간 20분)
버스 4시간 자전거 20분 배 50분	3시간 34분	3시간 26분	배 2시간 자전거 20분 버스 4시간

1 흑산성당. **2** 상라봉십이고갯길을 오르는 자전거. **3** 하늘도로. **4** 해안도로 라이딩. **5** 상라산전망대에서 내려다본 십이고갯길.

자전거를 타기 시작하면서 몇 가지 버릇이 생겼다. 그중 한 가지가 구절양장같이 휘어진 고갯길을 보면 꼭 한 번 달려보고 싶다는 욕망이 생긴다는 것이다. 지리산의 정령치가 그랬고 정선의 덕산기계곡으로 들어가는 문치재가 그랬다. 남들이 보면 유별난 것 같지만 자전거를 타는 사람들이라면 이해할 것이다. 비록 힐클라이머(hill climber)가 아니더라도 말이다. 이번에는 남서쪽 망망대해 한가운데에 떠 있는 섬, 흑산도에서 그 길을 발견했다. 바로 상라봉십이고갯길이다.

홍어의 고향으로 알려진 흑산도에는 섬을 한 바퀴 돌아보는 멋진 일주도로가 있다. 장장 27년의 공사를 거쳐서 2010년에 완공된 새 길이다. 이 길이 뚫리기 전까지 흑산도에서 자전거를 탄다는 것은 언감생심이었다. 일주도로가 24.5*km*의 거리이니, 거의 1년에 1*km* 전진하며 공사한 셈이다. 공사의 난이도가 대략 짐작이 간다. 비슷한 곳으로 울릉도가 있다. 울릉도 일주도로는 1976년 공사를 시작해 2019년 44*km* 거리의 전구간이 개통되었다.

흑산도는 신안군의 섬 중에서도 아름답기로 으뜸으로 꼽히는 곳이다. 예쁜 장미에 가시가 있듯이 섬은 날카로운 업힐을 곳곳에 숨겨놓고 있다. 섬을 한 바퀴 도는 거리는 불과 27㎞이지만 셀 수 없을 만큼 많은 오르막과 만나게 된다. 섬의 전 지역이 다도해해상국립공원으로 지정될 만큼 주변의 경관은 황홀하다. 힘든 업힐을 오르내리며 숨은 거칠어지고 허벅지는 터질 듯이 자극이 오지만 바라보이는 풍경은 잔인할 정도로 아름답다.

섬 일주 라이딩을 시작하면 먼저 흑산성당과 만나게 된다. 길 안쪽에 있어 무심코 스쳐 지나갈 수 있지만, 바다를 배경으로 한 성당의 이국적인 모습은 마치 어느 지중해의 섬에 와 있는 착각을 불러일으킬 정도로 매혹적이다. 드디어 만나는 상라봉십이고갯길, 열두 굽이 커브를 돌아서 도착한 전망대에서는 흑산도 서쪽의 전경이 화려하게 펼쳐진다. 이곳을 지나 섬의 동쪽으로 접어들면 일주도로는 바다와 더욱 가까워진다. 짙푸른 바다와 점점이 떠 있는 하얀 통발 그리고 섬마을 지붕의 모습이 인상적이다. 힘든 업힐을 넘어가면 눈앞에 펼쳐지는 비경들, 이렇게 천국과 지옥을 오가는 듯한 강렬한 자극은 라이딩이 끝나는 순간까지 계속된다.

보급 및 음식

흑산도는 비금-도초도와 달리 유명 관광지라 예리선착장 인근에 숙박업소와 식당들이 밀집해 있다. 조금은 선택의 폭이 넓은 편이다. 그렇다고 해서 저렴하다는 뜻은 아니다. 흑산도를 대표하는 음식은 단연 홍어다. 육지에서는 주로 푹 숙성시킨 홍어를 취급해서 호불호가 갈리지만 이곳에서는 숙성시키지 않은 생홍어회도 맛볼 수 있다. 식당에서는 약간 숙성시킨 홍어가 더 맛이 좋다고 추천한다. 대부분의 식당에서 홍어를 취급한다. 그중 성우정회관-10번 흑산도 도매점의 인심이 좋다. 홍어회는 한 접시에 40,000원 선이고 삼합으로 즐기려면 10,000원을 추가로 내야 한다. 설이나 추석에는 대부분 택배 작업을 하기 때문에 의외로 식당을 운영하지 않는 곳이 많다.

여객터미널 주변에는 주변 바다에서 잡아 올린 해산물을 판매한다. 홍어뿐만 아니라 전복 등의 해산물도 싱싱하고 가격도 좋은 편이다. 반면에 가볍게 식사할 만한 식당이 드물다. 아침은 출발지에서 해결하고 중간에 행동식으로 칼로리를 보충한 뒤 라이딩을 끝내고 여객터미널 근처에서 늦은 식사를 해결하는 것을 추천한다. 여객터미널 인근에는 흑산 농협하나로마트가 있어 출발 전에 식수와 행동식을 보급받기에 좋다.

흑산도 홍어삼합

장터식당의 게살비빔밥

여객선의 출발지이자 도착지인 목포여객터미널 인근에서 식사를 해결할 만한 곳으로 장터식당의 게살비빔밥(2인 24,000원)이 유명하다. 발라져 나온 게살에 밥을 비벼먹으면 공깃밥 한 그릇은 금방 뚝딱 해치운다. 이가본가는 현지에서 추천 받은 음식점이다. 생돼지애호박찌개(9.000원)가 이 집 대표 메뉴다.

성우정회관
061-275-9101 , 전라남도 신안군 흑산면 예리1길 56

흑산 농협하나로마트
061-275-8556, 전라남도 신안군 흑산면 예리1길 54

장터식당 061-244-8880, 전라남도 목포시 영산로40번길 23

이가본가 061-244-1009, 전라남도 목포시 해안로165길 19

코스 정보

여객선이 도착하는 흑산도 예리선착장이 라이딩의 출발점이다. 2010년 3월 31일 개통된 25.4㎞의 흑산도 일주도로를 따라 시계 반대 방향으로 돈다. 도로 우측의 흑산성당 표지판이 보이면 잠시 성당에 들러보자. 조금 더 지나가면 흑산진리초령목자생지가 나온다. 잠시 자전거를 세워두고 자생지를 돌아봐도 좋겠다. 배낭기미해변을 지나면 상라산 전망대를 향해 오르기 시작한다. 열두 굽이 헤어핀을 돌아 올라가면 전망대에 도착한다. 〈흑산도 아가씨〉 노래비도 이곳에 세워져 있다. 전망대를 넘어가면 일주도로는 섬의 동쪽으로 진입한다. 해안선과 가장 가깝게 붙어 달리는 구간이 시작된다. 일주도로 옆으로 지도바위와 맞은편의 소장도 · 대장도 등 다도해의 섬들이 마주 보인다. 교각이 없는 다리 형태의 하늘도로를 지나면 심리마을에 도착한다. 이곳에서 한다령을 넘어 섬의 서쪽으로 다시 넘어간다. 칠형제바위가 마주 보이는 사리로 넘어간 도로는 잠시 숨을 고른 뒤 다시 묵령고개를 넘어 섬의 북쪽을 향해서 올라간다. 중간에 샛개해변과 가는게해변으로 오르막과 내리막이 반복되는 업다운을 거쳐 출발지였던 예리선착장으로 되돌아간다.

난이도

27㎞ 남짓한 주행거리에 비해 상승고도는 921m나 된다. 지도상으로 보면 크게 상라산 전망대 업힐, 한다령, 묵령고개까지 3개 정도의 큰 업힐을 넘어가면 섬을 일주할 수 있을 것 같지만 실상은 그렇지 않다. 해발 200m 이하의 크고 작은 업힐이 섬 일주 내내 끝이 없을 정도로 반복된다. 최대 경사도가 10%를 넘어가는 구간도 종종 만나게 된다. 거리가 짧다고 얕봐서는 안 되는 코스다. 왜 일주도로 공사가 27년이나 걸려서 마무리되었는지 라이딩이 끝나면 알 수 있다. 마치 울릉도 일주코스가 떠오른다. 중급자 이상이 도전할 만한 코스다.

주의구간

관광지로 유명한 섬이지만 차량 통행은 거의 없는 편이다. 따로 자전거길이 있는 것은 아니지만 일주도로 이외의 샛길도 없어 길 찾기는 수월하다. 체력 소모가 많은 코스라 행동식과 식수를 충분하게 챙기고 라이딩을 시작한다.

교통

IN/OUT 동일

IN 비금-도초도에서 흑산도로 운항하는 쾌속선이 1일 4회(08:40, 09:00, 13:40, 16:50) 출발한다. 요금은 18,000원(편도)이다. 자전거 적재료 5,000원을 지불해야 된다. 배의 출발지가 도초선착장인지 수대선착장인지 확인해야 한다.

OUT 흑산도에서 목포연안여객터미널까지 가는 쾌속선이 1일 4회(09:00, 11:00, 15:30, 16:10) 출발한다. 요금은 34,300원(편도)이고, 되돌아올 때도 자전거 적재요금을 추가로 지불해야 한다.

*비금-도초도에서 첫 배(08:40)로 흑산도에 도착하면 09:50이 된다. 늦어도 마지막 배를 타려면 16:10 이전에는 모든 일정을 마무리해야 한다(문의 흑산항여객터미널 061-275-9323).

*하계 휴가 시즌과 명절(설, 추석)에는 요금이 할증된다. 정확한 요금과 시간은 해당 선사의 홈페이지를 확인한다.

흑산항여객터미널

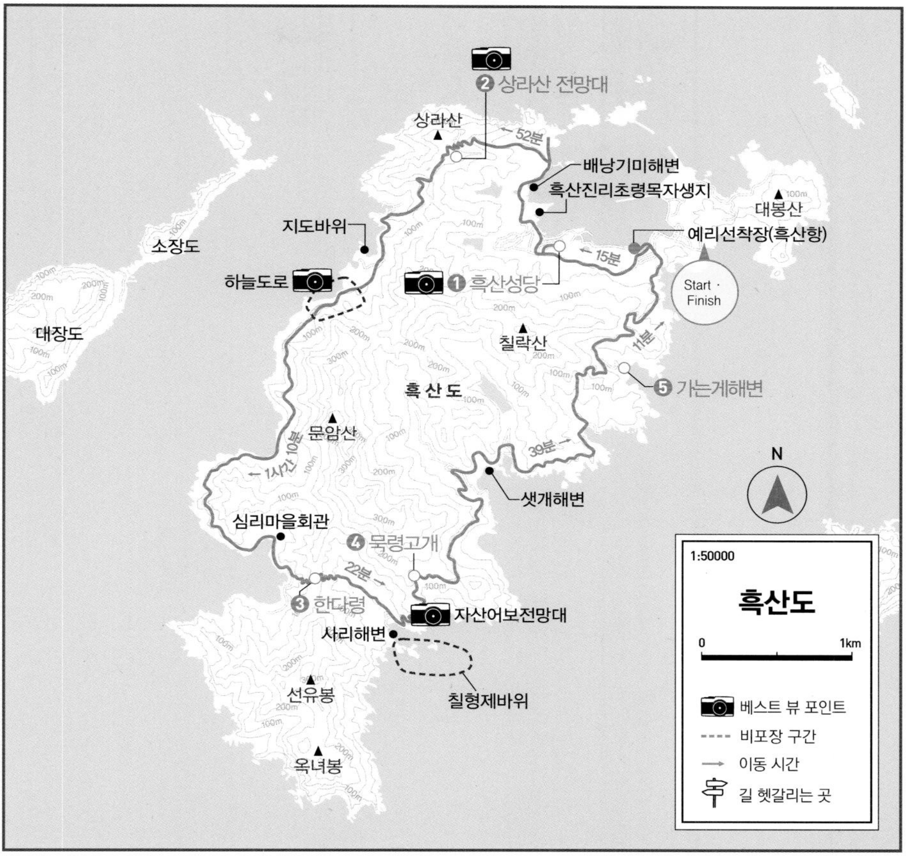

❷ 상라산 전망대
상라산
52분
배낭기미해변
흑산진리초령목자생지
대봉산
100m
예리선착장(흑산항)
15분
Start · Finish
지도바위
소장도
하늘도로
❶ 흑산성당
칠락산
대장도
11분
❺ 가는게해변
흑 산 도
문암산
1시간 10분
39분
N
샛개해변
심리마을회관
❹ 묵령고개
22분
❸ 한다령
자산어보전망대
사리해변
칠형제바위
선유봉
옥녀봉
1:50000
흑산도
0
1km
베스트 뷰 포인트
비포장 구간
이동 시간
길 헷갈리는 곳

고도표

200m
150m
100m
50m
0m
2.0km
4.0km
6.0km
8.0km
10.0km
12.0km
14.0km
16.0km
18.0km
20.0km
22.0km
24.0km
26.0km

예리 선착장 — 15분 — ❶ 흑산 성당 — 52분 — ❷ 상라산 전망대 — 1시간 10분 — ❸ 한다령 — 22분 — ❹ 묵령 고개 — 39분 — ❺ 가는게 해변 — 11분 — 예리 선착장

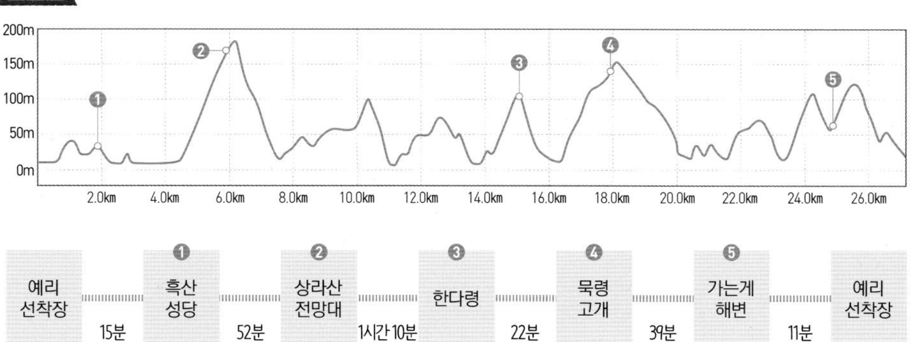

라이딩 코스 짜는 요령

같은 코스라고 해도 어디에서 출발해 어디에서 마무리하느냐에 따라 여행의 기억은 많이 달라진다. 코스 출발점에 따라 난이도가 다르고, 눈으로 보는 경관에 대한 만족도가 달라지기 때문이다.

수변길 코스 짜기

아름다운 물길을 따라 움직이고 싶은 여행자라면 최대한 물길을 따라 달리고 싶을 것이다. 일반적으로 수변 자전거 코스에서는 가능하면 물과 가깝게 달리는 것이 좋다. 우리나라의 도로가 우측 통행임을 먼저 명심하자. 물길을 항상 나의 오른쪽에 두어야 가깝게 붙어 갈 수 있다. 항상 물을 오른쪽에 놓고 달린다고 생각하면 이해하기 쉽다. 호수 순환 코스의 경우에는 시계 방향으로 돌아야 하고, 섬길 코스는 시계 반대 방향으로 돌아야 한다. 바닷길에서는 아래에서 위 방향으로 진행해야 수변 풍경을 제대로 즐길 수 있다.

호수길 코스.

섬길 코스.

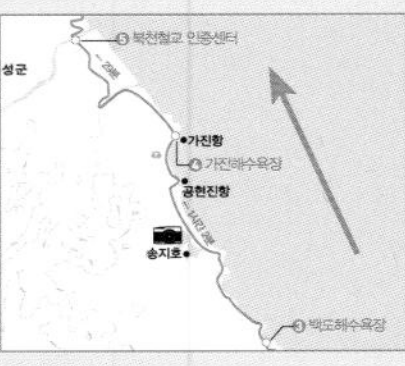
바닷길 코스.

산길 코스 짜기

다수의 오르막이 포함된 업힐 코스라면 경사도를 봐야 한다. 필자의 원칙은 '쉬운 곳으로 오른다'이다. 같은 길로 되돌아 내려오는 경우가 아니라면 경사도가 완만한 길로 길게 올라갔다가 경사가 급한 길로 내려온다. 같은 높이로 오르는 길이라면 경사도와 거리는 서로 트레이드 오프(trade off)된다. 다시 말하면 경사가 급할수록 거리가 짧아지고 경사가 완만하면 거리는 길게 올라간다. 간월재 코스를 예로 들어 보자. 간월재를 오르는 방법은 크게 두 가지가 있다. 배내고개 쪽으로 올라가서 등억온천단지로 내려오면 완만하게 올라가서 급하게 내려오게 된다. 이렇게 코스를 타려면 경관과 상관없이 시계 반대 방향으로 돌아야 한다. 물론 성향에 따라서는 짧고 굵게 오른 뒤 긴 다운힐을 즐기는 것을 좋아하는 사람도 있겠지만 초반 경사가 너무 세면 시작부터 끌바를 해야 된다.

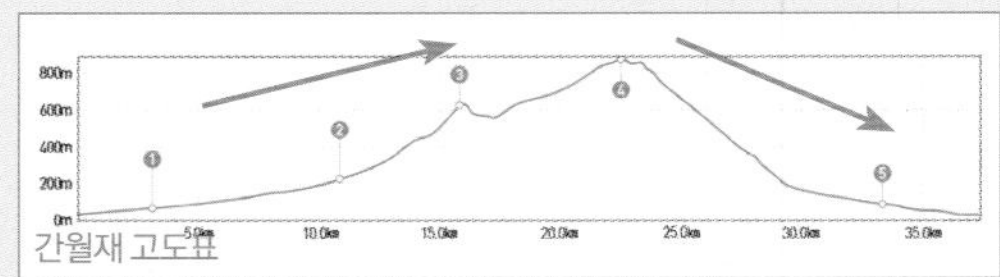

간월재 고도표

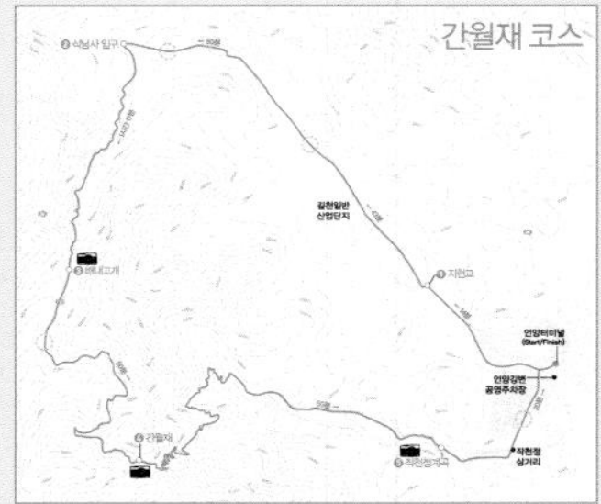
간월재 코스

산길 따라 라이딩

04 바람길

하늘 다음 태백, 그 바람의 언덕을 달리다

매봉산풍력발전단지 순환코스
(삼수령·태백시 고랭지배추단지·황지공원)

거대한 바람개비와 고랭지 배추밭이 만들어내는 환상적인 풍경. 해발 1,300m에서 내려다보는 전망과 온몸으로 느낀 백두대간의 바람은 오래도록 기억에 남는다.

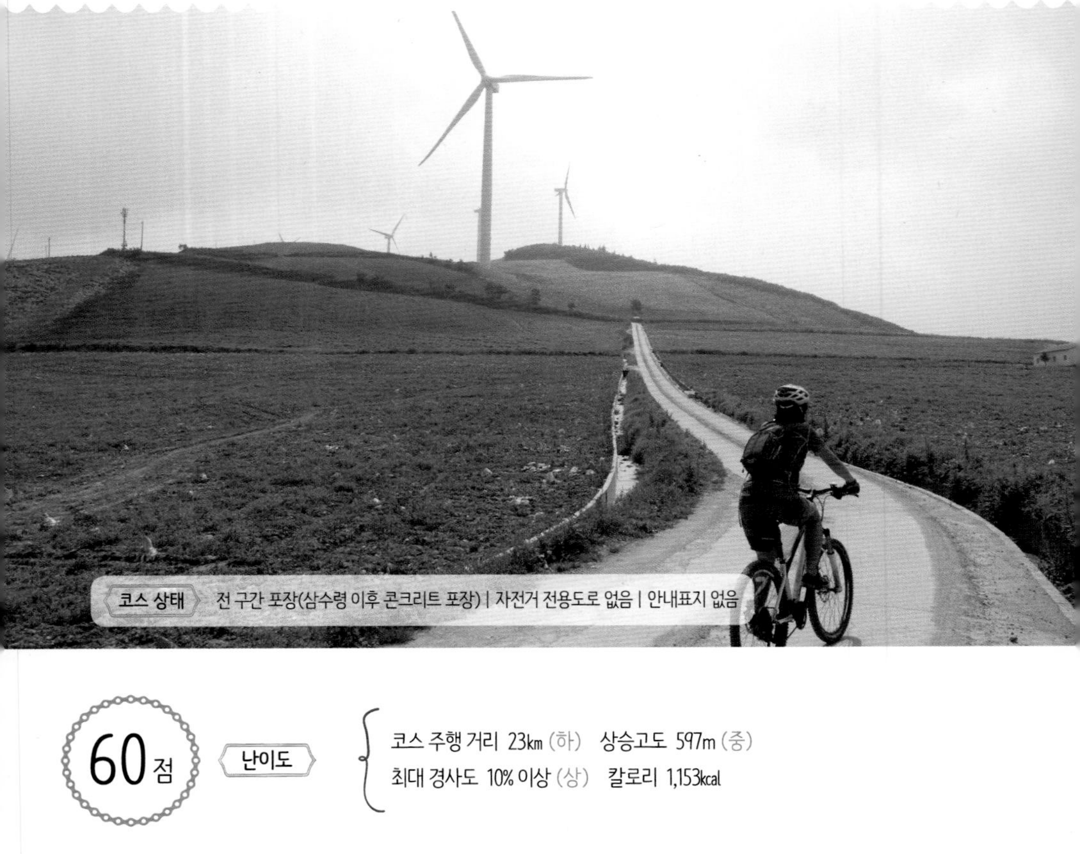

코스 상태 전 구간 포장(삼수령 이후 콘크리트 포장) | 자전거 전용도로 없음 | 안내표지 없음

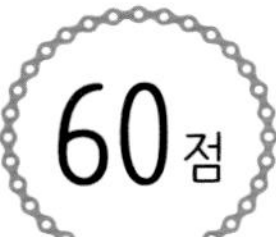

60점

난이도

코스 주행 거리 23㎞ (하) 상승고도 597m (중)
최대 경사도 10% 이상 (상) 칼로리 1,153kcal

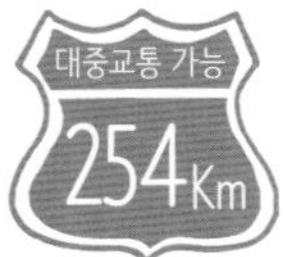

대중교통 가능 254Km

접근성

자전거 12㎞: 반포대교 → 동서울종합터미널
버스 242㎞: 동서울종합터미널 → 태백시외버스터미널

11시간 33분
당일 코스

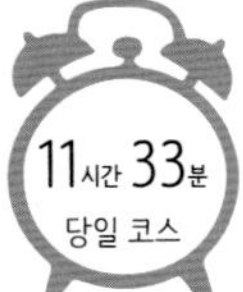

소요 시간

왕편(총 4시간) 자전거 50분 버스 3시간 10분
코스 주행 자전거 3시간 33분
복편(총 4시간) 버스 3시간 10분 자전거 50분

1 화전사거리의 표지판. 이곳에서 우회전한다. **2** 삼수령(피재). 이곳에서 좌측으로 진입한다. **3** 갈림길에서 우측으로 진입한다. **4** 삼수령 조형물(한강, 낙동강, 오십천의 발원지). **5** 풍력발전단지 전망대. **6** 매봉산풍력발전단지 표지석.

이름만으로 여행의 로망을 자극하는 곳이 있다. 매봉산 바람의 언덕도 그런 곳이다. 조용필의 〈바람의 노래〉가 떠오르는 이곳은 수십 기의 거대한 풍차가 바람개비같이 돌아가는 장관을 연출한다. 이곳의 정식 명칭은 매봉산풍력발전단지다. 해발 1,303m의 매봉산 정상에 자리 잡은 이곳은 업힐러(오르막 선수)가 아니더라도 자전거를 조금이라도 탄다는 라이더라면 한 번쯤 도전해보고 싶은 마음을 불러일으킨다. 이 책에서 소개하는 선자령, 태기산풍력발전단지, 양양풍력단지 코스와 비교했을 때 대중교통을 이용한 접근성이나 경사도, 도로 상태 등의 난이도를 고려하면 그나마 가장 무난하다.

태백은 백두대간과 낙동정맥이 갈라지는 우리나라의 대표적인 고원지대다. 코스의 출발지가 되는 태백시내도 해발 700m가 넘는 고지대에 자리 잡고 있다. 출발지에서 매봉산 정상까지는 약 600m의 고저 차가 난다. 정상 부근에는 약 40만 평의 고랭지 배추밭이 있다. 이 배추밭을 배경으로 일렬로 도열해 있는 풍력발전기의 모습은 처음 찾는 이의 탄성을 자아낸다.

태백에서 출발해 삼수령을 넘어 매봉산마을로 진입하면 하늘을 가리던 나무들은 어느 순간 사라지고 눈앞에 거대한 배추밭이 펼쳐지며 주변 시야가 탁 트인다. 숨을 곳 하나 없는 해발 1,000m가 넘는 고지대에서 온몸으로 사시사철 불어오는 바람을 맞는다. 정상 능선을 따라 세워진 거대한 바람개비를 향해 페달을 밟는다. 마치 풍차를 향해 돌진하는 세르반테스의 '돈키호테'가 된 것 같은 기분이다.

자전거로 올라갈 수 있는 가장 높은 곳에 다다르면 그제야 아래쪽 풍경이 눈에 들어온다. 수확을 끝낸 배추밭 밑으로 쭈글쭈글 주름 같은 주변 산맥의 실루엣이 내려다보인다. 첩첩산중에 홀로 우뚝 선 느낌이다. 매봉산 정상도 이곳에서 멀지 않다. 잠시 자전거를 세워두고 수백m만 빠른 걸음으로 다녀오면 된다. 내려오는 길은 순식간이다. 중간에 삼대강 꼭짓점에도 잠시 들러보자. 이곳의 빗물이 서쪽으로 흐르면 한강, 남쪽으로 흐르면 낙동강, 동쪽으로 흐르면 오십천을 이루는 시발점이 된다. 7~8월에 이곳을 찾는다면 인근 구와우마을의 해바라기 축제도 구경할 수 있다. 배추밭이 가득 차 있는 시즌은 8~9월이다.

코스 정보

태백시내에서 매봉산풍력발전단지를 찾아가는 것은 그리 어렵지 않다. 터미널이나 역에서 출발한다면 시내를 벗어나 35번 국도를 타고 이동한다. 이후 화전사거리에서 임계/글로벌리더십연수원 35번 국도 방향으로 우회전하면 된다. 이곳에서 오르막길이 시작된다. 이 오르막길은 약 5㎞ 완경사를 이루며 백두대간 줄기인 삼수령 정상까지 이어진다. 이곳에서 우측으로 매봉산 풍력발전단지 안내판이 보이고 이 길로 진입한다. 얼마 지나지 않아 첫 번째 갈림길과 만나게 되는데 오른쪽 길로 접어들면 된다. 이 길로 접어들면 완만하고 길게 정상을 향해서 올라가게 된다.

연계코스

함백산 종주코스 p.168
운탄고도 코스 p.174

승부역 왕복코스(태백에서 출발해 승부역을 왕복하는 코스도 동호인들이 즐겨 이용하는 루트다. 거리는 72㎞에 상승고도는 430m, 4시간가량 소요된다).

난이도

출발지에서 정상까지는 약 10㎞의 오르막길을 올라가야 한다. 본격적인 업힐은 화전사거리를 지나면서 시작되는데, 삼수령까지는 경사도 5% 내외의 완만한 오르막길이 이어진다. 이후 매봉산풍력단지로 진입하면 초입의 경사도가 가팔라진다. 갈림길을 지나면 다시 완경사로 바뀐다. 지속적인 오르막 코스지만 경사도는 나름 강-약-중강-약이 있다.

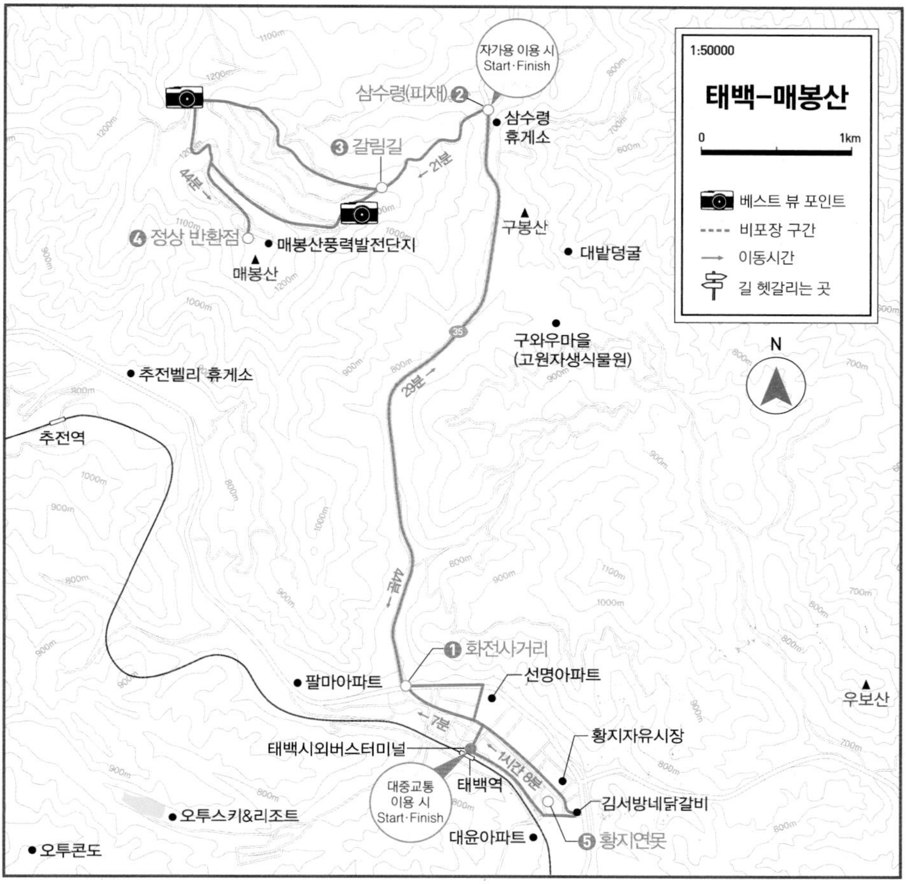

1:50000
태백–매봉산
0
1km
베스트 뷰 포인트
비포장 구간
이동시간
길 헷갈리는 곳
N
자가용 이용 시 Start·Finish
삼수령(피재) ②
삼수령 휴게소
③ 갈림길
21분
44분
④ 정상 반환점
매봉산풍력발전단지
매봉산
구봉산
대발덩굴
구와우마을 (고원자생식물원)
추전벨리 휴게소
추전역
29분
44분
① 화전사거리
팔마아파트
선명아파트
우보산
7분
황지자유시장
태백시외버스터미널
1시간 8분
대중교통 이용 시 Start·Finish
태백역
김서방네닭갈비
오투스키&리조트
대윤아파트
⑤ 황지연못
오투콘도

고도표

1,200m
1,100m
1,000m
900m
800m
700m
2.0km
4.0km
6.0km
8.0km
10.0km
12.0km
14.0km
16.0km
18.0km
20.0km
22.0km

태백 시외버스 터미널 — 7분 — ① 화전 사거리 — 29분 — ② 삼수령 (피재) — 21분 — ③ 갈림길 — 44분 — ④ 정상 반환점 — 44분 — ⑤ 황지연못 — 식사 1시간 8분 — 태백 시외버스 터미널

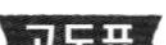

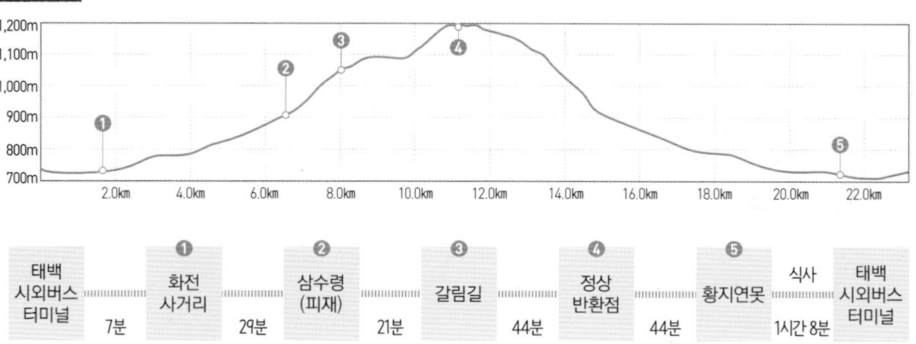

주의구간

이 코스에는 자전거 라이더를 위한 별도의 안내표지나 자전거 전용도로가 없다. 모든 구간은 일반 도로를 주행해야 한다. 삼수령까지는 35번 국도를 타고 이동하게 되는데, 국도임에도 불구하고 차량 통행량은 많지 않다. 차선도 왕복 이차선이라 지방도를 타는 느낌이다. 매봉산 마을길로 접어들면 차량 통행은 확 줄어들지만 농번기 때에는 대형 작업차량들이 드나들고, 최근 관광지로도 널리 알려지면서 관광객의 차량 통행도 잦기 때문에 항상 주의해야 한다.

교통

IN/OUT 동일

대중교통 태백까지 이동하는 방법으로는 시외버스와 열차편이 있다. 동서울종합터미널에서 태백버스터미널행 차편이 30분 간격으로 운행된다(첫차 06:00). 태백까지 3시간 10분 소요되고 요금은 31,900원(편도)이다. 태백에서 동서울종합터미널행 차편은 22:40에 운행되는 심야 직행버스가 막차다.

청량리역에서 태백역까지 직행열차가 운행된다. 소요시간은 열차편마다 다른데, 약 3시간 30분~4시간 소요된다. 이제는 자전거 거치대가 설치된 무궁화호 열차가 운행되지 않는다. 자전거 여행 시 기차를 이용하는 것은 더 이상 추천하지 않는다.

자가용 태백역 주차장(강원도 태백시 황지동 216-11)을 이용하면 된다. 주차 요금은 무료.

보급 및 음식

물닭갈비

편도 10㎞ 정도의 짧은 코스라 보급은 크게 신경 쓰지 않아도 된다. 식사나 행동식 보급은 태백시 내에서 해결하고 출발하는 것이 좋다. 삼수령으로 올라가는 업힐 중간에 고원자생식물원으로 들어가는 갈림길이 나오고 그 길로 들어서면 구와우마을에 도착하게 된다. 마을에는 순두부로 유명한 구와우순두부가 있다(순두부 8,000원).

시내에도 맛집들이 모여 있다. 태백 하면 한우가 대표적인데, 그중에서도 현대실비가 유명하다. 부담 없는 식사를 원한다면 황지연못 인근에 있는 황지자유시장으로 들어가보자. 부산감자옹심식당은 '착한 가격 모범식당'으로(메밀칼국수 6,000원, 감자옹심이 8,000원), 부담 없는 음식을 내놓는다.

태백 스타일의 닭갈비를 먹어보는 것도 독특한 경험이 되겠다. 무쇠판에 양념한 닭갈비를 구워내는 춘천 스타일과는 달리 이곳에서는 육수를 흥건하게 부어 마치 닭도리탕과 비슷한 식감의 물닭갈비를 즐겨 먹는다. 김서방네닭갈비가 물닭갈비(1인분 7,000원)를 잘한다.

구와우순두부 033-552-7220, 강원도 태백시 구와우길 49-1
현대실비 033-552-6324, 강원도 태백시 시장북길 9
김서방네닭갈비
033-553-6378, 강원도 태백시 시장남1길 7-1

숙박 및 즐길거리

시내 한복판에 있는 황지연못은 깊이를 알 수 없는 소에서 하루 5,000t의 용수가 솟아나는 곳으로, 낙동강 1,300리 물길이 시작되는 발원지로 본다. 또한 매봉산마을로 진입하기 전 삼수령은 한강, 낙동강, 오십천의 분수령이 되는 곳으로, 유달리 태백에는 물과 관련된 지명, 지형이 많다. 구와우마을은 해바라기 축제로 유명하다. 해바라기가 필 무렵인 7~8월이 구경하기 좋다. 2019년에는 7월 26일에서 8월 11일까지가 축제 기간이었다.

해바라기 축제 033-553-9707, www.sunflowerfestival.co.kr

백두대간과 동해바다, 그 경계를 달리다

선자령 순환코스
(횡계리·바우길1코스 풍차길·대관령마을휴게소)

오른쪽으로 동해바다를 내려다보며 백두대간 마루금을 따라 달리는 코스. 개활지의 환상적인 경관을 보기 위해 자전거를 끌고 메며 싱글 임도를 돌파하는 수고는 감당해야 한다.

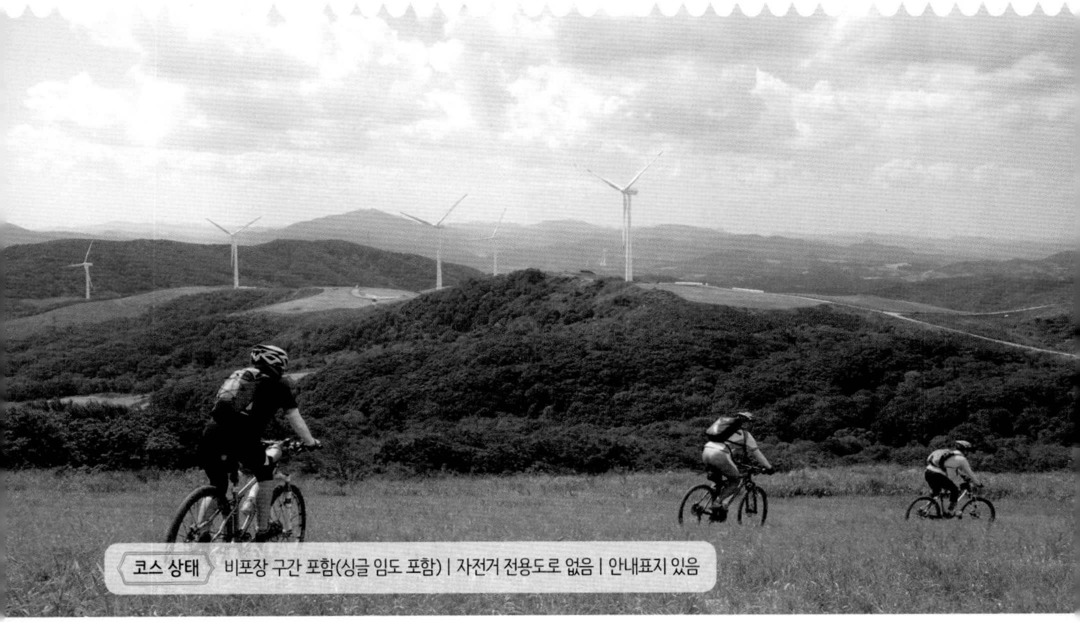

코스 상태 비포장 구간 포함(싱글 임도 포함) | 자전거 전용도로 없음 | 안내표지 있음

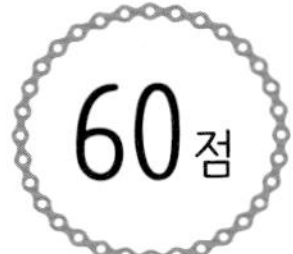

60점 **난이도**
- 코스 주행 거리 17㎞ (하) 상승고도 482m (중)
- 최대 경사도 10% 이상 (상) 칼로리 748㎉

대중교통 가능 200Km **접근성**

반포대교 —(자전거 4㎞)— 서울남부터미널 —(버스 196㎞)— 횡계시외버스 터미널

8시간 41분 당일 코스 **소요 시간**

왕편(총 2시간 50분)	코스 주행	복편(총 2시간 50분)
자전거 20분, 버스 2시간 30분	자전거 3시간 1분	버스 2시간 30분, 자전거 20분

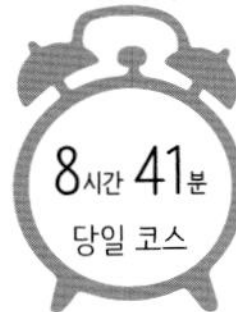

1 선자령 전망대. **2** 계단길 구간. **3** 하산길 모습. **4** 선자령 정상 인근의 개활지. **5** 선자령에서 바라보는 풍력발전단지.

정상에서 동해바다를 바라보며 풍차(풍력발전기)가 도열해 있는 백두대간 줄기를 라이딩 할 수 있는 코스다. 바다와 풍차, 그리고 멀리 목장 풍경까지 외국의 어느 유명 관광지에 들어와 있는 듯한 착각을 불러일으킬 만큼 이국적이다. 도시에서는 빽빽한 콘크리트 건물에 둘러싸이고, 시골에서는 첩첩 산맥으로 둘러싸인 우리나라의 지형적 특성 탓에 이렇게 탁 트인 전망과 함께 끝없이 펼쳐진 목장지대가 연출하는 장관은 더욱 강렬한 느낌으로 다가온다.

이 코스는 바우길 1코스 선자령 풍차길로 널리 알려져 있다. 등산객들뿐만 아니라 자전거 동호인들 사이에서도 한 번쯤 가보고 싶은 풍차길 코스로 가장 유명한 곳이다. 코스의 시작은 구 영동고속도로의 휴게소였던 대관령마을휴게소다. 길 상태로만 보면 이 구간은 호불호가 극명하게 갈린다. 잘 닦여진 반들반들한 포장도로나 비단길 임도가 아니다. 왕복 10㎞ 남짓한 거리지만 7㎞ 정도 구간이 소위 싱글 임도(single trail)다. 주말이면 등산객들로 붐비는 곳이라 라이딩이 불가능한 상황도 종종 벌어진다. 자전거 실력과 별개로 사방사방한 라이딩을 즐기기는

국사성황당.

어렵다.

휴게소에서 출발하면 2km 정도 포장도로를 따라 가다 사람 한 명이 간신히 지날 정도의 좁은 싱글 임도로 들어서게 된다. 이렇게 힘들게 자전거를 끌고 메고 이고 지면서 약 3km 등산로를 따라 전진해야 비로소 풍차들이 도열해 있는 개활지에 도착한다. 선자령 정상에 가까워져서야 완만한 초원지대를 가로지르는 라이딩이 가능하다. 이 짧은 구간을 즐기고자 그 몇 배가 되는 길을 걸어 올라온 것이다. 고생스러움에 불평할 만도 하지만 자전거를 끌고 도착한 여행객들의 표정은 한없이 밝다. 잔디가 뒤덮인 넓은 개활지를 오르내리며 마치 개구쟁이가 된 것 같은 기분으로 자전거와 함께 뛰어 논다. 좁은 등산로에서 답답했던 마음을 마구 풀어낸다. 해발 1,157m의 선자령 정상에 도착하면 감동은 더욱 커진다. 자전거로 백두대간의 마루금을 달려온 것이다. 이 책에서는 선자령에서 회귀하는 왕복코스를 소개하고 있지만 길은 이곳에서 끝나는 것이 아니다. 선자령에서 시작되는 임도는 곤신봉과 매봉으로 연결되며 끝이 안 보일 정도로 길게 이어진다.

보급 및 음식

선자령 풍차길로 접어들면 보급받을 수 있는 곳이 전혀 없다. 횡계시내나 대관령마을휴게소에서 식사나 보급을 해결하고 출발해야 한다. 산속에서 3시간 이상 머물러야 하기 때문에 식수와 행동식을 여유 있게 챙겨가는 것이 좋다. 횡계시내에서 유명한 식당으로는 남경식당이 있다. 꿩만두국(7,000원)이 대표 메뉴다. 횡계의 대표적인 음식 중 하나는 오삼불고기다. 시내에 오삼불고기 거리가 있는데, 그중 도암식당과 납작식당이 터줏대감이다(오삼불고기 1인분 13,000원). 황태 역시 이 지역 대표 음식으로 황태회관(황태국 8,000원)이 유명하다.

남경식당
033-335-5891, 강원도 평창군 대관령면 대관령마루길 347

도암식당 033-336-5814, 강원도 평창군 대관령면 대관령로 103

납작식당 033-335-5477, 강원도 평창군 대관령면 대관령로 113

황태회관
033-335-5795, 강원도 평창군 대관령면 눈마을길 19

도암식당의 오삼불고기

황태회관의 황태해장국

남경식당의 꿩만두국

코스 정보

연계코스

횡계-정선 종주코스 p.229
삼양목장 업힐 코스 p.152
대관령 힐클라임 p.154
동해안 종주 자전거길 p.105
(동해-속초 구간)

횡계시내에서 출발해 대관령마을휴게소에 도착했다면 선자령 트레킹 코스가 시작되는 입구를 찾기는 어렵지 않다. 이미 많은 등산객들이 이동하고 있을 것이기 때문이다. 휴일 성수기에는 일단 코스 시작점부터 등산객들로 붐벼 진입이 쉽지 않다. 이 경우 등산로로 진입하지 말고 등산로 옆 포장도로를 따라 들어간다. 약 1㎞ 정도 올라가면 갈림길이 나오는데 오른쪽 KT대관령 중계소 방향을 따라 올라가면 된다. 여기에서 1.2㎞를 더 올라가면 좌측으로 좁은 등산로가 나오는데 이쪽으로 진입해야 한다. 선자령 코스에서 포장도로가 끝나는 지점이다. 이후부터는 3.2㎞ 싱글 임도다. 중간중간에 계단 구간이나 자전거를 타고 달릴 만한 길도 나온다. 달리다 끌다를 반복하며 전진하다 보면 어느덧 관목들은 사라지고 넓은 개활지가 눈앞에 펼쳐진다. 선자령 정상까지는 1㎞인데, 이곳에서 다시 자전거 라이딩이 가능하다. 되돌아오는 길은 왔던 길이 아니라 계곡을 따라 내려가는 코스를 선택한다. 대관령하늘목장으로 내려가는 사거리에 선자령 풍차길을 알리는 작은 샛길과 안내표지판이 있다. 이 길을 따라 약 3㎞ 정도 내려가다 보면 나오는 작은 갈림길에서 좌회전한다. 제법 경사진 길과 만나는데 제대로 찾아왔는지 헷갈릴 정도다. 고개를 넘자마자 다시 한번 갈림길과 만나는데 이번에도 좌회전한다. 갈림길마다 좌회전하면 된다. 조금 지나면 국사성황당이 나오고 다시 포장도로를 타고 출발지로 되돌아오게 된다. 선자령 정상을 찍은 후에 되돌아오는 길을 선택하지 않고, 계속 능선을 따라 난 임도를 따라 올라갈 수도 있다. 임도를 따라 올라가면 곤신봉을 지나 동해전망대까지 다다른다. 이곳에서 삼양대관령목장 쪽으로 내려갈 수 있다. 단, 이 지역을 통과할 때는 사유지를 지나야 해서 입장료(9,000원)를 입구에서 징수한다.

난이도

해발 1,157m의 선자령 정상으로 오르는 코스지만 출발지의 고도가 840m로 실제 상승고도는 얼마 되지 않는다. 총 10㎞ 코스 중 약 7㎞가 싱글 임도로 구성되어 있다. 산악자전거를 타는 실력에 따라 다르겠지만 거의 절반도 주행을 못하고 대부분 끌바를 한다. 간간이 멜바도 필요한 구간이다. 라이딩 스킬보다는 자전거를 끌고 멜 수 있는 체력이 필요하다.

주의구간

바우길 1구간 선자령풍차길은 트레킹 코스로도 유명하다. 봄, 여름, 가을은 물론이고 겨울 설경으로도 유명해 사시사철 등산객들로 붐빈다. 자전거길과 걷기길이 구분되어 있지 않다. 주말에는 매우 복잡하기 때문에 혼잡 구간에서 무리한 라이딩을 삼가야 하고 서로 배려하는 마음으로 이 구간을 통과해야 한다. 호젓하게 라이딩을 원한다면 평일에 방문하는 것이 낫다.

교통

IN/OUT 동일

대중교통 선자령과 가장 가까운 터미널은 횡계에 있다. 서울남부터미널과 동서울종합터미널에서 횡계시외버스터미널행 버스가 운행된다. 서울남부터미널에서 07:40에 첫차가 출발한다. 요금은 15,400원(편도)이며, 2시간 30분 소요된다. 동서울종합터미널에서도 차편이 있다. 요금은 14,500원(편도)이고 2시간 30분 소요되며, 차편이 더 자주 운행된다(약 1시간 간격).

횡계시외버스터미널에서 대관령마을 휴게소까지는 편도 약 6㎞ 거리다. 횡계시외버스터미널을 등지고 오른쪽 방향으로 700m가량 이동하면 선자령, 대관령 옛길, 양떼목장 표지판이 나온다. 이곳에서 우회전하면 과거 왕복 이차선이었던 영동고속도로 옛길을 통해 휴게소까지 연결된다. 목적지까지 경사도는 거의 없다. 휴게소에서 선자령 입구는 쉽게 찾을 수 있다.

자가용 대관령마을휴게소(033-332-3383, 강원도 평창군 대관령면 경강로 5721)에 주차한다.

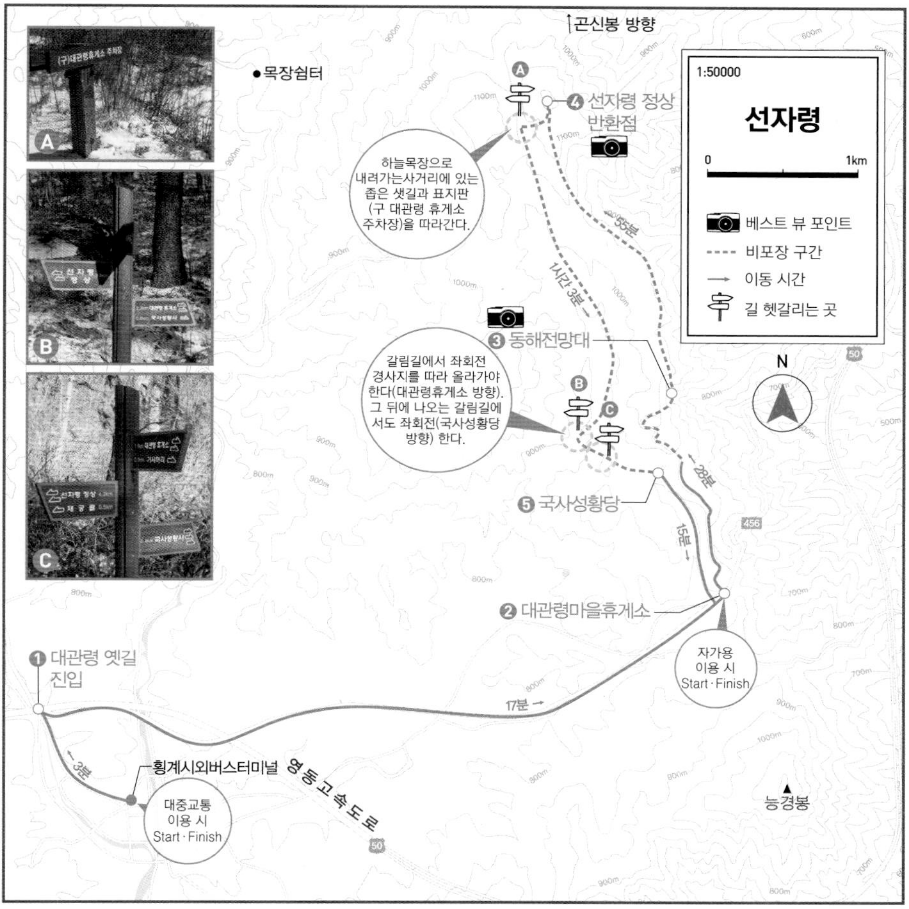

곤신봉 방향
목장쉼터
1:50000
선자령
0
1km
베스트 뷰 포인트
비포장 구간
이동 시간
길 헷갈리는 곳
A
B
C
❹ 선자령 정상 반환점
하늘목장으로 내려가는사거리에 있는 좁은 샛길과 표지판 (구 대관령 휴게소 주차장)을 따라간다.
55분
1시간 3분
❸ 동해전망대
갈림길에서 좌회전 경사지를 따라 올라가야 한다(대관령휴게소 방향). 그 뒤에 나오는 갈림길에서도 좌회전(국사성황당 방향) 한다.
N
28분
❺ 국사성황당
15분
❷ 대관령마을휴게소
자가용 이용 시 Start · Finish
❶ 대관령 옛길 진입
17분
3분
횡계시외버스터미널
대중교통 이용 시 Start · Finish
영동고속도로
능경봉

고도표

1,200m
1,100m
1,000m
900m
800m
700m
2.0km
4.0km
6.0km
8.0km
10.0km
12.0km
14.0km
16.0km
❶
❷
❸
❹
❺

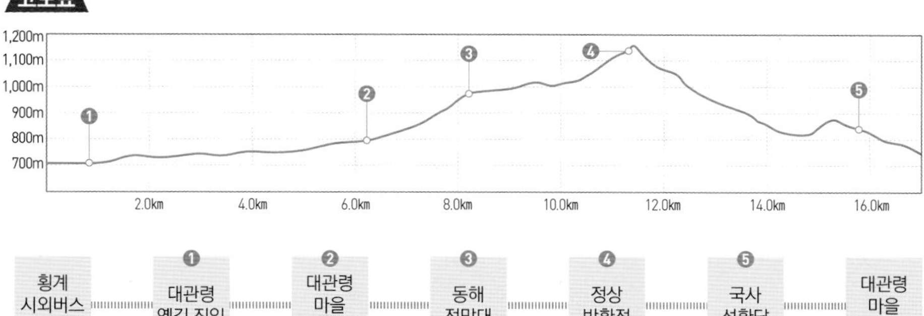

횡계 시외버스 터미널 — 3분 — ❶ 대관령 옛길 진입 — 17분 — ❷ 대관령 마을 휴게소 — 28분 — ❸ 동해 전망대 — 55분 — ❹ 정상 반환점 — 1시간 3분 — ❺ 국사 성황당 — 15분 — 대관령 마을 휴게소

대관령 인근 자전거길

천마봉
소황병산
매봉
동해전망대
대궁산
곤신봉
선자령
대관령 삼양목장
대관령마을휴게소
대관령IC
횡계시외버스터미널
영동고속도로
50
← 12분
1 용산교
← 32분
고루포기산
용평리조트 스키장
2 업힐 시점
36분 →
3 피덕령
안반데기 배추밭
49분 →
4 닭목령
46분 →
발왕산
도암댐
제왕산
← 1시간 14분
4 어흘리마을
← 12분
3 강릉국도유지 관리사무소
415
강릉IC
← 11분
5 성산면삼거리
칠봉산
오봉저수지
35

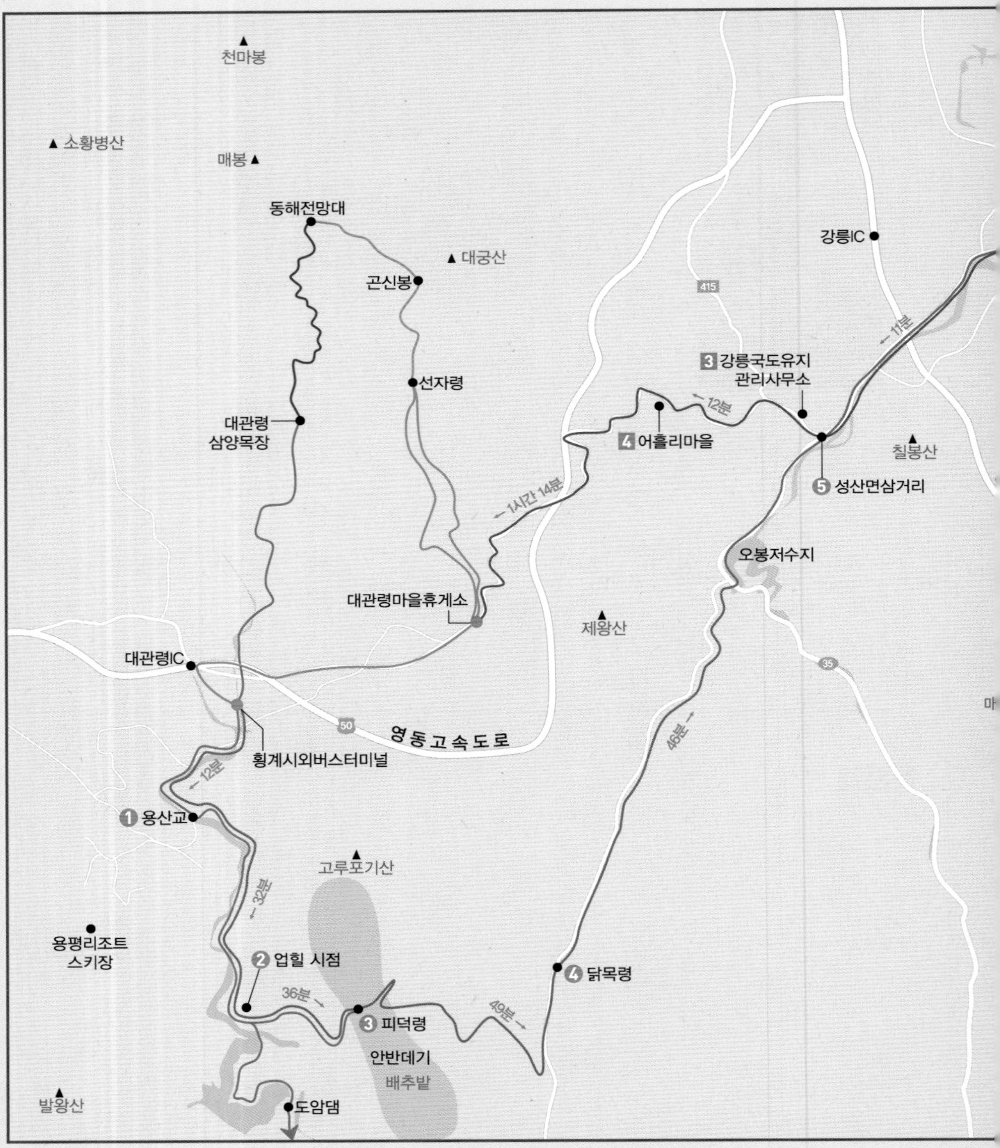

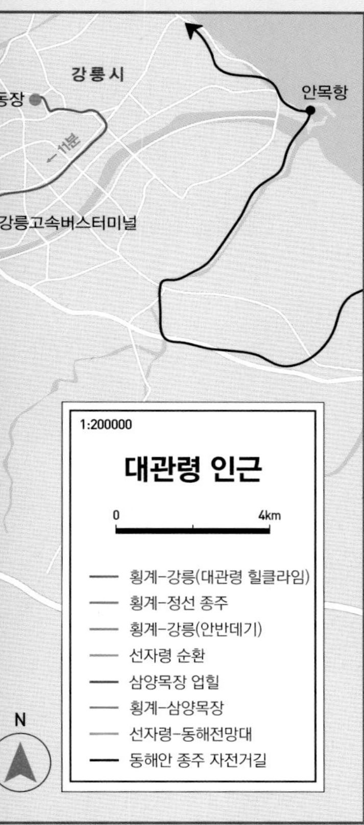

대관령 횡계는 자전거여행에서 매우 특별한 의미를 갖는다. 백두대간이 지나가는 주 능선에 자리 잡고 있어 선자령, 곤신봉, 매봉으로 이어지는 마루금을 자전거로 라이딩 할 수 있다. 이 책에서는 대관령마을휴게소에서 선자령으로 올라가는 방법과 대관령 삼양목장에서 동해전망대로 오르는 두 가지 코스를 소개한다.

방향을 동쪽으로 틀어 대관령이나 육백마지기, 닭목령을 넘어 강릉으로 내려가는 다운힐 코스를 탈 수도 있다. 강릉에 도착한 후 남대천을 따라 임목항에 다다르면 동해안 종주 자전거길과 만나 해안선을 따라 라이딩을 이어갈 수도 있다. 물론 강릉에서 출발해 대관령이나 닭목재로 올라오는 업힐 코스에 도전해볼 수도 있다. 매년 여름이 오면 대관령 힐클라임 대회가 열려 전국의 업힐러들을 불러 모은다. 동쪽으로만 다운힐 코스가 있는 것은 아니다. 출발지인 횡계가 백두대간의 가장 높은 곳에 위치하고 있는 까닭에 서쪽으로 방향을 돌려도 완만한 다운힐을 즐기며 인근 산간지역으로 종주여행을 즐길 수 있다. 이 책에서는 횡계에서 출발해 정선으로 이어지는 종주코스를 소개한다.

선자령 순환 (왕복)	· **코스 거리** 22km · **상승고도** 482m · **소요시간** 3시간 20분 · **출발지** 횡계터미널 · **도착지** 횡계시외버스터미널 · p.143
삼양목장 업힐(왕복)	· **코스 거리** 10km · **상승고도** 373m · **소요시간** 1시간 38분 · **출발지** 삼양목장 · **도착지** 삼양목장 · p.152
대관령 힐클라임 (편도)	· **코스 거리** 24km · **상승고도** 828m · **소요시간** 1시간 41분 · **출발지** 강릉공설운동장 · **도착지** 대관령마을휴게소 · p.154
안반데기 업힐(편도)	· **코스 거리** 41km · **상승고도** 528m · **소요시간** 3시간 7분 · **출발지** 횡계터미널 · **도착지** 강릉터미널 · p.150
횡계-정선 종주 (편도)	· **코스 거리** 80km · **상승고도** 865m · **소요시간** 7시간 41분 · **출발지** 횡계터미널 · **도착지** 정선터미널 · p.229

Course Plus

구름 위의 땅을 달리다

안반데기 코스

60점

난이도

코스 주행 거리 41km (중) 상승고도 528m (중)
최대 경사도 10% 이하 (중) 칼로리 1,700kcal

8월 안반데기 배추밭

안반데기의 풍경

안반데기 올라가는 길

코스 상태 전 구간 포장 | 자전거 전용도로 없음 | 안내표지 없음

앞서 소개한 선자령 코스가 풍차와 동해 바다가 만들어내는 환상적인 조망이 특징이었다면, 안반데기 코스는 해발 1,100m에 수십만 평의 고랭지 배추밭이 펼쳐지는 장관을 조망할 수 있는 곳이다. 선자령 코스가 산악자전거로만 접근이 가능한 반면, 안반데기 코스는 전 구간이 포장되어 있어 로드자전거로도 라이딩이 가능하다. 정상에 오르면 30여 가구가 경작하는 60여만 평의 고랭지 배추밭이 펼쳐지며 장관을 이룬다. 배추로 가득한 안반데기의 풍경을 보려면 8~9월경에 찾는 것이 좋다. 선자령 코스(p.143)와 함께 당일치기 라이딩 코스로 즐겨 찾는다. 이 경우 닭목령을 지나 강릉으로 복귀하는 루트를 잡는다. 안반데기를 넘어 정선 방향으로 종주코스를 타기도 한다.

고도표

코스 주행 시간 3시간 7분

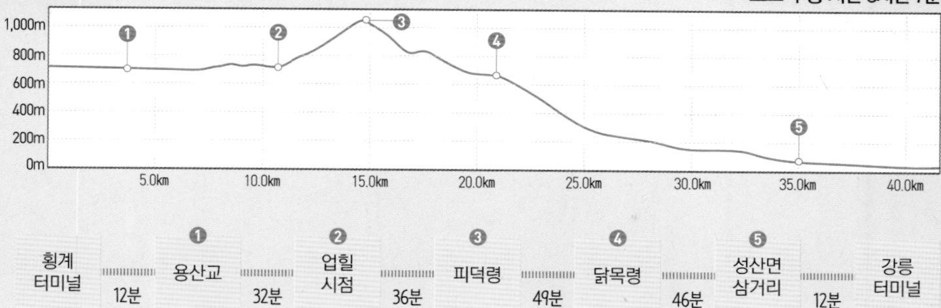

코스 정보

횡계시내에서 출발해 용평리조트 방향으로 라이딩을 시작한다. 용산교를 넘어가기 전에 용평리조트와 도암댐으로 갈라지는 삼거리가 나오는데, 이곳에서 도암댐 방향으로 좌회전한다. 송천 옆으로 난 한적한 도로를 따라 도암댐 방향으로 라이딩을 이어가다 보면 출발지로부터 약 10㎞ 지점에서 좌측으로 안반덕(강릉시 왕산면 대기리)으로 올라가는 이정표가 나온다. 이곳이 안반데기 업힐의 시작점이다. 차량 두 대가 간신히 지날 정도의 도로를 따라서 약 3㎞ 정도 오르다 보면 안반데기 정상(피덕령)에 다다른다. 이곳에서 멍에전망대로 올라가는 수고를 더한다면 주변 조망을 좀 더 시원스럽게 내려다볼 수 있다. 정상에서 내려오면 415번 지방도를 만난다. 이곳에서 700여m만 올라가면 백두대간 닭목령을 넘어 강릉까지 이어지는 다운힐이 시작된다. 왕산천을 따라 내려가는 코스라 주변 경관이 시원스럽다. 성산면 삼거리 근처에서 35번 국도와 만나 강릉시내로 연결된다.

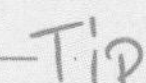

시간 배분도 중요하다. 횡계를 찾는 라이더들은 오전에 선자령을 타고 횡계에서 점심식사 후 안반데기 라이딩을 즐기는 경우가 많다. 강릉시내는 서쪽이 산맥에 가로막혀 해가 빨리 저문다. 강릉시의 일몰 시간을 확인하고 최소 3시간 전에는 라이딩을 시작하도록 일정을 잡아야 칠흑 같은 어둠 속을 자동차와 함께 달리는 조마조마한 상황을 피할 수 있다.

난이도

해발 약 1,000m의 피덕령 정상으로 올라가는 업힐 코스다. 안반데기 입구부터 약 3㎞ 업힐을 올라가야 한다. 경사도는 5% 내외로 그리 가파른 코스는 아니다. 정상까지 구불구불 헤어핀을 여러 번 만들며 올라가기 때문에 그렇게 힘에 부치지는 않는다. 도로 포장 상태도 양호한 편이다.

주의구간

안반데기 업힐은 평소 차량 통행량이 많은 구간은 아니다. 농번기(배추 수확기 9~10월)에는 대형 작업차량과 트랙터의 통행량이 많기 때문에 자전거 라이딩에 주의가 필요하다. 피덕령과 닭목령을 넘어 성산면사무소까지는 차량 통행이 많지 않지만 이후 35번 국도는 이차선으로 넓어지며 통행량도 많아지고 속도 역시 빨라진다. 강릉시내 진입 시 주의를 요한다. 성산면삼거리에서 35번 국도 좌측으로 보행자, 이륜차를 위한 일차선 도로가 35번 국도와 나란히 나 있다. 강릉시내로 진입할 때는 이 길을 이용하는 것이 안전하다.

Course Plus

사계절 펼쳐지는 푸른 목초지

삼양목장 업힐 코스

난이도 60점

횡계-삼양목장(편도)	삼양목장 업힐(왕복)
코스 주행 거리 7km (하)	코스 주행 거리 10km (하)
상승고도 100m (하)	상승고도 373m (중)
최대 경사도 5% 이하 (하)	최대 경사도 10% 이상 (상)
칼로리 368kcal	칼로리 559kcal

코스 상태 비포장 구간 포함(목장 내부로) | 자전거 전용도로 없음 | 안내표지 있음(목장 내)

대관령 삼양목장을 통과해 백두대간 능선에 위치한 동해전망대로 올라가는 코스다. 선자령 인근에는 대관령 양떼목장, 대관령 하늘목장, 대관령 삼양목장이 서로 이웃해 자리 잡고 있다. 이 세 곳의 목장 중 유일하게 자전거의 출입을 허락하는 곳이 바로 대관령 삼양목장이다. 삼양목장의 풍경을 구경하며 라이딩이 가능한 비포장도로를 이용하는 코스다. 선자령길과 달리 차량 통행이 가능한 길을 이용하기 때문에 끌바나 멜바의 부담이 없다. 목장 안 동물들을 구경하고 먹이주기 체험, 양떼몰이 장면 같은 소소한 구경거리도 라이딩에서 빼놓을 수 없는 즐거움이다. 단점이라면 9,000원의 입장료를 내야 한다는 것이다. 자가용으로 이동한다면 목장 주차장에서 출발하면 된다.

1 동해전망대로 올라가는 길. **2** 목동과 양떼몰이 개들. **3** 동해전망대에서 본 주변 풍경.

고도표

코스 주행 시간 1시간 38분

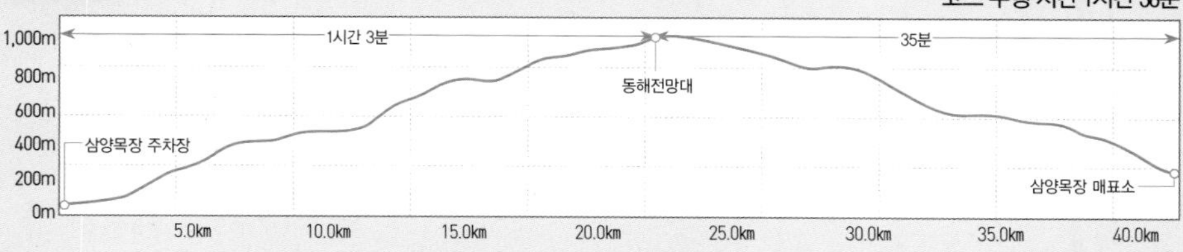

코스 정보

횡계버스터미널에서 삼양목장 주차장까지는 편도 7㎞의 거리다. 터미널에서 횡계교까지 이동한 뒤 꽃밭양지길이라는 예쁜 이름의 도로를 따라 대관령 삼양목장으로 올라간다. 시내에서 목장까지 완경사 오르막길이다. 하늘목장을 지나 삼양목장 입구까지의 1㎞ 구간은 비포장길이다. 매표소에서 입장료를 지불하고 목장 내부 도로를 따라 가장 높은 동해전망대로 오르면 된다. 길은 비포장이지만 차량이 다닐 수 있는 임도다. 가파른 오르막을 올라 백두대간 주 능선 위에 있는 전망대에 오르면 동해 바다가 시원하게 조망된다. 전망대에서 북쪽인 매봉으로는 출입금지며, 외부인의 출입을 막고 있다. 대신 남쪽으로 난 임도를 따라가면 곤신봉을 거쳐 선자령 정상과 연결된다. 삼양목장-동해전망대-곤신봉-선자령-대관령마을휴게소로 넘어가는 종주 코스가 가능하다.

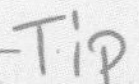

Tip

자전거 라이딩으로 백두대간을 올라갈 수 있는 최단 코스다. 업힐을 올라가는 부담은 있지만 자전거를 끌고 메는 수고로움이 없어 싱글 임도가 익숙하지 않은 산악자전거 초보자나 여성들이 도전해도 좋은 코스다. 코스가 짧아 대관령 다운힐이나 안반데기 업힐 등 주변 코스를 같이 즐기기에도 시간적으로 한결 여유롭다.

난이도

해발 1,170m의 동해전망대 정상으로 오르는 코스다. 단 출발지의 해발도 800m가 넘기 때문에 실제 상승고도는 373m로 업힐 코스 치고 얼마 되지 않는다. 경사도는 5~10%를 이루며 올라간다. 어느 정도 업힐에 익숙한 라이더라면 끌바를 할 정도의 급경사 구간은 없다.

주의구간

휴일에는 횡계에서 목장 입구까지 들어가는 길이 차량 출입으로 번잡하므로 주의가 필요하다. 목장 내부는 외부 차량을 통제해 한적한 편이다. 대신 입구에서 전망대 정상으로 관람객을 실어 나르는 셔틀버스가 10~15분 간격으로 운행된다. 성수기에는 그 횟수가 더 빈번해진다.

Course Plus

우리나라에서 가장 유명한 업힐

대관령 힐클라임

70점

난이도

코스 주행 거리 24km (하) 상승고도 828m (상)
최대 경사도 10% 이하 (중) 칼로리 1,513kcal

코스 상태 전 구간 포장 | 자전거 전용도로 없음 | 안내표지 없음

대관령 정상 표지석

대관령 정상으로 오르는 영동고속도로 옛길

대관령 힐크라임 대회 피니시라인

백두대간을 넘어가는 가장 유명한 령(嶺)이다. 터널이 뚫리기 전 영동고속도로가 지나는 코스여서 누구나 한 번쯤은 버스나 자가용을 타고 낭떠러지 같은 아찔한 고개를 넘어가던 기억이 있을 것이다. 어린 시절 고속버스에서 급격한 고도 변화에 귀가 멍멍해지면 침을 삼키라던 어머님의 말씀도 기억에 생생하다. 바로 그 대관령을 자전거로 넘어가는 코스다. 요즘이야 자전거를 타고 령과 재를 넘어다니는 것이 별로 유난스러운 일도 아니지만 불과 몇 년 전만 하더라도 자전거로 대관령을 넘는다는 것은 철인들이나 가능한 영역처럼 여겨졌다. 이런저런 상징성이 있어 자전거를 좀 타봤다면 경력이 아직 미천하더라도 혈기로 도전해보고 싶은 코스다. 주변의 경관도 경관이지만 대관령을 넘었다는 상징성이 주는 만족감이 더 큰 코스다.

고도표

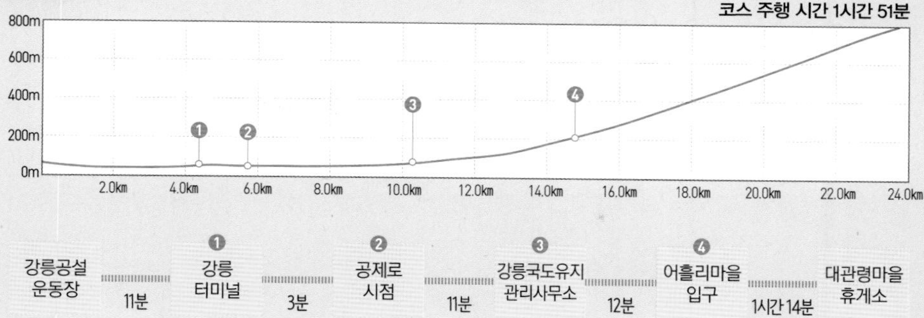

코스 정보

이 고도표는 대관령 힐클라임 대회에 참가했던 로그데이터를 기반으로 한 것이다. 그런 까닭에 출발지는 강릉공설운동장이다. 대회 참가 목적이 아니고 고속버스를 이용해 강릉에 도착한다면 코스는 4㎞ 지점의 강릉고속버스터미널에서 시작된다. 고속버스터미널에서 강릉대교와 35번 국도인 경강로를 따라 약 1㎞ 대관령 방향으로 올라가 보면 GS칼텍스 주유소 부근에서 경강로 우측으로 35번 국도를 따라가는 옆길인 공제로가 시작된다. 공제로를 따라서 주행한다. 갈림길 표지판에는 좌측은 강릉IC 35번 도로, 우측은 강릉과학산업단지, 강릉교도소로 표시되어 있다. 우측 길로 진입한다. 출발지로부터 약 11㎞ 지점의 강릉국도유지관리사무소에서 구 영동고속도로 대관령 옛길로 진입하면 본격적인 오르막이 시작된다. 아흔아홉 굽이 옛길이라는 말이 무색하지 않게 쉴 새 없이 구불구불 헤어핀을 만들며 정상인 해발 800m의 대관령마을 휴게소까지 이어진다.

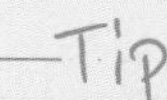

대관령 옛길을 홀로 주행하는 것이 부담스럽거나 다른 사람들과 경쟁하며 라이딩 하고 싶다면 매년 이 코스에서 열리는 대관령 힐클라임 대회에 참가해보는 것도 좋다. 매년 8월 말에 열리며 홈페이지(http://www.dhill.co.kr)에서 신청하면 된다. 예년의 경우 6월 7일부터 7월 22일까지 신청 접수를 받았다. 참가비는 1인 40,000원.

난이도

해발 820m의 대관령 정상까지 오르는 코스다. 출발지인 강릉시의 고도가 거의 해수면과 비슷하기 때문에 800m 이상을 올라가야 한다. 실제 업힐은 강릉국도유지관리사무소를 지나 시작된다. 정상까지 업힐의 길이는 거의 10㎞다. 업힐이 익숙하지 않은 사람에게는 '억' 소리 나는 거리지만 다행히 약 5% 안팎이어서 그리 가파르지 않다.

주의구간

강릉IC로 연결되는 35번 국도 경강로는 왕복 사차선의 고속화된 국도로, 차량 통행량도 많고 주행 속도도 빠르다. 자전거로 진입하기에는 부담스러운 도로다. 다행스럽게도 35번 국도와 나란히 공제로가 나 있다. 왕복 이차선 도로가 강릉국도유지관리사무소가 있는 대관령 업힐 코스 초입까지 연결되어 있다. 차량 통행이 적어 자전거로 강릉시내를 빠져나올 때 매우 유용한 도로다. 대관령에서 다운힐로 내려올 때 역시 성산면사무소가 있는 삼거리에서 횡단보도를 건너 좌측에 있는 공제로로 진입한 뒤 라이딩을 이어가는 것이 안전하다.

오프로드의 명소에서 자전거 라이딩의 명소로

태기산풍력발전단지 순환코스
(양구두미재·금당계곡·진조리계곡·장평)

청명했던 가을 하늘과 단풍, 그리고 바람개비가 만들어내는 멋진 풍경. 무엇보다도 탁 트인 전망이 인상적인 코스. 다운힐에서 발견한 진조리계곡 임도는 숨겨진 보석이다.

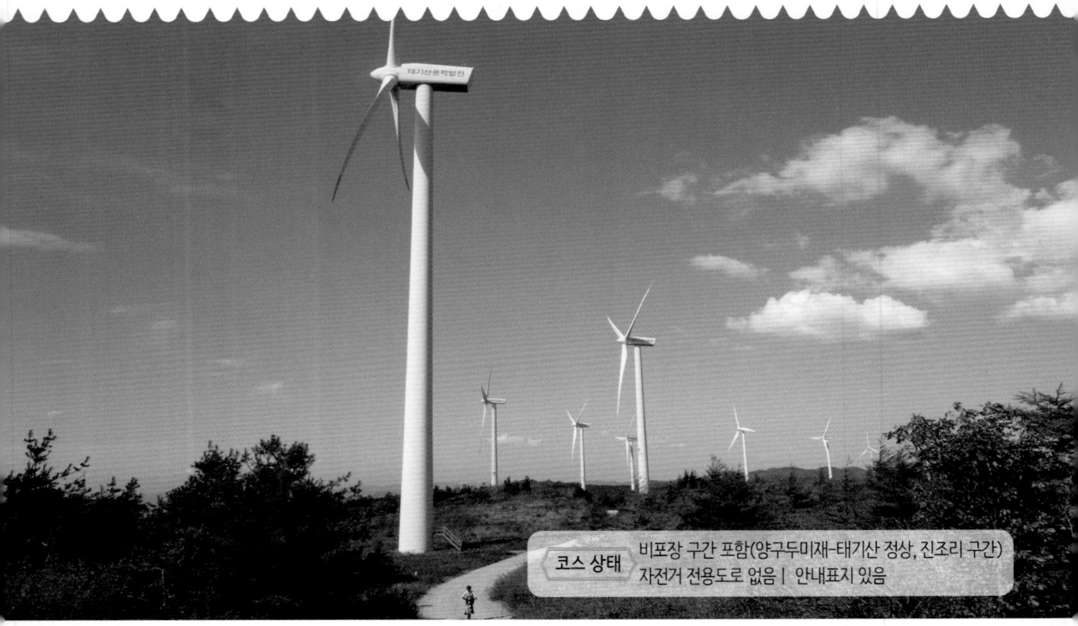

코스 상태 비포장 구간 포함(양구두미재-태기산 정상, 진조리 구간)
자전거 전용도로 없음 | 안내표지 있음

80점 **난이도**

① 장평-양두구미재	② 태기산 왕복	③ 양두구미재 - 장평
코스 주행 거리 16.6㎞ (하)	코스 주행 거리 9.7㎞ (하)	코스 주행 거리 21㎞ (중)
상승고도 478m (중)	상승고도 456m (중)	상승고도 82m (하)
최대 경사도 10% 이하 (중)	최대 경사도 10% 이상 (상)	최대 경사도 10% 이하 (중)
칼로리 917kcal	칼로리 649kcal	칼로리 681kcal

접근성

반포대교 —(자전거 12㎞)— 동서울종합터미널 —(버스 163㎞)— 장평시외버스터미널

소요 시간

- **왕편**(총 2시간 50분): 자전거 50분, 버스 2시간
- **코스 주행**(총 4시간 10분): ① 1시간 18분, ②  1시간 31분, ③ 1시간 21분
- **복편**(총 2시간 50분): 버스 2시간, 자전거 50분

1 왕복 사차선으로 고속화된 6번 국도. **2** 양구두미재 정상에서 태기산풍력단지로 들어가는 진입로. **3** 태기산 정상을 오르는 자전거. **4** 길 헷갈리는 곳 A. 진조리 계곡길 진입로. **5** 양구두미재로 오르는 업힐 도로. **6** 능선을 따라 도열한 풍력발전기.

겨울 상고대와 가을 단풍이 아름다운 태기산 정상으로 오르는 코스다. 태기산 정상에는 전파중계소가 자리 잡고 있어 횡성군 최고봉인 해발 1,261m의 산정까지 자전거로 오를 수 있다. 모험을 즐기는 오프로드 자동차는 물론이고 등산객들도 즐겨 찾는다. 백패킹의 명소로도 알려져 있다. 주변에서 가장 높은 산이기에 정상에서 내려다보이는 풍경은 거칠 것이 없다. 특히 20여 기의 풍력발전기가 능선을 따라 일렬로 도열해 있는 모습이 장관을 이룬다. 가슴이 탁 트이는 풍경이다.

대중교통으로 접근한다면 장평시외버스터미널이 출발지가 된다. 해발 980m의 양구두미재 정상까지 6번 국도를 타고 오르게 되는데, 고도가 높아지며 좌측으로 휘닉스파크가 내려다보이기 시작한다. 스키장에서 가장 높은 몽블랑이 발밑으로 내려다보일 때쯤 횡성과 평창의 경계에 있는 양구두미재에 도착한다. 이곳에서 정상까지 차량이 출입할 수 있는 도로가 개설되어 있어 정상까지 라이딩을 즐길 수 있다.

돌아오는 길은 계곡을 따라 내려가는 코스로 잡을 수 있다. 왔던 길로 되돌아가지 말고 진조리계곡으로 내려가는 비포장 임도를 따라가면 된다. 울창한 침엽수와 임도 옆을 흐르는 계곡의 풍경이 기대 이상으로 매력적이다. 계곡을 빠져나와 다시 포장도로와 만나고 408번 지방도를 타게 되지만 그대로 따라가지 말고 금당계곡의 표지판을 따라서 우측으로 빠져나간다. 그러면 면온천과 평창강이 만나는 금당계곡에 들어서게 된다. 우측으로 경관이 수려한 평창강을 따라 라이딩을 이어갈 수 있다.

태기산 정상까지 만만치 않은 업힐을 올라가야 하는 코스지만 정상에서 바라다본 경관은 마음속 깊이 각인되어 오래도록 기억에 남는다. 메밀꽃 피고 단풍이 지는 청명한 가을날 라이딩을 떠나는 것을 추천한다. 되돌아오는 길에 만나게 되는 진조리계곡과 금당계곡을 따라가는 수변길도 일품이다.

보급 및 음식

출발지인 장평에서 식사와 보급을 해결하고 출발하는 것이 좋다. 양구두미재 인근은 물론이고 6번 국도 도로변에도 식사나 보급을 받을 만한 곳이 마땅치 않다. 이 지역은 메밀로 유명해 유독 메밀 음식점들이 많다. 장평 맛집으로는 원조장평막국수가 있다 (막국수 7,000원, 수육 22,000원). 봉평면 쪽의 유명한 식당은 현대막국수(비빔막국수 8,000원, 물막국수 7,000원), 봉평고향막국수, 미가연 등이 있다.

장평막국수의 비빔막국수

장평막국수의 물막국수

원조장평막국수
033-332-0033, 강원도 평창군 용평면 금송길 7

현대막국수
033-335-0314, 강원도 평창군 봉평면 동이장터길 17

봉평고향막국수
033-336-1211, 강원도 평창군 봉평면 이효석길 142

미가연 033-335-8805, 강원도 평창군 봉평면 기풍로 108

숙박 및 즐길거리

매년 9월 메밀꽃 필 무렵이면 봉평면 효석문화마을 일대에서 이효석 문화제가 열린다. 하얀 메밀꽃이 흐드러지게 핀 장관을 보러 매년 수많은 관광객이 찾는 지역 축제다. 축제 일정과 프로그램은 홈페이지를 참고한다. 예년에는 9월 7일부터 15일까지 8일간 축제가 열렸다.

이효석 문화제 www.hyoseok.com

코스 정보

해발 980m의 양구두미재 정상에서 태기산으로 올라가는 길이 시작된다. 태기산은 해발 1,261m의 높이로 정상에 전파중계소가 자리 잡고 있다. 그런 까닭에 중계소 입구까지 차량이 통행할 수 있는 임도가 개설되어 있다. 출발지에서 태기산 정상까지는 편도 약 5㎞의 라이딩을 추가로 해야 된다. 출발지에서 양구두미재까지 상승고도는 478m다. 이곳에서 다시 정상까지 456m 더 올라가야 한다. 딱 올라온 만큼 더 올라가야 한다. 도로 상태는 포장 구간과 비포장 구간이 반복해 나타난다. 정상에 가까워질수록 거친 콘크리트 포장(소위 빨래판)으로 바뀐다.

Tip

진조리계곡은 산불 조심 기간인 봄철(2월 1일~5월 15일)과 가을철(11월 1일~12월 15일)에는 입산이 통제된다.

난이도

장평에서 태기산 정상까지의 상승고도는 약 934m로, 만만한 코스는 아니다. 경사도는 양구두미재까지는 10% 내외로 완만하게 올라가지만 태기산 정상으로 올라가는 길은 중간중간 경사도 10%를 훌쩍 넘기며 이곳까지 올라온 여행자의 체력과 인내심을 다시 시험한다.

주의구간

6번 도로를 따라가는 장평에서 양구두미재까지의 구간이 왕복 사차선의 고속화된 도로로, 주의가 필요하다. 다행히 노견이 여유롭고 평소 차량 통행량이 많지 않다. 시원스럽게 뚫린 도로는 양구두미재가 가까워지면서 다시 구불구불한 왕복 이차선 도로로 바뀐다.

교통

IN/OUT 동일

IN 서울에서 시외버스를 이용해 태기산으로 접근할 수 있는 가장 가까운 터미널은 장평이다. 동서울종합버스터미널에서 장평행 첫차가 06:40에 출발한다. 약 1시간 간격으로 차편이 운행되며, 요금은 11,400원(편도). 2시간 소요된다. 서울남부터미널에서도 장평까지 운행되는 차편이 있다. 첫차는 07:40에 출발하며 약 1시간~1시간 30분 간격으로 운행한다. 요금은 12,100원(편도), 1시간 50분 소요된다. 장평에서는 18:53에 서울행 막차가 출발한다. 자가용으로 이동한다면 6번 국도 양구두미재 정상의 경찰전적비에 차량을 주차하고 라이딩을 시작하면 된다.

횡계시외버스터미널에서 양구두미재까지 이동하는 방법으로는 두 가지가 있다. 첫 번째는 6번 국도를 타고 양구두미재 정상까지 이동하는 방법이다. 장평버스터미널에서 양구두미재까지 도착하는 최단 코스지만, 단점은 출발지에서 3㎞ 정도 지나면 왕복 이차선 도로가 고속화된 왕복 사차선으로 바뀐다는 점이다. 평소 자전거 진입이 부담스러운 도로지만 다행스러운 점은 차량 통행이 많지 않다는 것이다. 두 번째 코스는 424번 지방도를 타고 평창강과 금당계곡을 따라 이동하는 방법이다. 424번 지방도로 이동하다가 동매교에서 거품소길로 우회전해 면온천을 따라 올라가면 408번 지방도와 만난다. 면온교에서 좌회전해서 진조길로 접어든다. 서울 둔내 방향 우회도로 안내판을 따라가 보면 우측에 진조리계곡으로 진입하는 도로가 나온다. 둥지펜션, 안개꽃필무렵펜션, 테라로사 등 펜션 안내표시가 있는 길로 접어들면 비포장 계곡길을 따라 양구두미재 정상 인근의 6번 국도와 만나게 된다. 이 길은 돌아가고 길을 찾기도 복잡하지만 차량 스트레스가 적고 주변 경관이 아름답다. 필자는 양구두미재로 올라갈 때는 첫 번째 방법으로, 태기산 라이딩을 마치고 돌아올 때는 두 번째 코스를 이용했다.

고도표

①장평-양구두미재(6번 국도)

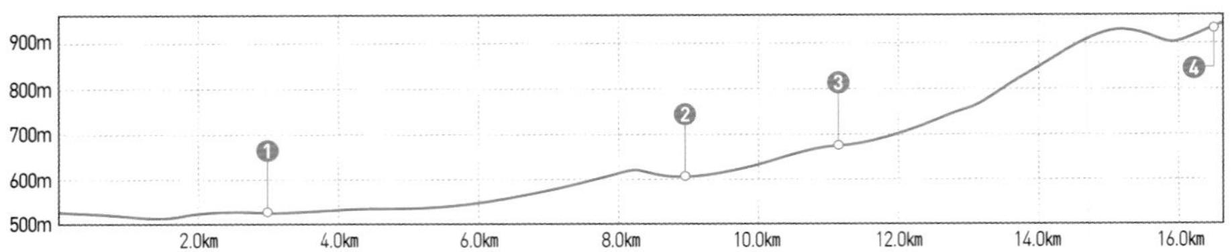

②양구두미재-태기산 정상(왕복)

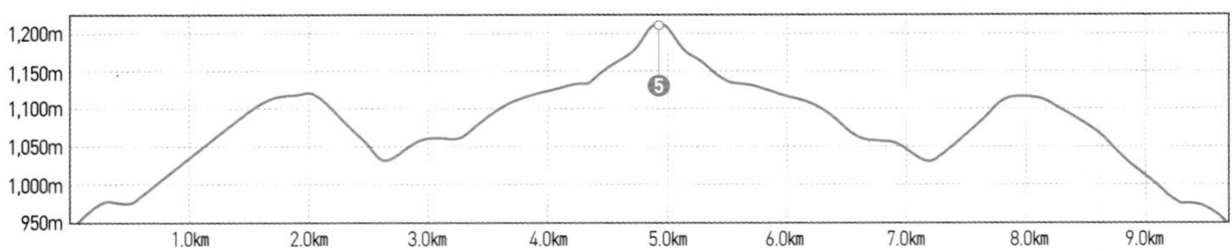

③양구두미재-장평(진조리계곡)

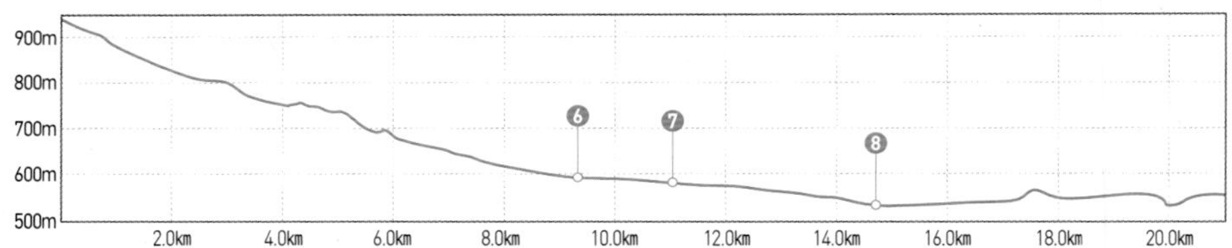

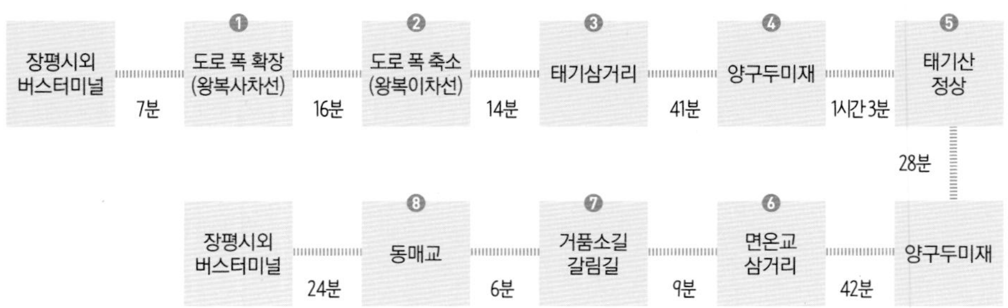

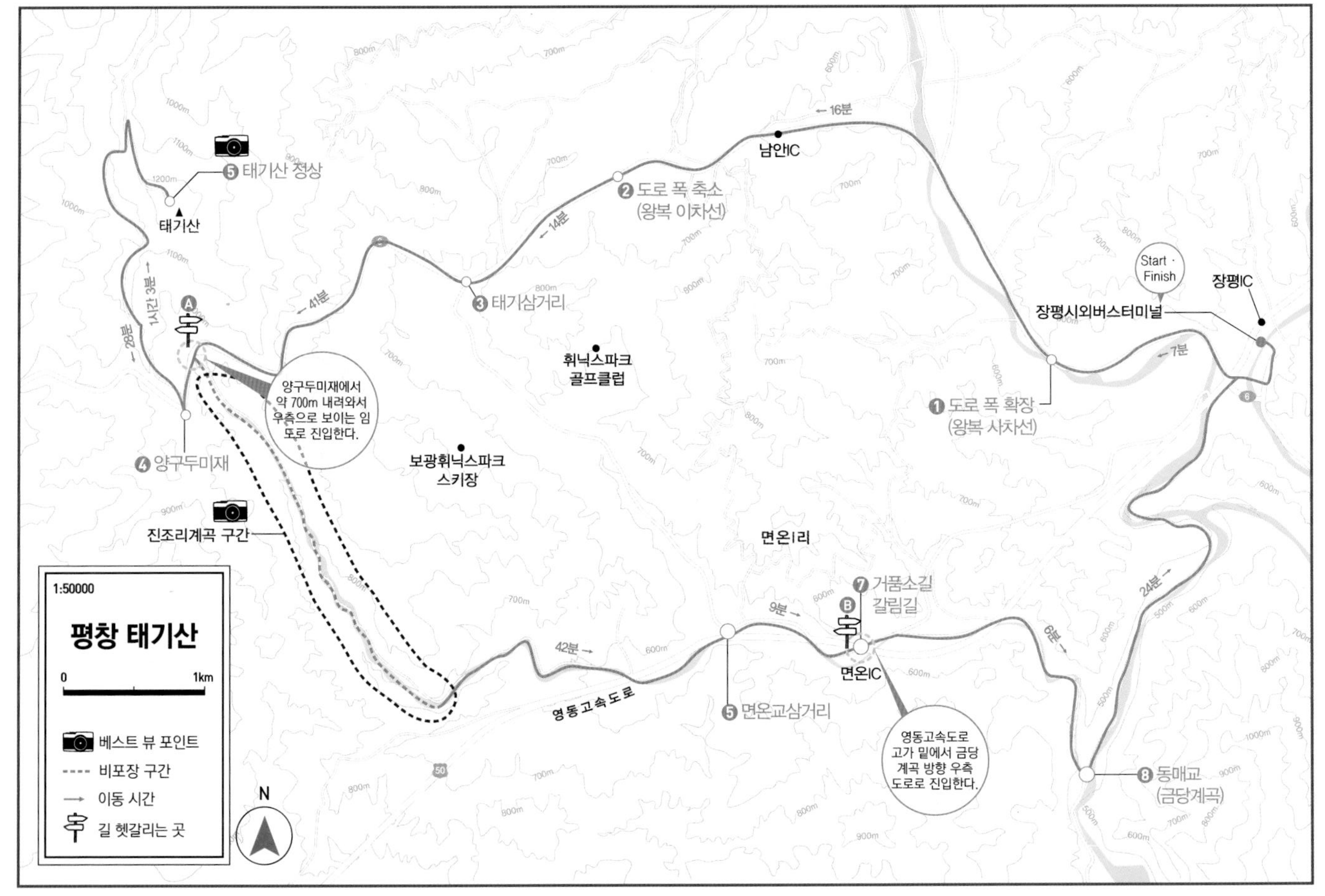

1:50000
평창 태기산
0
1km
베스트 뷰 포인트
비포장 구간
이동 시간
길 헷갈리는 곳
N
태기산
5 태기산 정상
1시간 3분
28분
A
4 양구두미재
양구두미재에서 약 700m 내려와서 우측으로 보이는 임도로 진입한다.
진조리계곡 구간
41분
3 태기삼거리
14분
2 도로 폭 축소 (왕복 이차선)
남안IC
16분
휘닉스파크 골프클럽
보광휘닉스파크 스키장
1 도로 폭 확장 (왕복 사차선)
Start · Finish
장평시외버스터미널
장평IC
7분
면온리
42분
영동고속도로
5 면온교삼거리
9분
B
7 거품소길 갈림길
면온IC
영동고속도로 고가 밑에서 금당계곡 방향 우측 도로로 진입한다.
6분
24분
8 동매교 (금당계곡)

오지 속 바람개비 숲을 달리다

영양풍력발전단지 종주코스 (영양·맹동산·영덕)

영양–영덕 종주코스는 풍력발전단지를 통과한다. 인적이 드문 곳에서 만나는 바람개비들은 여행자에게 낯선 감흥을 선사한다. 종착지가 동해 바다라는 점도 더욱 매력적.

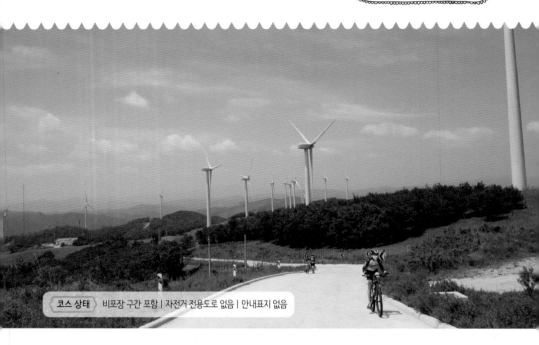

코스 상태 비포장 구간 포함 | 자전거 전용도로 없음 | 안내표지 없음

80점

난이도
- 코스 주행 거리 64km (중) 상승고도 780m (상)
- 최대 경사도 10% 이상 (상) 칼로리 2,530kcal

대중교통 가능 175Km

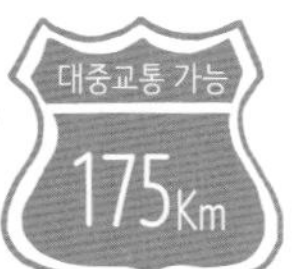

접근성
반포대교 —(자전거 12km)— 동서울종합터미널 —(버스 163km)— 영덕시외버스터미널

15시간 47분 당일 코스

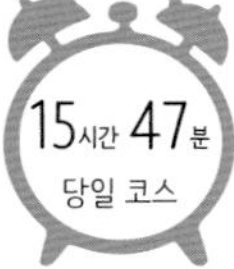

소요 시간
1박 2일 추천, 영덕 블루로드 코스 연계

- **왕편**(총 5시간 20분): 자전거 50분, 버스 4시간 30분
- **코스 주행**: 자전거 5시간 7분
- **복편**(총 5시간 20분): 버스 4시간 30분, 자전거 50분

1 풍력발전단지에서 917번 지방도로 내려가는 다운힐계곡. **2** 풍력발전기와 자전거. **3** 무창삼거리. 석보 방향 917번 지방도로 우회전한다. **4** 풍력발전단지. **5** 한가한 917번 지방도.

오지의 땅, 경상북도 영양군 석보면 맹동산 일대에 조성된 풍력발전단지로 떠나는 자전거여행이다. 낙동정맥 줄기에 위치한 해발 812m 맹동산 능선에는 대관령풍력단지에 이어 우리나라에서 두 번째로 규모가 큰 풍력발전단지가 있다.

강원도 대관령풍력발전단지 일대가 등산객과 관광객들로 북새통을 이루는 것과 달리 이곳은 인적이 드물다. 내륙 속의 섬으로 불릴 만큼 오지인 영양군에 자리 잡고 있기 때문이다. 수도권에서 거리도 멀고 잘 알려져 있지 않은 까닭에 낙동정맥을 따라 도열한 풍력발전기들은 홀로 자리를 지키며 말없이 돌고 있을 뿐이다. 필자는 2014년 여름 휴가에 이곳을 처음 찾았지만 주변은 차 한 대 볼 수 없는 무인지경이었다.

반면 규모는 만만치 않다. 발전량 기준으로 우리나라에서 대관령풍력단지 다음으로 규모가 크다. 해발 800m를 아우르는 능선으로 올라서면 그 끝이 보이지 않을 정도로 거대한 바람개비들이 동해를 바라보며 촘촘하게 늘어서서 장관을 이룬다. 라이더 입장에서는 등산객과 승용차에 치이지 않고 한갓지게 바람개비 사이에서 라이딩을 즐길 수 있는 매력이 있다.

영양에서 시작하면 낙동정맥 능선을 가로질러 내려오는 종주 라이딩을 즐길 수 있다. 앞서 소개한 선자령, 태기산, 매봉산 코스가 풍차길을 한 바퀴 돌아 원점으로 되돌아오는 것과는 다르다. 출발지인 영양으로 되돌아오는 것이 아니고 인근에서 동해 바다와 가장 가까운 영덕으로 넘어가는 종주코스로 계획을 잡는다.

영덕에서 막차 시간을 잘 맞추면 당일치기 라이딩도 가능하다. 하지만 이 먼 곳까지 왔는데 번갯불에 콩 구워 먹 듯 페달만 밟다가 되돌아가면 억울한 일이 아닐까? 지척에 대게로 유명한 강구항이 있고 동해안 바닷길에서 아름다운 걸로 둘째가라면 서럽다는 영덕 블루로드가 이곳에서 시작된다. 또한 블루로드가 끝나는 후포항에서는 울릉도로 들어가는 최단 경로의 여객선이 출항하니 이래저래 자전거 여행자의 마음을 설레게 하는 모험이 시작된다.

코스 정보

영양읍내에서 벗어나 918번 지방도(영양창수로)를 타고 이동한다. 터미널을 기점으로 약 8㎞에서 무창삼거리와 만나게 된다. 영덕 방면으로 좌회전하면 영덕군 영해면으로 연결된다. 영양에서 동해바다로 연결되는 가장 가까운 길이다. 풍력단지로 가기 위해서는 우회전해 석보 방향으로 진입한다. 917번 지방도(화무로)를 타고 약 7㎞ 내려가다 보면 좌측에 풍력발전단지로 올라가는 좁은 길이 나온다. 이 길을 따라서 가파른 오르막을 올라가면 맹동산 능선에 조성되어 있는 풍력발전단지로 진입하게 된다. 입구에서 다시 917번 지방도와 만나기까지 약 10㎞ 거리다. 풍력발전단지를 빠져나오면 황장삼거리에서 35번 국도(경동로)와 만나 영덕읍내까지 연결된다.

연계코스

영덕-후포 종주코스 p.092

난이도

풍력단지 입구에서 낙동정맥으로 올라가는 업힐이 약 3㎞ 정도 이어진다. 중간중간 경사도가 10% 넘는 구간이 있어 이곳을 찾아온 라이더의 체력과 인내심을 필요로 한다. 낙동정맥으로 올라서도 계속해서 업다운이 반복된다. 풍력단지를 벗어나면 영덕까지 완만한 내리막 구간이 시작된다. 중간에 두세 번의 업다운은 반복된다.

주의구간

영덕에서 출발하면 918번, 917번 지방도는 차량으로 인한 스트레스가 거의 없다. 특히 917번 지방도는 거의 무인지경이다. 그러나 황장삼거리에서 34번 지방도와 만나면서 사정은 달라진다. 왕복 이차선의 좁은 도로지만, 차량 통행량 때문에 신경이 쓰인다. 자전거 주행에 주의가 필요하다.

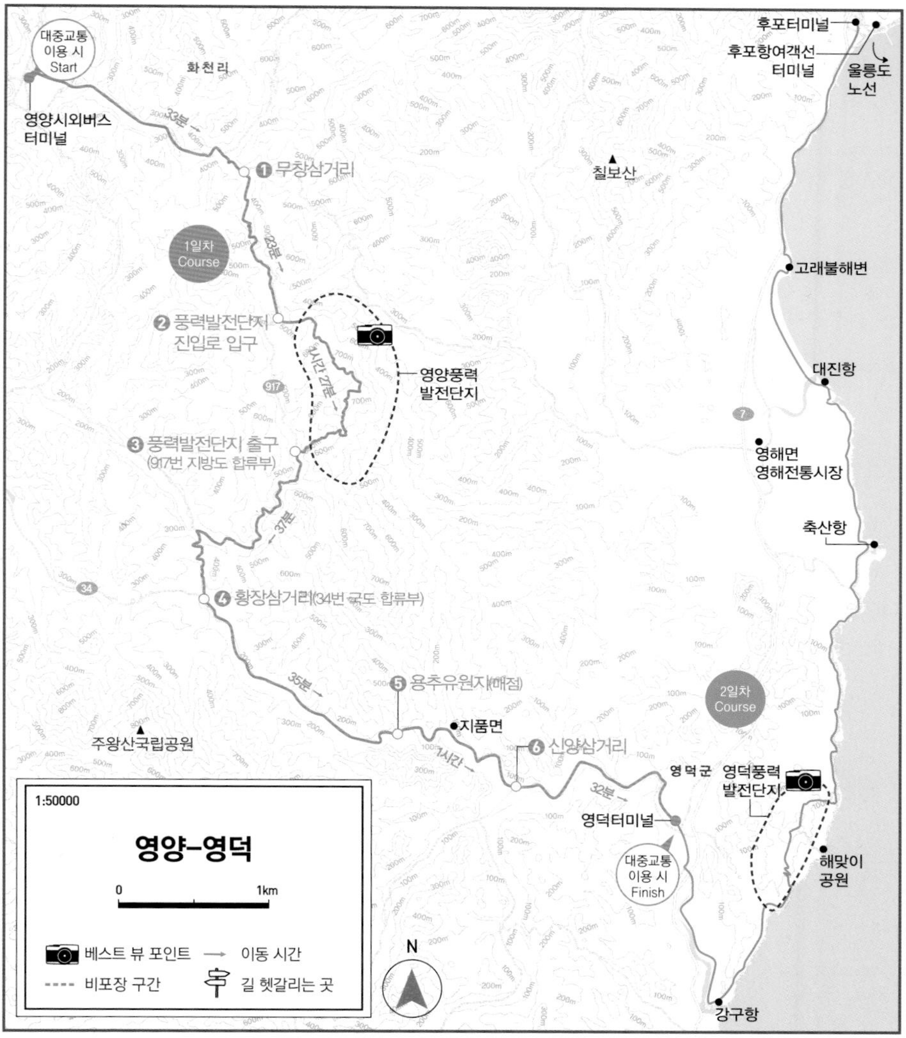

대중교통 이용 시 Start
영양시외버스 터미널
화천리
33분
① 무창삼거리
1일차 Course
23분
② 풍력발전단지 진입로 입구
1시간 27분
영양풍력 발전단지
917
③ 풍력발전단지 출구 (917번 지방도 합류부)
37분
34
④ 황장삼거리(34번 국도 합류부)
35분
⑤ 용추유원지(매점)
주왕산국립공원
지품면
1시간
⑥ 신양삼거리
32분
칠보산
후포터미널
후포항여객선 터미널
울릉도 노선
고래불해변
대진항
7
영해면 영해전통시장
축산항
2일차 Course
영덕군
영덕풍력 발전단지
영덕터미널
대중교통 이용 시 Finish
해맞이 공원
강구항
1:50000
영양-영덕
0
1km
베스트 뷰 포인트
이동 시간
비포장 구간
길 헷갈리는 곳
N

고도표

800m
600m
400m
200m
0m
5.0km
10.0km
15.0km
20.0km
25.0km
30.0km
35.0km
40.0km
45.0km
50.0km
55.0km
60.0km

영양 시외버스 터미널		① 무창 삼거리		② 풍력발전 단지 진입로 입구		③ 풍력단지 출구		④ 황장 삼거리		⑤ 용추 유원지 (매점)	(식사)	⑥ 신양 삼거리		영덕 터미널
	33분		23분		1시간 27분		37분		35분		1시간		32분	

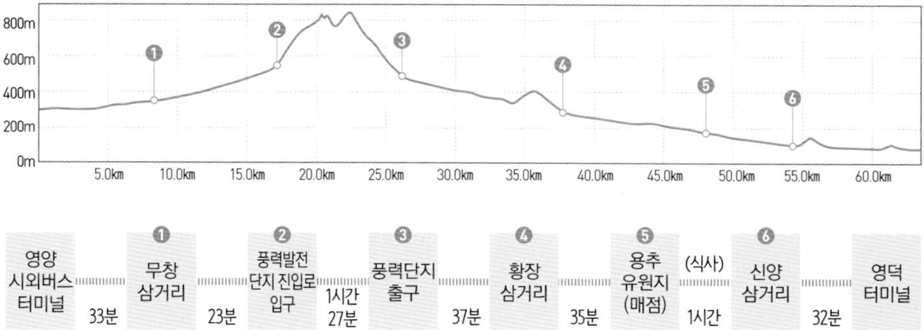

교통

IN/OUT 다름

IN 서울에서 대중교통을 이용해 영양까지 이동하는 방법은 시외버스편이 유일하다. 동서울종합터미널에서 1일 5회 직행버스가 운행되었으나 2020년 8월 현재 2회로 감편 운행하고 있다. 요금은 32,900원(편도)이고 4시간 30분 소요된다. 첫차는 08:20에 출발한다.

OUT 당일 서울로 되돌아온다면 영덕시외버스터미널에서 버스를 타야 한다. 동서울종합터미널행 막차가 18:40에 출발한다. 서울 센트럴시티터미널행 차편도 있지만 16:30에 막차가 먼저 떠난다. 13:00쯤에 영양에 도착해 라이딩 시간이 약 5시간 소요되니 막차 시간을 맞추려면 상당히 빠듯하게 움직여야 된다. 서울행 막차를 놓쳤다면 대구나 포항으로 이동한 후 서울행 차편으로 갈아타야 한다.

보급 및 음식

출발지인 영양읍내에서 식사와 보급을 해결하고 출발하는 것이 좋다. 이 지역에서 가장 유명한 식당은 돼지고기주물럭으로 유명한 맘포식당이다(돼지고기주물럭 13,000원). 시외버스터미널에서 멀지 않은 곳에 영양재래시장이 있다. 시장에는 이화식당, 착한식당 등 부담 없는 가격의 추어탕집들이 있다(추어탕 5,000원, 선짓국 5,000원). 코스 중간에는 지품면사무소 인근에 하나로마트와 식당이 몇 곳 모여 있어 보급과 식사를 해결할 수 있다. 유명 맛집이라고 할 만한 음식점은 보이지 않지만 한 끼 해결하기에는 부담이 없다. 인적이 드문 곳이 그렇듯이 식사 시간이 지나면 영업하지 않는 곳이 많다. 어중간한 시간에 도착했다면 맛집이 아니라 문 연 곳을 찾아야 한다.

점심을 영양에서 먹고 출발했다면 저녁 무렵 영덕에 도착하게 된다. 당일 귀경할 거라면 터미널 인근의 가까운 식당에서 끼니를 해결하겠지만 하룻밤 묵으며 라이딩을 이어간다면 이곳까지 온 이상 영덕의 대게 맛을 봐야 한다. 강구항 인근에 수많은 대게 식당들이 손님들을 유혹하지만 강구항 안쪽으로 들어가면 대게와 수산물을 파는 시장이 있다. 이곳

지품면 인근 신안기사식당의 점심상차림

에서 대게를 구입한 뒤 인근 식당에 자릿값을 내고 쪄먹는 것이 가장 실속 있다. 혼자 여행하거나 무조건 대게를 먹어야 하는 분위기가 부담된다면, 터미널 인근 영덕시장에 가보자. 저렴한 수산물은 물론이고 장터국수, 보리밥 같은 부담 없는 음식으로 식사할 수 있다.

맘포식당 054-682-2330, 경상북도 영양군 영양읍 서부리 308-3
이화식당 054-682-1243, 영양재래시장 내
착한식당 054-683-5707, 영양재래시장 내
영덕시장 054-734-0082, 경상북도 영덕군 영덕읍 남석길 38

숙박 및 즐길거리

영덕에서 1박을 한다면 강구항 인근에 모텔, 민박, 펜션 등이 해안도로를 따라 밀집해 있다. 유명 관광지인 까닭에 예산과 취향에 맞는 숙소를 고르기가 어렵지 않다. 관광호텔급의 숙소들은 주로 강구항 남쪽의 삼사해변공원 쪽에 모여 있다.

05
산길

자전거로 갈 수 있는 가장 높은 곳

함백산 종주코스

(만항재·함백산·운탄고도)

> 높은 곳에 오르려는 것은 인간의 본능. 우리나라에서 자전거로 오를 수 있는 가장 높은 곳이 바로 함백산이다. 자전거 여행자라면 한 번쯤 가봐야 하는 곳.

코스 상태 전 구간 포장(만항재-함백산 정상 구간 포장 열악) | 자전거 전용도로 없음 | 안내표지 없음

난이도 편도

코스 주행 거리 21km (중) 상승고도 986m (상)
최대 경사도 10% 이상 (상) 칼로리 1,373kcal

접근성

반포대교 —(자전거 12km)— 동서울종합터미널 —(버스 234km)— 고한사북공용버스터미널

12시간 32분
당일 코스

소요 시간

왕편(총 3시간 50분): 자전거 50분, 버스 3시간
코스 주행(편도): 자전거 3시간 42분
복편(총 5시간): 자전거 1시간, 버스 3시간 10분, 자전거 50분

1 상갈래교차로. 만항/정암사 방향으로 우회전. **2** 만항재 정상의 하늘숲공원. **3** 함백산 정상. **4** 함백산 정상에서 만항재로 내려가는 길. **5** 정암사 일주문.

해발 1,573m, 우리나라에서 다섯 번째로 높은 함백산의 정상을 오르는 코스다. 정상으로 오르려면 먼저 만항재에 들러야 한다. 이곳 역시 해발 1,330m로 만만치 않은 높이다. 포장도로를 타고 일반 자동차가 올라갈 수 있는 가장 높은 고개다. 이 책에서 소개하는 대관령의 높이가 832m이고 태기산 정상 높이가 1,303m이니, 만항재의 상대적인 높이를 가늠해볼 수 있다.

정선 고한읍과 태백시 경계에 위치한 만항재는 414번 지방도를 타고 사람과 차량이 힘겹게 넘어다니던 곳이었다. 인근에 터널이 뚫리면서 이제는 통행이 드물어진 옛길이 되어버렸다. 이제 그 빈자리를 여행자들이 채우고 있다. 만항재는 우리나라에서 가장 높은 고갯길이라는 타이틀 외에도 '천상의 화원'이라는 별칭이 있다. 매년 봄부터 시작해 8월까지 이름 모를 야생화가 가득 피어 숲속 빈자리를 빼곡히 메우며 절정을 이룬다. 가을 단풍과 겨울의 눈꽃까지 아름다운 풍경의 멋을 더하면서 사시사철 사람들을 불러모은다.

아름다운 경관도 경관이지만, 바퀴 달린 것을 모는 게 취미라면 높이 더 높이 오르고 싶은 욕망을 채우고자 사람들이 자주 찾는다. 자동차며 오토바이며 한 번씩은 만항재를 거쳐간다. 여기에 자전거도 빠질 수 없다. 옛길로 변하면서 도로의 주인이었던 자동차가 자주 보이지 않자 라이딩 하기엔 더 좋은 환경이 됐다. 한갓지게 고원지대의 청량감을 누리며 라이딩을 즐길 수 있다. 가장 높은 고개로 오르는 업힐은 만만치 않지만 주변의 서늘한 기운이 라이더의 땀을 식혀 준다. 상쾌한 바람을 맞고 나면 몸은 피곤해도 정신은 오히려 선명해진다. 정상과 가까워질수록 하늘이 열리고 웅장한 자태의 침엽수들이 천상의 정원으로 들어온 여행자를 반겨준다. 자동차는 이곳까지만 오를 수 있지만 자전거는 그렇지 않다. 함백산 정상으로 조금 더 힘을 내본다. 주변의 나무들마저 사라져 버리고, 태백산맥의 봉우리들이 내려다보이기 시작한다. 마침내 정상에 오르면 모든 것이 발밑에 놓인다. 자전거로 오를 수 있는 가장 높은 곳에 도달하며 성취감을 만끽해본다.

코스 정보

연계코스

매봉산풍력발전단지 순환코스
p.138

코스의 출발점은 고한사북공용버스터미널이다. 이름에서 알 수 있듯 터미널은 고한과 사북의 중간 지점인 부처소교차로 옆에 자리 잡고 있다. 고한읍내에서 약 1㎞ 떨어져 있는 곳이다. 터미널에서 출발하면 38번 국도와 합류하는 교차로를 타고 올라가야 한다. 고속화된 38번 국도로 진입하지만 우측 갓길에 공간이 있고 차량의 통행도 그리 많지 않다. 1㎞ 완만한 내리막을 내려오면 고한읍내로 진입하게 된다. 식사와 안전상의 이유로 38번 국도에서 벗어나 읍내길로 진입해서 이동해야 한다. 38번 국도를 계속 따라가다간 고한터널과 만나게 된다. 상갈래교차로에서 우회전해 상동/정암사 방면 414번 지방도로 진입한다. 2.5㎞ 전방에 정암사 입구를 지나간다. 이곳에서부터 만항재 정상까지는 약 5.3㎞ 거리가 된다. 만항재 정상으로 올라가기 직전 태백선수촌으로 들어가는 샛길과 만나게 되는데, 함백산 정상으로 오르기 위해서는 이 길로 진입해야 한다. 약 1㎞가량 길을 따라가면 좌측으로 전파중계소로 올라가는 진입로에 도착한다. 도로 차단기가 설치되어 있고 아스팔트 포장에서 시멘트 포장으로 바뀐다. 과거에는 등산객이나 자전거 통행이 가능했지만 2020년 8월 현재 자전거 진입을 막고 있다. 이곳에서부터 함백산 정상까지는 2㎞ 거리다. 아쉽지만 이제 업힐 라이딩은 만항재에서 마무리해야 한다.

난이도

전 구간이 오르막 코스다. 출발과 동시에 느끼지 못할 만큼 조금씩 올라가던 길은 정암사를 지나면서 경사도를 높인다. 만항재까지 5㎞ 길이의 업힐이 이어진다. 10% 내외의 경사도를 이루며 올라간다. 다시 만항재에서 함백산 정상까지 추가로 2㎞의 업힐을 올라가야 한다. 거의 해발 700m가 넘는 태백에서 라이딩을 시작하지만 상승고도는 1,000m 가까이 올라간다.

주의구간

거의 전 구간에서 일반 공도를 주행해야 한다. 특히 고한사북공용버스터미널에서 출발하면 회전교차로를 타고 올라가 고속화된 국도를 1㎞ 남짓 달려야 한다. 짧은 거리라도 초행길에는 부담스러울 수 있다. 이 구간을 피하고 싶다면, 태백에서 출발한다. 상갈래교차로를 지나면 차량 통행량이 확연히 줄어든다. 간간이 관광버스가 오르내린다. 도로 차단기에서 정상까지 일반 차량의 진입이 금지돼 한갓지게 라이딩 할 수 있지만 커브가 급하고 노면 상태가 고르지 못하다. 다운힐 시 주의가 필요하다.

교통

IN/OUT 다름

IN 동서울종합터미널에서 고한사북공용버스터미널까지 30분 간격으로 차편이 있다. 버스는 이곳을 지나 태백까지 운행된다. 요금은 28,400원(편도)이고 3시간 소요된다. 첫차는 07:20에 출발한다. 과거 청량리역-고한역 구간은 자전거 거치대가 설치된 무궁화호 열차가 운행했었다. 현재는 운행하지 않는다. 일반자전거로 이동 시 기차를 이용하는 방법은 더 이상 추천하지 않는다.
태백에서도 만항재로 오를 수 있다. 거리도 14㎞ 내외로 비슷하다. 단 고한에서 출발해야 정암사를 거쳐 414번 지방도로를 타고 만항재로 오를 수 있기 때문에 이 책에서는 고한에서 시작하는 코스를 소개한다.

OUT 태백에서 아웃한다면 함백산에서 내려와 만항재로 가지 말고 '서학로'를 따라 내려간다. 태백선수촌과 오투리조트를 지나 시내로 연결된다. 함백산 업힐 후에 운탄고도 라이딩을 이어가고 싶다면, 예미역에서 기차를 이용해서 청량리로 가는 것이 가장 편리한 방법이었다. 하지만, 현재는 자전거 거치대가 설치되어 있는 열차편이 운행하지 않는다. 코스 OUT을 위해서는 약 20km 떨어져 있는 영월까지 이동해야 한다. 영월에서는 동서울종합터미널행 차편이 19:05에, 서울 강남고속버스터미널행 차편은 17:00에 막차가 출발한다. 수원행 차편은 20:35에 막차가 운행된다.

보급 및 음식

출발지인 고한읍을 벗어나면 만항재 정상까지 마땅한 보급 장소나 음식점이 없다. 만항재 정상에는 만항재휴게소(정식 명칭은 만항재야생화쉼터)가 있어 라면, 어묵, 메밀전 등 간단한 음식을 판매한다. 고한읍에서는 윤가네한우마을과 함백산돌솥밥이 맛집으로 알려져 있지만, 모두 11:00 이후에 영업을 한다. 운탄고도 라이딩까지 염두에 두고 일찍 움직인다면, 맛집을 고를 여유 없이 아침에 문을 연 식당에 가야 한다. 라이딩을 끝나기 전에 먹는 처음이자 마지막 식사가 될 것이다. 한 끼 식사를 해결할 만큼 여유 있는 행동식과 충분한 식수를 챙겨 라이딩을 시작해야 한다. 운탄고도 라이딩 없이 태백에서 종료한다면 매봉산풍력발전단지 순환 코스 편의 태백 지역 식당 정보(p.142)를 참고한다.

만항재야생화쉼터

윤가네한우마을

033-592-2920, 강원도 정선군 고한읍 고한6길 15-7

함백산돌솥밥

033-591-5564, 강원도 정선군 고한읍 상갈래길 1

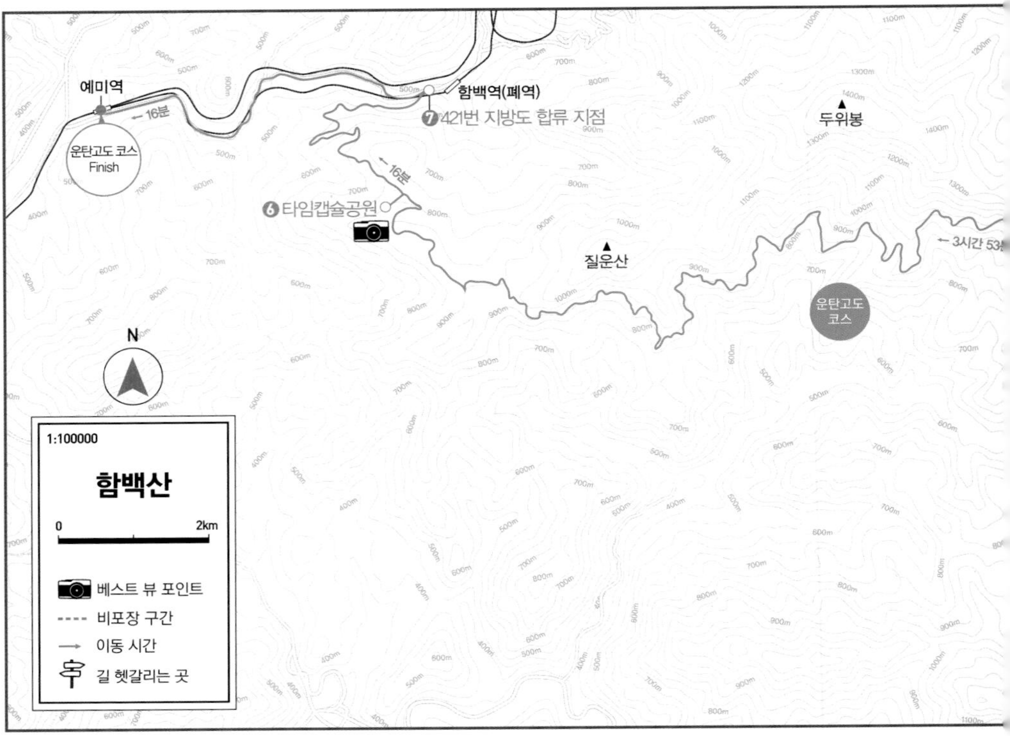

예미역
← 16분
운탄고도 코스
Finish
함백역(폐역)
⑦ 421번 지방도 합류 지점
두위봉
← 16분
⑥ 타임캡슐공원
질운산
← 3시간 53
운탄고도 코스
N
1:100000
함백산
0
2km
베스트 뷰 포인트
비포장 구간
이동 시간
길 헷갈리는 곳

고도표

①고한-함백산 정상(편도)

1,600m
1,400m
1,200m
1,000m
800m
600m
2.0km
4.0km
6.0km
8.0km
10.0km
12.0km
14.0km
16.0km
18.0km
20.0km
①
②
③
④

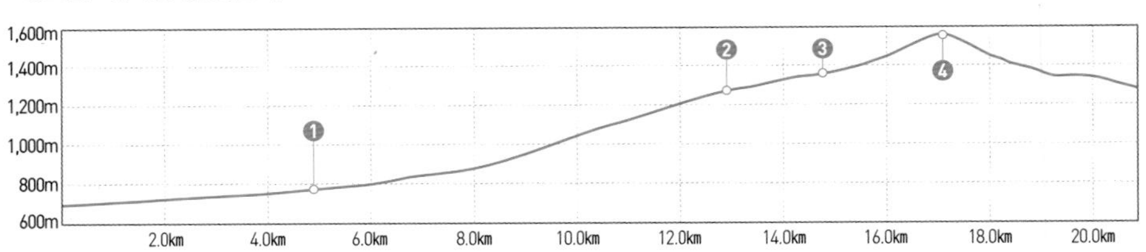

고한사북 공용터미널	식사 / 1시간 7분	① 상갈래 교차로	1시간 7분	② 만항재	24분	③ 임도차단기	43분	④ 함백산 정상	21분	만항재

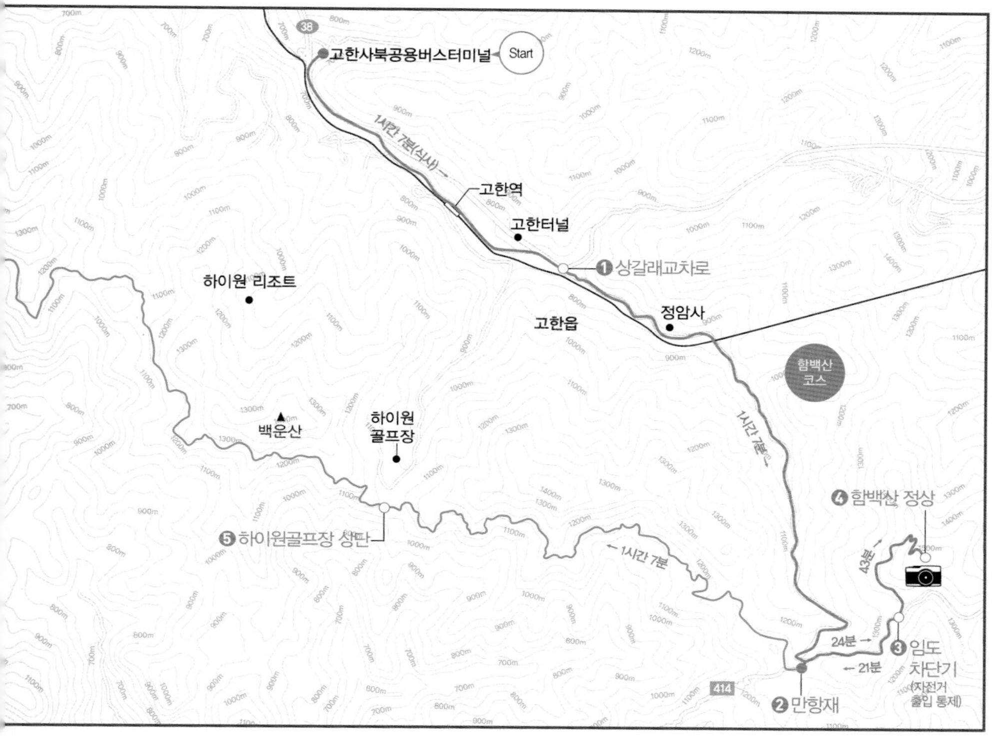

고한사북공용버스터미널 Start
1시간 7분(식사)
고한역
고한터널
❶상갈래교차로
하이원 리조트
정암사
고한읍
함백산 코스
1시간 7분
백운산
하이원 골프장
❺하이원골프장 상단
1시간 7분
❹함백산 정상
43분
24분
❸임도 차단기 (자전거 출입 통제)
21분
❷만항재

②운탄고도 코스

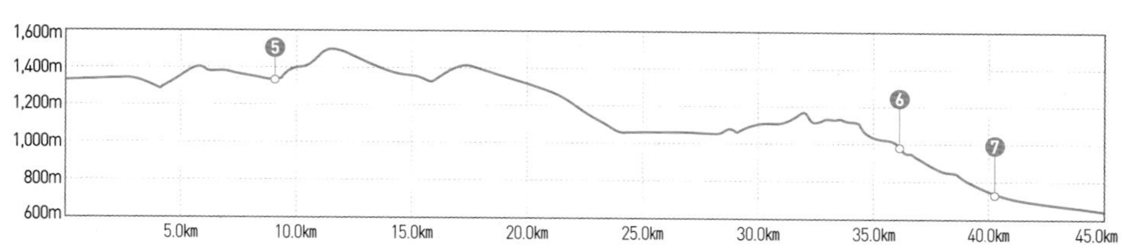

석탄을 실어 나르던 고원길

운탄고도 코스

60점

난이도

코스 주행 거리 45㎞ (중) 상승고도 725m (중)
최대 경사도 10% 이하 (중) 칼로리 1,768 ㎉

코스 상태 비포장 구간 포함 | 자전거 전용도로 없음 | 안내표지 없음

만항재 정상까지 라이딩 했다면 다음 스케줄을 선택할 수 있다. 태백시로 내려가서 복귀할 수도 있고, 라이딩을 더 이어갈 수도 있다. 아직 기운이 남았다면 만항재 정상에서 시작하는 코스를 한 곳 더 소개한다. 만항재에서 시작해 영화 〈엽기적인 그녀〉의 소나무가 있는 '타임캡슐공원'을 거쳐, 예미역까지 이어지는 종주코스다. 태백-정선 지역의 탄광지대를 지나며 석탄을 나르던 임도를 달리게 되는 길로, 일명 운탄(運炭)고도 코스로 알려져 있다. 말 그대로 석탄을 나르던 길을 달리는 코스다. 만항재에서 출발해 백운산(해발 1,426m)과 두위봉(해발 1,470m)의 산허리를 따라 무인지경의 오지로 달린다. 하늘과 맞닿은 해발 1,000m의 고원지대를 따라 업다운을 치며 내려간다. 임도는 중간중간 검은색을 띠고 있어 이곳이 석탄을 나르던 곳이었음을

상기시켜 준다. '장엄하다'라는 말이 어울리는 구간이다. 어느 정도 임도 라이딩 경험이 있는 사람이라도 이곳에선 감탄을 연발하게 된다.

코스 정보

산길 라이딩의 로망을 자극하는 멋진 코스지만 딱 한 가지 단점이 있다. 길 찾기가 쉽지 않다는 점. 대부분 임도는 외길을 따라가기 때문에 길을 찾는 데 별 어려움이 없지만 이 코스는 다르다. 임업과 탄광업으로 개설된 임도가 거미줄같이 엉켜 있기 때문이다. 목적지인 함백/예미까지 길을 알려주는 통합표지판도 없다(운탄고도의 지도와 고도표는 p.173를 참고한다).

만항재휴게소 옆길에 운탄길 표시를 따라 임도로 진입한다. 혜선사 방향으로 가다 임도 차단기가 있는 갈림길이 나오면 차단기를 넘어 진입한다. 계속 직진하면 하이원CC의 상단에 도착한다. 이후 코스를 정리하면 대략 이렇다. 만항재(화절령 방향)-하이원CC(마운틴콘도 방향)-사각정자(새비재, 꽃꺾이재, 함백역 방향)-아라리고갯길(새비재 방향)-두위봉 임도 구간-타임캡슐공원-함백역-예미역. 이 코스에서 길을 찾는 요령은 뚜렷한 길로 직진하는 것이다. 실제로 중간중간 헷갈리는 구간과 만난다. 한번 길을 잘못 들어서면 산허리에서 밑으로 완전히 내려가버리기 때문에 다시 돌아오기도 쉽지 않다. 가장 좋은 방법은 GPX 파일을 구해 속도계나 스마트폰 앱에 넣고 가는 것이다. 일단 임도에 진입하면 휴대전화도 불통이 된다. 지도 앱을 켜고 현재 위치를 맞춰볼 수 없다. GPX 파일은 '운탄고도 라이딩'이라는 키워드로 검색해보면 찾을 수 있다. 필자의 블로그(http://blog.naver.com/searider/220047008060)에 올려놓은 GPX 파일을 참고한다. GPX 파일을 다루기 어렵거나 속도계가 없다면 포털사이트의 지도를 분석, 캡처해 가는 방법도 있다. 지도 사이트에서 위성사진을 고배율로 확대해보면 임도가 보인다. 갈림길 구간의 사진을 캡처해 가면 도움이 된다.

난이도

해발 1,303m에서 시작해 241m까지 내려간다. 전반적으로 다운힐 코스지만 중간중간 업다운이 반복된다. 상승고도 725m로, 오르막도 만만치 않은 코스다.

주의구간

출발지부터 함백역까지 차량과 만날 일은 없다. 임도의 노면 상태도 양호한 편이다. 비포장과 콘크리트 포장 구간이 반복된다. 단 예미역에서 출발하는 기차의 막차 시간을 확인하고 시간 조절을 잘 해야 한다. 운탄고도의 임도는 산불 조심 기간(2.1~5.15, 11.1~12.15)에는 출입이 금지된다.

1 타임캡슐공원으로 향하는 길. **2** 검은빛이 도는 임도를 라이딩 한다. **3** 타임캡슐공원의 엽기 소나무.

지리산, 그 넓고 깊은 어머니의 품속을 달리다

지리산 순환·종주코스 (오도재·지안치·노고단)

뱀같이 휘감아 올라가는 지안치길과 오도재와 성삼재 꼭대기에서 바라보는 풍경은 오르막에서의 고통으로 증폭되어 감동으로 다가온다.

코스 상태 전 구간 포장 | 자전거 전용도로 없음 | 안내표지 없음

80점(순환)
80점(종주)

난이도

순환코스	종주코스
코스 주행 거리 38.5km (중)	코스 주행 거리 47.7km (중)
상승고도 839m (상)	상승고도 790m (중)
최대 경사도 10% 이상 (상)	최대 경사도 10% 이하 (하)
칼로리 1,831kcal	칼로리 2,155kcal

접근성

반포대교 —(자전거 4km)— 서울남부터미널 —(버스 297km)— 인월지리산터미널

13시간 39분
당일 가능

소요 시간
1박 2일 추천

왕편(총 3시간 40분)
자전거 20분
버스 3시간 20분

코스 주행(총 6시간 29분)
순환 3시간 16분
종주 3시간 13분

복편(총 3시간 30분)
버스 3시간 10분
자전거 20분

1 주의구간. 팔령재로 넘어가는 도로 중간에 분리봉이 있다. **2** 성삼재로 오르는 길. **3** 정령치로 들어가는 길 초입. **4** 오도재 정상 지리산 제1문. **5** 오도재 정상 전망대.

지리산은 우리나라 최고봉을 품고 있는 남한의 진산이다. 청명한 기운과 맑은 공기 그리고 웅장한 산세까지 산은 이곳에 도착한 라이더들을 압도한다. 둘레가 800리에 달할 만큼 큰 산이라 라이딩 경로도 다양하다. 대부분 종주코스 위주로 라이딩 하지만 이 책에서는 인월면을 출발지로 해 되돌아오는 순환코스와 성삼재를 넘어가는 종주코스 두 가지 경로를 소개한다.

먼저 순환코스는 인월면에서 시작해 지안치, 오도재를 넘어 되돌아온다. 출발과 동시에 전라도와 경상도 경계에 있는 작은 업힐을 넘어 내려간다. 신나는 다운힐도 잠시, 함양 방면에서 지리산으로 올라가는 갈림길과 만나게 된다. 이곳부터 본격적으로 지리산 라이딩이 시작된다. 드넓게 펼쳐진 평야 사이로 시원스레 달리다 보면 눈앞에 뱀이 휘감고 올라가는 듯한 오르막길과 만나게 된다. 한국의 아름다운 길 100선에 선정된 지안치 업힐이다. 크게 S자를 그리며 페달을 밟으면 어느새 정상에 올라와 있다. 다른 곳이라면 이제 다운힐이 시작될 만도 하지만 여긴 지리산이다. 오도재로 올라가는 더 가파르고 긴 오르막이 다시 시작된다. 어느 순간 정상이 손에 잡힐 듯이 보이지만 커브 길을 돌고 돌아도 거리는 생각만큼 가까워지지 않는다. 이렇게 반복하길 수차례. 어느 순간 거짓말처럼 지리산 제1관문을 통과한다. 드디어 자전거를 타고 지리산 한가운데로 들어왔다. 정상을 통과한 자전거는 내리막에서 무서울 정도로 가속이 붙는다. 올라온 만큼 정말 한참을 내려가서 마천면을 지나 출발지였던 인월면으로 되돌아간다.

인월면에서 식사하고 몸을 추스른 뒤 다시 페달을 밟는다. 이번 목표는 성삼재다. 이번에는 지리산로를 타고 만수천 계곡을 따라 올라간다. 정상까지 20㎞ 거리다. 다행히 이번에는 완만하게 오르기 시작한다. 다시 나 자신과의 긴 싸움이 시작된다.

코스 정보

> **연계코스**
>
> **섬진강 자전거길**
>
> 임실군 강진면 섬진강댐 인증센터에서 시작해 광양 배알도 수변공원 인증센터까지 연결된, 155㎞ 길이의 국토 종주 자전거길이다. 구례에서 광양까지는 52㎞ 거리다. 반대 방향으로 올라가면 순창을 거쳐 임실로 넘어가거나 담양까지 자전거길로 이동할 수 있다.

순환코스의 출발점은 인월 지리산공용버스터미널이다. 터미널에서 나와 24번 국도를 타고 함양 방면으로 이동한다. 전라북도와 경상북도의 경계인 팔령재를 넘어 내리막을 따라 달리다 보면 24번 국도와 1023번 지방도가 만나는 삼거리에 도착한다. 표지판에 '지리산 가는 길' 표시가 큼지막하게 적혀 있기 때문이다. 바로 지안치로 올라가는 업힐이 시작된다. 지안치를 넘어가면 다시 오도재 정상인 지리산 제1관문으로 연결되는 업힐이 계속 이어진다. 이곳을 넘어가면 마천면까지 다운힐이 길게 이어진다. 마천면에 도착하면 임천을 따라가는 60번 지방도를 타고 출발지였던 인월면으로 되돌아간다.

종주코스는 주로 인월면이나 경상북도 함양에서 출발한다. 인월에서 출발하면 대정삼거리까지 60번 지방도를 따라 이동한다. 이곳에서 노고단 방면 861지방도(지리산로)로 우회전한다. 도로는 달궁삼거리까지 만수천을 따라 정상을 향해 올라간다. 달궁삼거리에서 우회전하면 정령치를 넘어 남원으로 넘어가게 된다. 노고단으로 들어가는 입구인 성삼재 휴게소가 업힐 정상이다. 이곳에서 노고단까지는 약 2.5㎞를 더 가야 하지만, 자전거는 탐방로에 진입할 수 없다. 인월면에서 성삼재까지 완만하고 길게 올라왔다면 반대편 구례 쪽으로는 짧고 가파르게 내려간다. 순식간에 구례를 가로지르는 서시천변까지 도착하게 되는데, 이곳부터는 강변도로를 따라 구례읍내로 진입하면 된다.

고도표

①순환코스

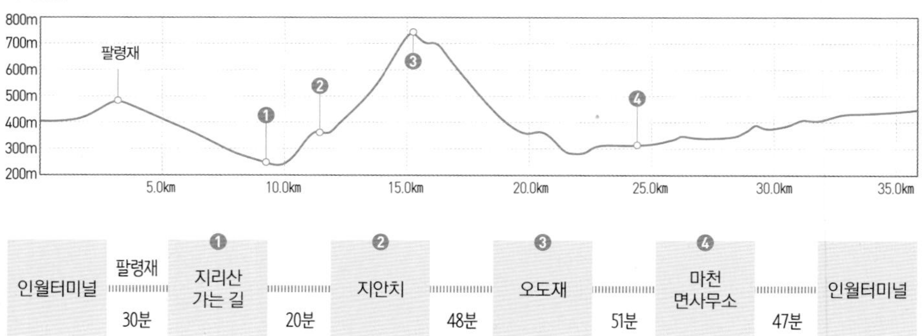

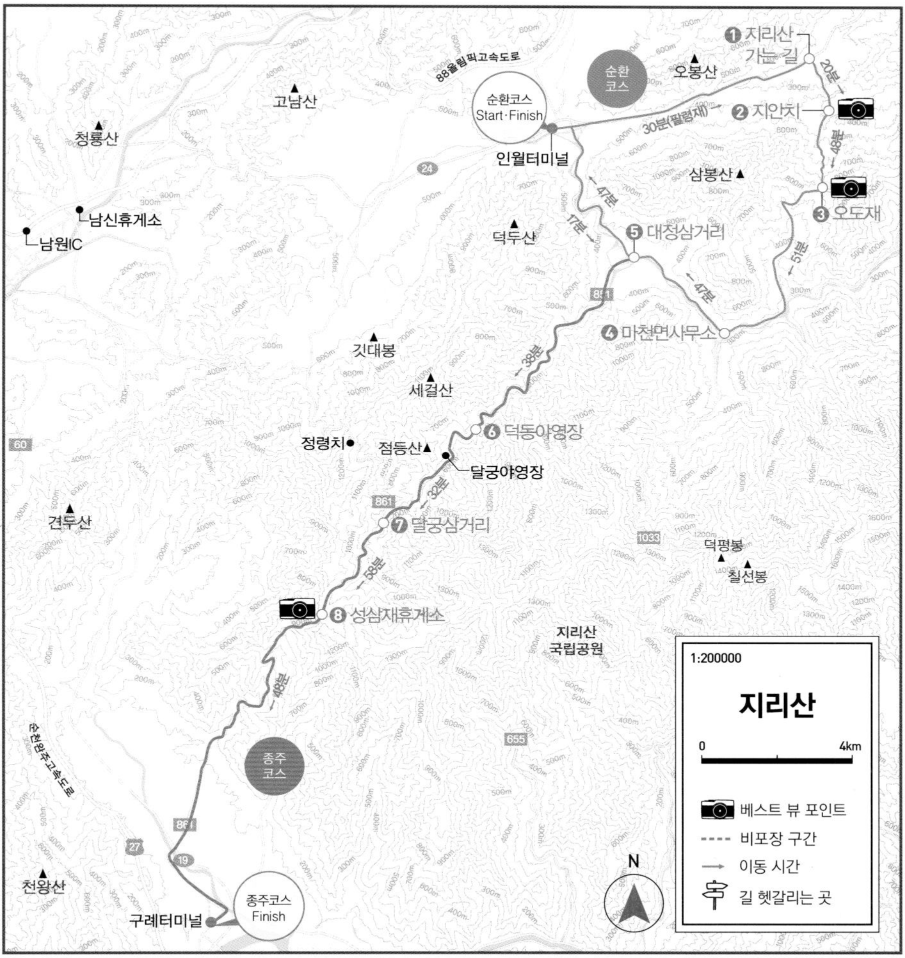

1:200000
지리산
0
4km
베스트 뷰 포인트
비포장 구간
이동 시간
길 헷갈리는 곳
N
순환코스 Start·Finish
순환 코스
종주 코스
종주코스 Finish
❶ 지리산 가는 길
❷ 지안치
❸ 오도재
❹ 마천면사무소
❺ 대정삼거리
❻ 덕동야영장
❼ 달궁삼거리
❽ 성삼재휴게소
20분
30분(팔령재)
48분
51분
47분
47분
17분
38분
32분
58분
48분
인월터미널
구례터미널
88올림픽고속도로
순천완주고속도로
고남산
청룡산
남신휴게소
남원IC
오봉산
삼봉산
덕두산
깃대봉
세걸산
정령치
점등산
달궁야영장
견두산
덕평봉
칠선봉
지리산 국립공원
천왕산
24
60
861
1033
655
27
19

②종주코스

1,000m
800m
600m
400m
200m
0m
5.0km
10.0km
15.0km
20.0km
25.0km
30.0km
35.0km
40.0km
45.0km
❺
❻
❼
❽

인월터미널		❺ 대정삼거리		❻ 덕동야영장		❼ 달궁삼거리		❽ 성삼재 휴게소		구례터미널
	17분		38분		32분		58분		48분	

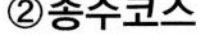

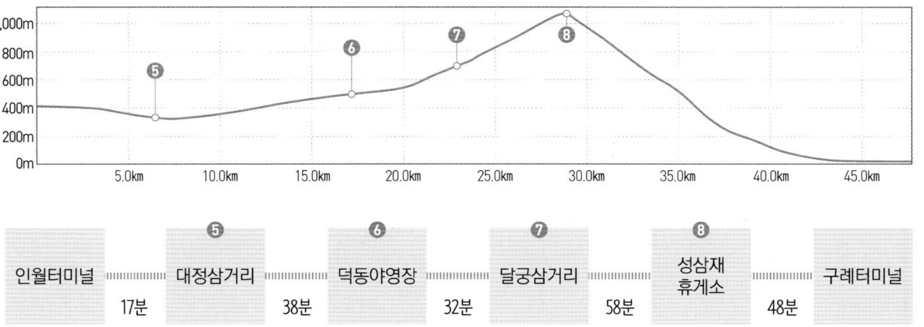

난이도

순환코스와 종주코스는 상승고도 800m 내외로 비슷하다. 순환코스의 길이가 짧아 더 쉬워 보이지만 그렇지도 않다. 경사도에서 차이가 난다. 종주코스가 완만한 경사로 길게 올라가는 반면, 순환코스는 지안치 오도재까지 가파르게 올라간다. 순간 경사도가 10%를 훌쩍 뛰어넘는 구간이 다수 존재한다. 두 코스를 하루에 모두 뛴다면 총 상승고도 1,629m를 오르게 된다.

주의구간

국도와 지방도를 이용하지만 차량 통행량이 많지 않아 부담이 없다. 단 인월면에서 24번 국도를 타고 팔령재로 넘어가는 구간은 편도 일차선인데, 중간중간 중앙선에 분리봉이 박혀 있다. 차량들의 추월이 불가한 구조다. 이런 구간은 가능한 한 빨리 통과한다. 오르막이 많은 만큼 내리막도 정말 길게 이어진다. 출발 전에 브레이크를 점검해 패드가 많이 닳았다면 미리 새것으로 교체하자.

교통

IN/OUT 다름

IN 서울남부터미널과 동서울종합터미널에서 인월 지리산공용버스터미널행 버스가 운행된다. 함양-인월-마천-백무동을 지난다. 동서울종합터미널에서 첫차는 07:00에, 막차는 24:00에 출발하며, 1일 8회 운행한다. 요금은 29,600원(편도), 3시간 20분 소요된다. 서울남부터미널에서도 차편이 있다. 매일 2회(16:50, 19:40) 운행된다. 요금은 21,700원(편도)이다.

OUT 구례시외버스터미널에서 서울남부터미널로 운행되는 차편이 있다. 19:45에 막차가 출발한다. 요금은 20,200원(편도)이고, 3시간 10분 소요된다. 막차 시간에 맞추기 빡빡하다면, 정령치를 넘어 남원에서 아웃하는 루트를 선택할 수도 있다. 남원고속버스터미널에서는 서울 센트럴시티터미널행 차편이 22:20까지 운행된다. 요금은 27,700원(심야우등, 편도), 3시간 소요된다.

보급 및 음식

인월의 추천식당으로는 인월보리밥이 있다. 보리밥 뷔페로 운영하는 식당이다. 6,000원이면 다양한 야채를 곁들인 푸짐한 양푼비빔밥을 마음껏 먹을 수 있다. 인월전통시장에는 순대국밥으로 유명한 시장식당이 있다. 흑돼지순대국밥(8,000원)이 이곳 대표 메뉴다. 선지가 들어간 피순대도 맛볼 수 있다. 순환코스로 다닌다면, 오도재를 넘어 마천면으로 진입하게 된다. 이곳은 지리산흑돼지구이가 유명하다. 그중에서도 월산식육식당을 추천한다. 흑돼지삼겹살(1인 12,000원)은 특히 부드러운 지방 부위의 식감이 일품이다. 돼지국밥(7,000원)도 있다.

인월보리밥

055-962-5025, 전라북도 남원시 인월면 인월장터로 22-1 상가

시장식당

033-636-2353, 전라북도 남원시 인월면 인월로 59-1

월산식육식당

055-962-5025, 경상남도 함양군 마천면 가흥리 609-2

인월보리밥의 양푼비빔밥

바람과 함께 하늘억새길을 달리다

간월재 순환코스 (영남알프스·태화강·작천정)

가을 억새가 필 무렵이면
가장 먼저 떠오르는 코스.
고원에 펼쳐진 시원한 억새평원과 정상의
탁 트인 전망이 가깝지도 않은 이곳으로
매년 발걸음을 이끈다.

코스 상태 비포장 구간 포함 | 일부 자전거 전용도로 | 일부 안내표지 있음

80점

난이도

코스 주행 거리 38.5㎞ (중) 상승고도 965m (상)
최대 경사도 10% 이상 (상) 칼로리 1,794kcal

접근성

반포대교 — 자전거 4km — 서울남부터미널 — 버스 297km — 언양시외버스터미널

14시간 4분
당일 가능

소요 시간
1박 2일 추천

왕편(총 4시간 50분)	코스 주행	복편(총 5시간)
자전거 20분 버스 4시간 30분	자전거 4시간 14분	버스 4시간 40분 자전거 20분

1 간월재 정상에서 등억온천단지로 내려가는 길. **2** 태화강변 벚꽃길. **3** 작괘천. **4** 배내고개로 올라가는 급경사 구간. **5** 억새가 만발한 가을의 간월재.

해발 1,000m가 넘는 고산준령들이 우뚝 서 있는 영남알프스, 그곳 간월산과 신불산 사이에 간월재가 있다. 사람과 함께 바람도 잠시 머물러가는 곳이다. 산정에는 비현실적으로 넓은 평야가 펼쳐져 있다. 거센 바람 탓에 나무 한 그루 자라지 못한 민둥머리 같은 이곳을 억새가 대신 채우고 있다. 바람이 불면 억새는 황금빛 파도를 일으키며 장관을 이룬다. 해 질 무렵이면 파도는 더욱 빛이 난다. 정상에서의 조망은 거침이 없다. 뒤로는 첩첩산중으로 둘러싸여 있지만, 앞으로는 가리는 것 하나 없이 탁 트여 있다. 언양 일대가 발밑으로 내려다보인다. 내려가는 길로 나서면 마치 아래로 다이빙 하는 느낌이다.

이 코스는 산과 바람, 그리고 억새가 어우러진 간월재를 넘어가는 코스다. 험준한 산세와 달리 정상까지 연결되는 임도가 잘 닦여 있다. 영남알프스의 하늘억새길을 따라 라이딩을 즐길 수 있다. 이 멋진 경관을 즐기려면 먼저 정상으로 올라서야 한다.

코스는 언양에서 시작된다. 간월재로 올라가는 방법은 세 가지가 있다. 신불산자연휴양림에서 올라가는 코스, 등억온천단지에서 올라가는 코스, 그리고 배내고개에서 올라가는 코스다. 앞의 두 가지 방법은 너무 가파르게 올라간다. 마지막 방법이 그나마 가장 완만하게 재를 향해 오르는 길이다.

성미 급한 라이더들은 멀리 돌아가는 길을 거부하고 등억온천단지부터 간월재와 정면 승부를 벌인다. 아래에서 정면으로 바라보는 간월재의 위압감은 압도적이다. 깎아지른 듯한 절벽이 눈앞에 서 있다. 보이는 것만큼 오르는 길도 만만치 않다. 오르막을 오를 때 구불구불 휘어진 도로를 보며 헤어핀 같다 하고, 구절양장 같다는 표현도 쓴다. 이곳에서는 모두 틀린 이야기다. 길은 정확히 갈 지(之) 자를 그리며 지그재그로 올라간다. 임도를 타는 느낌이 아니라 큰 계단을 오르는 느낌이다. 급할수록 돌아가라 했던가. 배내고개 쪽으로 돌아가는 길을 선택하면 라이딩은 한결 수월해진다. 일단 오르막 내내 주변 시야가 트여 있어, 영남알프스의 장관에 취하며 페달을 밟을 수 있다. 탁 트인 길을 따라 바람은 밀고 나는 끈다.

보급 및 음식

언양읍내에서 출발하게 되면 간월재 정상의 휴게소에 도착할 때까지 보급받을 곳이 마땅치 않다. 간월재 정상 휴게소에서는 컵라면, 과자, 음료 등의 간단한 음식을 판매한다. 행동식을 챙기고 식사는 읍내에서 해결하고 출발해야 한다. 언양시외버스터미널 바로 옆에 언양시장이 있다. 2, 7일에는 오일장도 열린다. 시장 안에서 식사를 해결할 만한 곳으로는 언양옛날곰탕이 있다. 푸짐한 양의 곰탕(9,000원)이 좋다. 라이딩을 끝낸 뒤라면 이곳에서 생산되는 태화강 생막걸리 한 잔을 곁들이면 금상첨화다.

언양은 이곳 방식의 불고기로 유명하다. 방송에 소개된 기와집이 인기다. 언양불고기는 1인분에 22,000원이다. 다른 곳에서 먹던 야채와 육수 흥건한 불고기가 아니라 양념한 고기를 석쇠에 바삭하게 구워 내놓는다.

언양옛날곰탕의 소머리국밥

언양옛날곰탕
052-262-5752, 울산광역시 울주군 언양읍 장터2길 11-5
기와집 052-262-4884, 울산광역시 울주군 언양읍 헌양길 86

코스 정보

언양시장 앞 공영주차장에서 바로 태화강 자전거길과 연결된다. 자전거길을 따라 강변도로를 달리기 시작한다. 약 3㎞ 지나는 곳에서 지현교를 넘어 강 좌안으로 넘어간다. 강을 넘어가면 길천산업단지로 진입하게 된다. 강변의 자전거길을 따라 계속 올라간다. 산업단지의 끄트머리에서 대로는 폭이 줄어들고 좁은 길(소야정로)과 만나게 되는데, 이 길로 진입한다. 바닥의 자전거도로 표시를 따라가면 소야정교를 건너 회전교차로와 만나게 된다. 이곳에서 배내골/석남사 방향 69번 지방도로 진입한다. 이후에는 외길이다. 배내골 정상의 짧은 터널을 지나 약 1.5㎞ 다운힐을 내려가면 좌측에 주차장이 보인다. 작은 도로안내 표시도 있는데, '신불산로'다.

임도 차단기를 넘어가면 이곳부터 간월재 정상까지는 시멘트 포장길과 비포장도로가 반복되는 산길로 진입하게 된다. 일반 차량은 진입 불가한 구간이다. 구불구불한 산길을 타고 가면 간월재 정상과 만난다. 간월재를 오르는 방법엔 두 가지가 있다. 짧고 급하게 오르는 것과 길고 완만하게 오르는 것. 전자의 경우 코스를 시계 방향으로 돌면 된다. 초반에 약 10㎞의 급경사 구간을 넘어가게 된다. 체력적 부담이 크지만 대신 20㎞에 달하는 내리막길이 보상으로 주어진다. 후자의 경우에는 시계 반대 방향으로 돈다. 길고 완만하게 20㎞를 오르게 된다. 이 책에서는 후자를 추천한다.

간월재에서 언양 방면으로 내려가는 구간은 갈 지 자 형태의 급코너 구간을 반복해서 지나가야 한다. 임도 구간을 벗어나면 작괘천 계곡을 따라서 작전청 입구 삼거리까지 내려온다. 이후 35번 국도를 타고 읍내로 진입한다. 국도를 계속 따라가지 말고 1㎞ 정도 내려오다가 횡단보도를 건너서 '중평로'를 타고 출발지로 되돌아간다.

난이도

시계 반대 방향으로 돌면 완만하게 오르게 된다. 단 배내고개 정상 부근은 경사도 10%가 넘어가는 1㎞ 길이의 급한 오르막 구간과 만난다. 한참을 올라와서 정상 가까이에서 만난 급경사라 더욱 힘들게 느껴진다. 이 구간만 통과하면 힘에 부칠 정도의 급경사 구간은 없다. 약 5㎞의 오르막 임도도 지나가는데 10% 이하의 경사도로 완만하게 오른다.

주의구간

완만하게 올라간 대신 내리막길이 급경사다. 게다가 헤어핀도 아닌 갈 지 자 형태의 급커브길이다. 휴일에는 등산객이 많아 천천히 내려와야 한다. 작천정 입구 삼거리부터 35번 국도를 타게 되는데 차량 통행이 많고 혼잡해 라이딩 시 주의를 요하는 구간이다. 도로 끝으로 붙어 주행해야 한다. 이 구간을 우회하고 싶다면 작괘천을 따라 내려오다 만나는 첫 번째 삼거리에서 좌측의 명천길천로(석남사 방향)로 빠져나가면 된다. 작은 언덕을 넘어 태화강 자전거길과 다시 만난다.

교통
IN/OUT 동일

대중교통 과거 언양시외버스터미널에서는 동서울종합터미널과 서울남부터미널로 가는 버스편이 있었다. 인근에 KTX울산역이 들어서면서 2018년 7월부터 서울로 가는 차편은 더 이상 운행하지 않는다. 버스를 이용하려면 울산에서 IN/OUT 해야 한다. 울산터미널에서 언양까지는 27㎞ 거리고 태화강 자전거길로 연결되어 있다. KTX의 경우 열차 내에 별도의 자전거 거치대가 마련되어 있지 않다. 자전거를 탑승하려면 앞뒤바퀴를 탈거하고 캐링백에 넣어서 부피를 줄여야 한다.

자가용 자가용으로 이동하려면 언양시장 맞은편에 있는 언양강변공영주차장(울산광역시 울주군 언양읍 남부리 336-1)을 이용하면 된다. 태화강에 맞닿아 있어 라이딩을 시작하기 편리하다. 주차 요금은 최초 30분에 300원이고, 추가 10분당 100원이다.

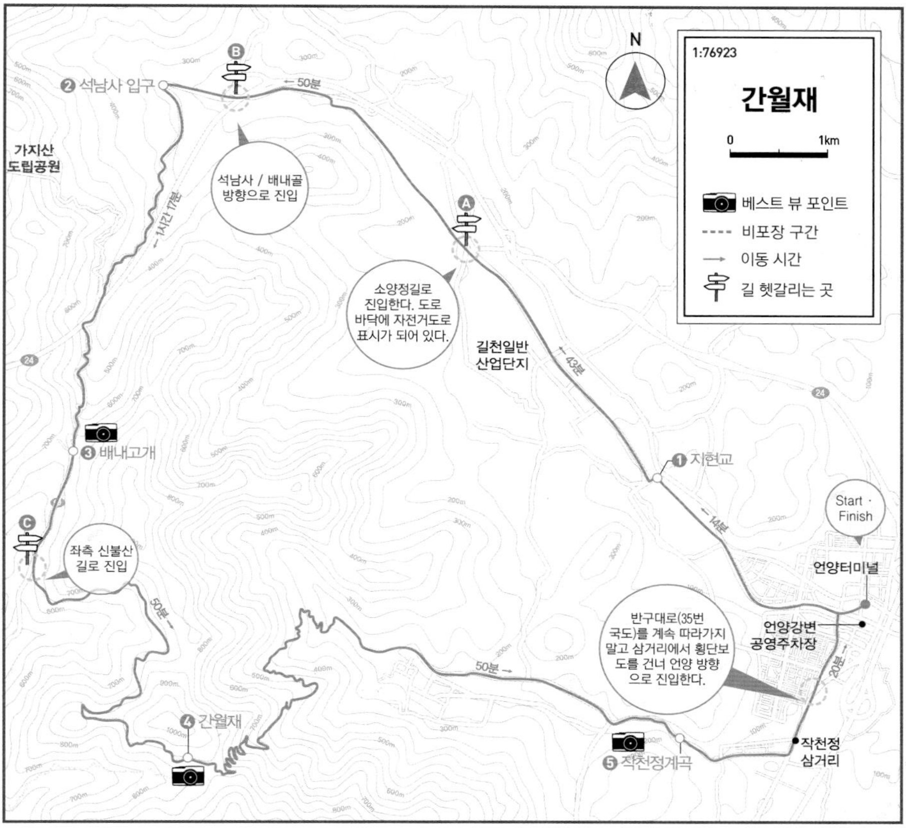

1:76923

간월재

0 1km

베스트 뷰 포인트
비포장 구간
이동 시간
길 헷갈리는 곳

N

❷ 석남사 입구

B

← 50분

석남사 / 배내골 방향으로 진입

가지산 도립공원

← 1시간 17분

A

소양정길로 진입한다. 도로 바닥에 자전거도로 표시가 되어 있다.

길천일반 산업단지

← 43분

❸ 배내고개

❶ 지현교

← 14분

Start · Finish

C

좌측 신불산 길로 진입

언양터미널

50분 →

언양강변 공영주차장

반구대로(35번 국도)를 계속 따라가지 말고 삼거리에서 횡단보도를 건너 언양 방향으로 진입한다.

50분 →

20분 →

❹ 간월재

❺ 작천정계곡

작천정 삼거리

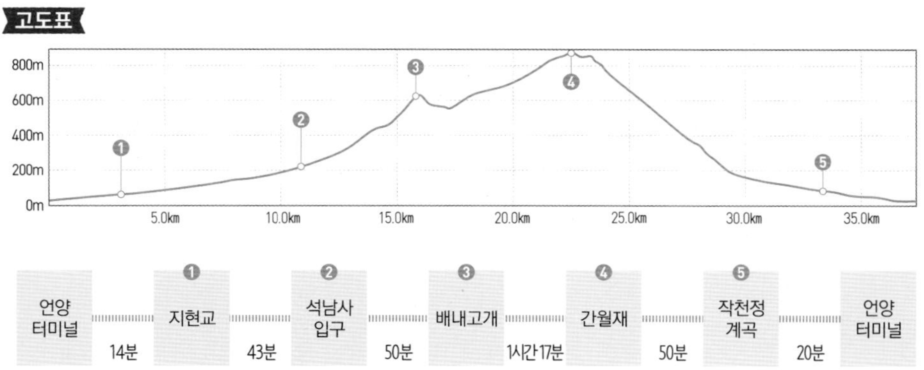

억새와 바다가 어우러진 서해 최고봉에 오르다

오서산 순환코스 (광천·내원사·오서정)

서해에 홀로 우뚝 솟은
오서산 정상을 오르는 코스.
가을 억새와 낙조, 그리고 정상의
탁 트인 조망이 아름답다.

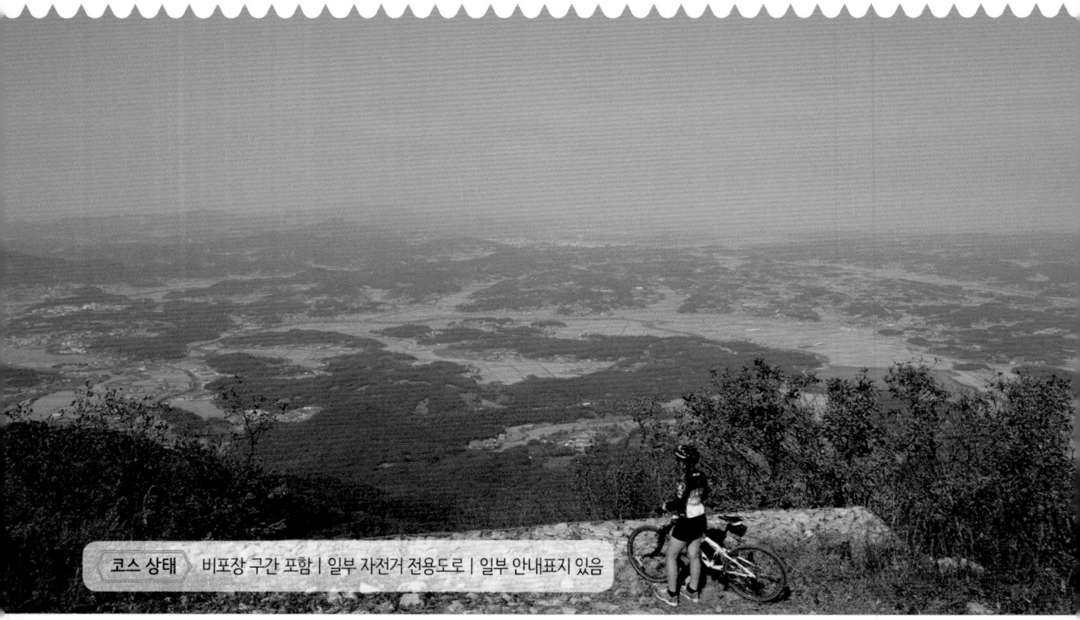

코스 상태 비포장 구간 포함 | 일부 자전거 전용도로 | 일부 안내표지 있음

70점 난이도
코스 주행 거리 24km (중) 상승고도 836m (중)
최대 경사도 10% 이상 (상) 칼로리 1,379kcal

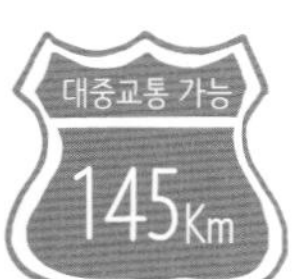

대중교통 가능 145Km 접근성
반포대교 —자전거 4km— 서울남부터미널 —버스 141km— 광천시외버스터미널

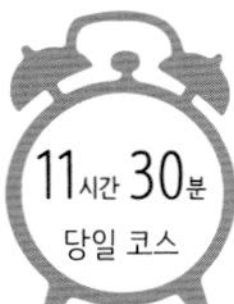

11시간 30분 당일 코스 소요 시간
왕편(총 3시간 45분): 자전거 20분, 버스 2시간 25분
코스 주행: 자전거 4시간
복편(총 3시간 45분): 버스 2시간 25분, 자전거 20분

1 오서산으로 올라가는 임도 초입. **2** 가을 억새 가득한 오서산 전망대 데크길. **3** 오서산 전망대. **4** 오서산으로 진입하는 오서교 삼거리, 우회전한다. **5** 길 헷갈리는 곳 A. 우측 오서길로 진입한다.

오서산은 서해안에서 자전거를 타고 오를 수 있는 가장 높은 산이다. 정상 높이는 해발 790m 남짓 된다. 다른 산들과 무리를 이루는 산맥에 속해 있지 않고, 화산같이 홀로 우뚝 솟아 있다. 해안가의 아담한 산을 기대하고 왔다가 그 웅장한 산세에 적잖이 놀라게 된다. 홀로 높게 서서 서해의 바닷바람을 너무 맞은 탓일까? 정상에는 나무 대신 억새밭이 장관을 이루고, 매년 가을엔 억새축제가 열린다.

홀로 솟아 있어 정상 조망에 막힘이 없다. 한쪽으로는 내포평야가 끝없이 펼쳐지고, 다른 한쪽으로는 서해 바다가 내려다보인다. 가을이 되면 주변은 온통 황금색으로 물든다. 누렇게 익은 내포평야의 전답과 정상에 핀 억새 물결, 그리고 붉게 물들어가는 서해의 낙조가 어우러지며 이곳에서만 볼 수 있는 풍경을 만들어 낸다. 찰나의 순간이기에 아쉬운 그림이다.

정상으로 오르는 길은 자연스럽다. 간월재처럼 갈 지 자를 그리며 뛰어 오르는 것이 아니라 산허리를 타고 천천히 감아 올라간다. 한 발 한 발 숲길을 따라 올라가던 임도는 정상을 눈앞에 두고 한 번 난관에 부딪힌다. 길은 가팔라지고 바닥에는 어른 주먹만 한 돌멩이들이 굴러다닌다. 넘어질까 두려워 지레 겁을 먹고 자전거를 끄는 시간이 더 많아진다. 중간중간 내려다보이는 주변 평야의 모습에 발걸음을 멈추기도 하지만 타다 끌다를 반복하며 마지막 힘을 내본다.

정상에 도착하면 힘겹게 끌고온 자전거를 잠시 세워둔다. 발걸음은 자연스럽게 등산객을 따라서 전망대로 향한다. 가을 억새밭 위에 떠 있는 전망대에 울긋불긋한 옷을 입은 여행자들의 모습이 마치 만산홍엽의 단풍같이 산과 어우러진다. 전망대의 난간에 기대어 서해를 바라보며 잠시 감흥에 젖어본다. 시원한 바닷바람이 이곳까지 올라오면서 흘린 땀방울을 식혀준다. 날이 저물어가지만 주변의 지세가 편안하고 첩첩산중의 고립감이 없어 조바심이 생기지는 않는다. 짠 음식을 좋아하진 않지만 씁쌀한 광천막걸리에 젓갈을 반찬 삼아 허기진 배를 채워볼 요량으로 시장을 향해 내려가기 시작한다.

코스 정보

라이딩은 광천시외버스터미널에서 시작한다. 광천로를 따라가다가 삼거리를 만나면 우회전해 광천교를 건너간다. 광천교를 건너면 좌회전한다. 오서산으로 가는 방향을 알려주는 표지판이 곳곳에 있어 따라가면 된다. 오서길을 따라가다 가정교를 건너기 직전 오서산 방향으로 우회전한다. 좌측 보행자 통로에 자전거길이 설치되어 있다. 중담주차장을 지나 상담주차장까지 올라간다. 이곳에서 주차장으로 들어가지 말고 직진해서 오르막길로 접어들면 된다. 이 지점부터 비포장 구간이 시작된다. 중간중간 콘크리트 포장도로도 만난다. 임도의 상태는 전반적으로 양호한 편이다. 구불구불한 임도를 따라 약 5㎞를 올라가다 보면 우측으로 임도 차단기와 만나게 된다. 이곳으로 진입해야 오서산 정상으로 올라갈 수 있다. 이곳에서 정상까지는 1.5㎞ 거리다. 자전거로 오를 수 있는 정상에서 전망대까지는 수백m를 도보로 이동해야 한다.
정상을 찍었으면 다시 차단기로 되돌아 내려와야 한다. 내원사 쪽으로 방향을 잡는다. 돌아오는 코스는 난이도를 조절할 수 있다. 중간에 빠져 광성리 주차장 쪽으로 내려오면 24㎞ 길이로 짧게 돌게 된다. 이 책에서 소개하는 코스다. 중간에 빠져 나오지 말고 신풍리까지 내려가면 약 34㎞ 길이로 길게 돌게 된다. 선택은 라이더의 자유다. 임도를 빠져나오면 장곡길과 가정길을 타고 출발지로 되돌아오게 된다.

난이도

시계 반대 방향으로 돌면 정상까지 완만하게 오르게 된다. 임도의 상태도 양호하고 전반적으로 무난하게 올라가지만 중간중간 경사도 10% 이상의 급경사 구간도 지나게 된다. 특히 임도 차단기에서 정상까지 1.5㎞ 구간은 난코스다. 경사도 가파를 뿐만 아니라 임도의 상태도 좋지 않다. 주먹만 한 돌멩이들이 굴러다녀서 라이딩을 이어가기가 만만치 않다.

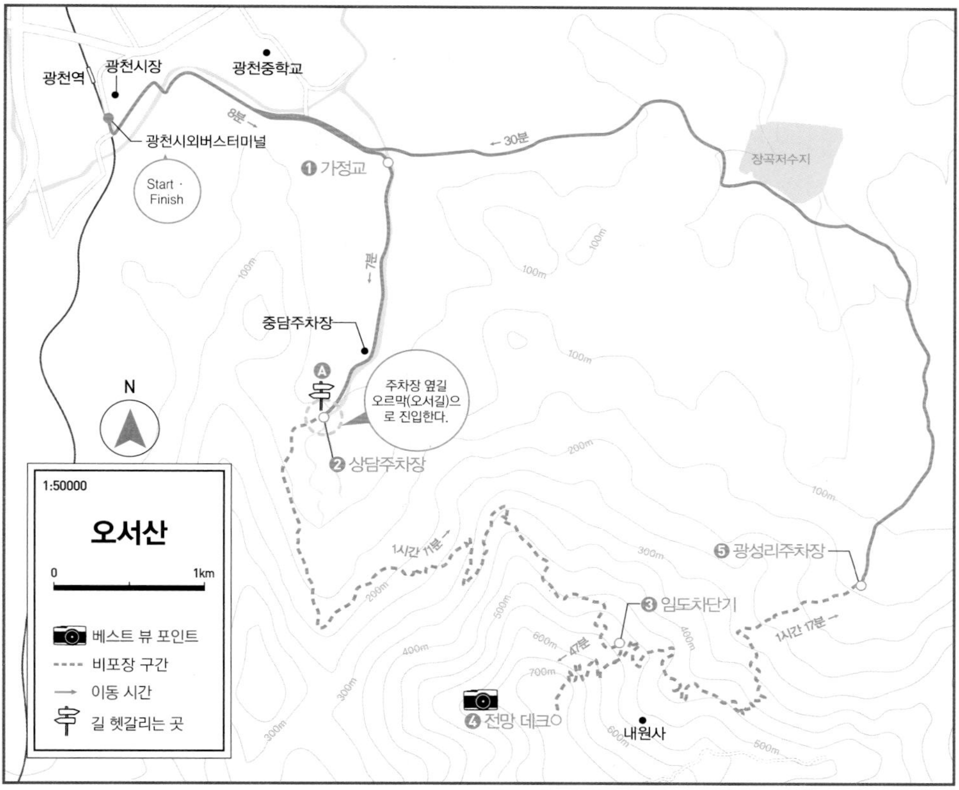

광천역
광천시장
광천중학교
8분
광천시외버스터미널
Start · Finish
① 가정교
← 30분
장곡저수지
7분
중담주차장
A
주차장 옆길 오르막(오서길)으로 진입한다.
N
② 상담주차장
1:50000
오서산
0
1km
베스트 뷰 포인트
비포장 구간
이동 시간
길 헷갈리는 곳
1시간 11분 →
⑤ 광성리주차장
③ 임도차단기
1시간 17분 →
47분
④ 전망 데크
내원사
100m
200m
300m
400m
500m
600m
700m

고도표

800m
600m
400m
200m
0m
2.0km
4.0km
6.0km
8.0km
10.0km
12.0km
14.0km
16.0km
18.0km
20.0km
22.0km
24.0km
①
②
③
④
⑤

광천 시외버스 터미널 — 8분 — ① 가정교 — 7분 — ② 상담 주차장 — 1시간 11분 — ③ 임도 차단기 — 47분 — ④ 전망 데크 — 1시간 17분 — ⑤ 광성리 주차장 — 30분 — 광천 시외버스 터미널

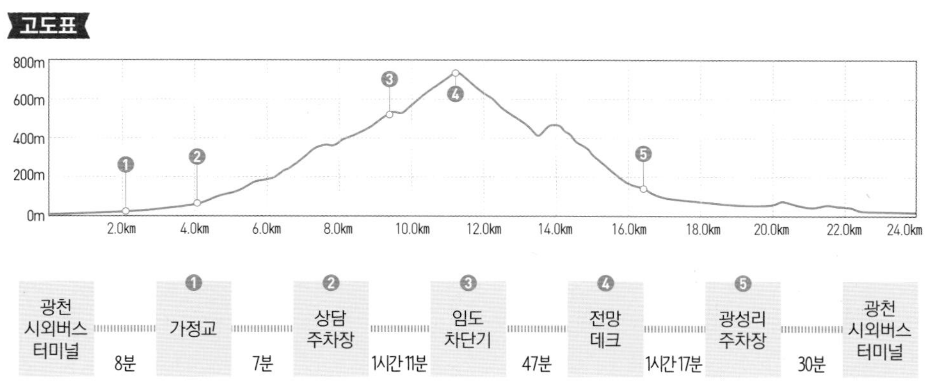

주의구간

광천읍내에서 오서산 입구까지는 공도를 주행해야 한다. 거리도 짧고 차량 통행량도 많지 않아 부담스러운 구간은 아니다. 단 억새축제 기간에는 이곳을 출입하는 차량으로 번잡스러워진다. 정상으로 올라가는 임도는 일반 등산객과 같이 사용하는 길이다. 특히 다운힐 시에는 속도를 줄이고 보행자와의 충돌에 주의해야 한다.

교통

IN/OUT 동일

대중교통 동서울종합터미널에서 광천시외버스터미널까지 1일 5회, 서울남부터미널에서는 1일 3회 차편이 운행됐었다. 2020년 8월 현재 코로나로 인해서 동서울-광천 노선은 버스 운행이 일시 중지되었고 서울남부터미널에서만 1일 2회(10:35, 18:40) 차편이 있다. 2시간 35분 소요되고 요금은 11,700원(편도)이다. 노선 운행이 유동적인 상황이기 때문에 떠나기 전 운행 시간을 확인하고 출발하는 것이 좋겠다. 용산역에서 광천역까지는 수시로 열차편이 운행되고 있지만 자전거 거치대가 설치된 열차편은 없다. 이 경우 자전거의 탑승 여부는 현장 상황에 따라서 유동적일 수 있다.

자가용 광천시외버스터미널과 광천시장 인근 주차장을 이용하거나, 오서산 진입로 인근 오서산 상담주차장(충청남도 홍성군 광천읍 오서길 351번 길8-10)에 주차하고 라이딩을 시작하면 된다.

보급 및 음식

광천읍내를 벗어나면 되돌아올 때까지 보급받을 곳이 없다. 20㎞의 짧은 거리지만 임도를 타는 코스이기 때문에 생각보다 라이딩 시간이 오래 걸린다. 미리 읍내에서 식사를 해결하고 식수와 행동식을 챙겨 출발한다. 광천은 젓갈로 유명한 고장이다. 광천시외버스터미널 바로 옆에는 젓갈을 취급하는 광천시장이 있다. 광천 오일장은 4, 9일에 열린다. 시장에는 젓갈을 이용한 젓갈정식을 내놓는 식당이 많다. 그중 한일식당을 추천한다. 젓갈백반(8,000원)에는 밥도둑 젓갈이 종류별로 한 상 가득 나온다. 지자체 지정 착한 가격 모범업소다. 광천시외버스터미널에는 착한 갈비탕으로 유명한 유진식당이 있다. 갈비탕(10,000원)은 한정판매로, 12:00 이전에 준비된 수량이 모두 판매된다. 갈비탕이 떨어졌다면 설렁탕(8,000원)도 괜찮다. 용문각은 이 지역 유명 중국집이다. 푸짐한 야채와 해물이 가득한 짬뽕(5,000원)이 이 집 대표 메뉴다.

한일식당

041-641-2421, 충청남도 홍성군 광천읍 광천리 244-6

유진식당

041-641-2305, 충청남도 홍성군 광천읍 광천리 391-11

용문각

041-641-4213, 충청남도 홍성군 광천읍 광천리 114-1

유진식당의 설렁탕

한일식당의 젓갈정식

산길 따라 라이딩

06
숲길

피톤치드 가득한 편백나무숲을 달리다

장성 축령산 순환코스 (치유의 숲·금곡영화마을)

국내 최대 편백나무 조림지를 달리는 코스. 피톤치드를 마시며 라이딩 하는 특별한 경험을 할 수 있다. 잠시 평상에 누워 단잠을 청하고 싶은 곳.

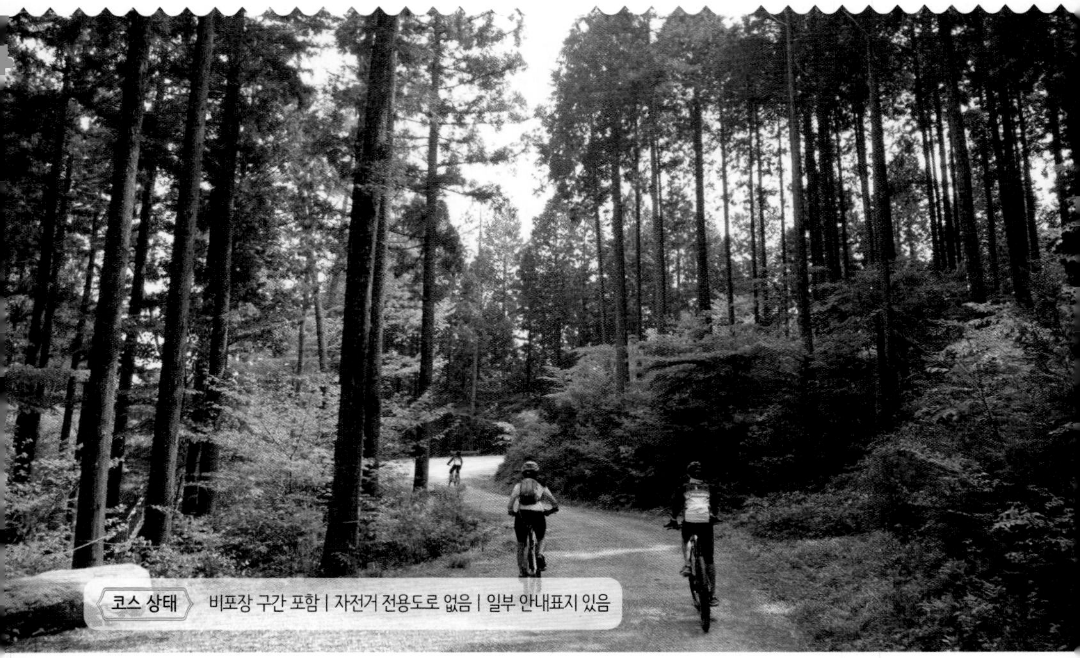

코스 상태 비포장 구간 포함 | 자전거 전용도로 없음 | 일부 안내표지 있음

난이도

코스 주행 거리 20㎞ (하) 상승고도 480m (중)
최대 경사도 10% 이상 (상) 칼로리 949㎉

접근성

자가용 268㎞
반포대교 (강남고속버스터미널) → 금곡영화마을 주차장

소요 시간
1박 2일 추천

왕편 3시간 20분 → 코스 주행 3시간 20분 → 복편 3시간 20분

1 편백나무숲에서 즐기는 산림욕. **2** 라이딩의 출발지인 금곡영화마을. **3** 축령산 능선을 오르는 숲길. **4** 축령산 임도. **5** 임도 안내 표지판.

숲의 주인공은 나무다. 산길이 모두 비슷비슷해 보여도 주변 나무에 따라 느낌이 달라진다. 여러 종류의 나무가 섞여 있는 혼효림이 가장 흔히 볼 수 있는 숲의 모습인데, 단일 수종의 나무가 빽빽하게 자리 잡은 군락지는 그 자체가 아름다운 풍경이 된다. 특별한 볼거리가 없어도 숲은 사람들을 모으고 편하게 만드는 마력이 있다.

편백나무는 기온이 온화한 곳에서 자라는 난대성 나무다. 습하고 무더운 곳에서 살기에 자신을 지키기 위한 필살기를 갖고 있다. 바로 피톤치드다. 해충을 쫓아내기 위한 자기 보호 물질로, 사람에게는 스트레스를 줄여주고 면역력을 높여주는 이로운 물질로 알려져 있다. 수많은 나무 중에서도 편백나무가 가장 많은 피톤치드를 내뿜는다. 장성 축령산은 개인 독림가(篤林家) 임종국 선생이 한평생 가꾼 국내 최대의 편백나무 조림지다. 한 사람의 집념이 얼마나 많은 후대 사람들을 행복하게 하는지 이곳에 오면 알 수 있다. 숲 중앙에 수목장으로 모신 고인의 무덤을 보면 고마운 마음에 잠시 숙연해진다.

이곳에서 자전거를 타는 것은 축복이다. 하늘을 가릴 듯 쭉 뻗은 40~50년생 편백나무숲을 라이딩 하는 기분은 이루 말할 수 없을 정도로 상쾌하다. 편백나무숲이 있는 능선까지 만만치 않은 업힐을 올라야 하지만, 라이딩을 할수록 머리는 맑아지고 몸은 가벼워진다. 가족과 함께 수많은 임도와 산길을 라이딩 했다. 가장 기분 좋았던 라이딩 코스를 꼽으라면 그들은 이곳을 단연 으뜸으로 친다. 라이딩은 금곡영화마을에서 출발한다. 과거 비디오 대여점이 떠오르는 이곳의 지명이 특이하다. 축령산 자락에 자리 잡은 마을의 모습이 아름다워서 〈태백산맥〉 등 다수의 영화가 촬영되었기 때문에 영화마을이라는 별칭이 생겼다고 한다. 마을을 출발하면 바로 업힐이 시작된다. 편백나무숲으로 가려면 경사진 임도를 따라 쉴 새 없이 구불거리는 길을 올라가야 한다. 슬슬 다리에 힘이 빠지고 지쳐갈 무렵 숲길 초입에 도착한다. 수도권에서는 구경조차 힘든 편백나무가 울창한 군락을 이루며 하늘을 찌를 듯이 도열해 있다. 사람들은 평상과 벤치에 앉거나 누워 숲이 내뿜는 좋은 기운을 받아들인다. 마치 선계에 들어온 느낌이다. 아무것도 하지 않아도 기분 좋은 곳, 빨리 지나가기 아쉬운 그런 길이다.

코스 정보

축령산은 거미줄같이 임도가 나 있다. 주변 마을에서 올라가고 내려올 수 있게 길이 나 있는데, 그중에서도 금곡영화마을에서 시작해 백련동 추암마을로 연결되는 임도를 메인 루트로 본다. 추암마을에서 오를 수도 있고 금곡영화마을에서 오를 수도 있다. 자전거로 라이딩 할 때는 금곡영화마을에서 올라가는 업힐이 조금 더 완경사다. 완경사로 올라가서 급경사로 내려오는 코스를 타려면 시계 반대 방향으로 돌아야 한다. 등산객들은 짧고 굵게 올라가는 코스로, 추암마을에서 오르는 길을 선호한다. 금곡영화마을 주차장에서 라이딩을 시작하면 바로 업힐이 시작된다. 오르막은 산의 8부 능선까지 길게 이어진다. 산의 8부 능선까지 오르면 길은 능선을 따라 완만한 평지 구간을 달리게 된다. 치유의 숲 안내센터를 지나면 백련동 주차장까지 급경사를 타고 순식간에 내려간다. 되돌아가는 길은 임도에서 벗어나 아스팔트 포장도로를 탄 뒤에 첫 번째 삼거리(추암마을 입구)에서 좌회전한다. 그 뒤에 다시 삼거리를 만나면 좌회전해 대덕교를 건너간다. 길은 '축령로'로 바뀐다. 축령로를 따라가다 북일면 성덕리 삼거리를 만나 다시 좌회전한다. 898번 지방도 신흥로를 타고 올라가다가 금곡영화마을 입구 안내표지판 방향으로 진입하면 출발지였던 금곡영화마을 주차장으로 되돌아갈 수 있다. 시계 반대 방향으로 돌기 때문에 주요 교차점에서 좌회전하면 된다.

난이도

라이딩 거리는 20㎞이며, 상승고도는 480m다. 수치상 어려워 보이지 않지만 초반 3㎞ 업힐 구간이 만만치 않다. 중간중간 경사도가 10%를 넘는 구간과 만난다. 임도 상태는 양호한 편이다.

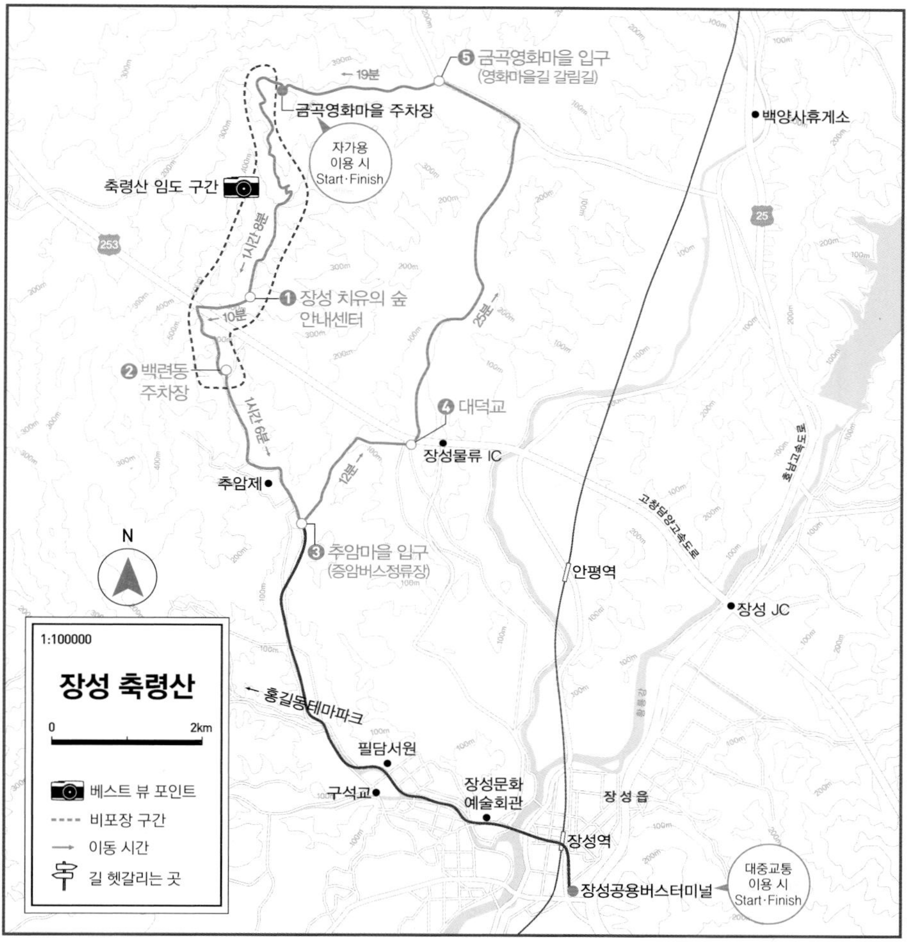

1:100000

장성 축령산

0 2km

베스트 뷰 포인트
비포장 구간
이동 시간
길 헷갈리는 곳

⑤ 금곡영화마을 입구
(영화마을길 갈림길)
← 19분
금곡영화마을 주차장
자가용 이용 시 Start·Finish
축령산 임도 구간
← 1시간 8분
① 장성 치유의 숲 안내센터
← 10분
② 백련동 주차장
1시간 6분 →
25분 →
④ 대덕교
장성물류 IC
12분 →
추암제
③ 추암마을 입구
(증암버스정류장)
N
백양사휴게소
25
253
호남고속도로
고창담양고속도로
안평역
장성 JC
← 홍길동테마파크
필담서원
구석교
장성문화 예술회관
장 성 읍
장성역
장성공용버스터미널
대중교통 이용 시 Start·Finish

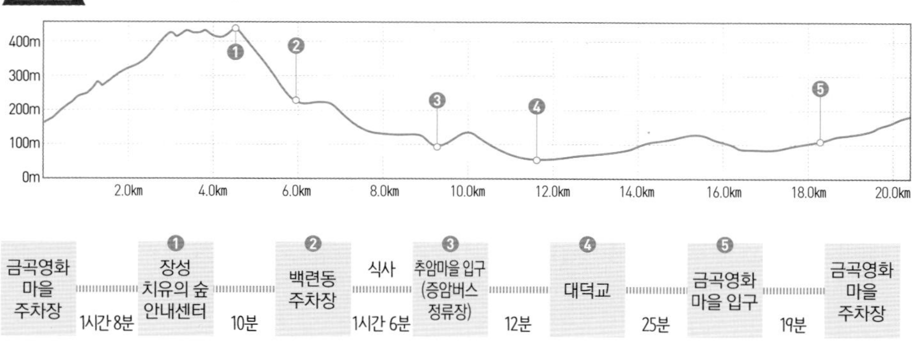

주의구간

임도와 지방도, 그리고 농로를 주행한다. 코스 중 자전거 전용도로는 없지만 차량으로 인한 스트레스는 거의 없는 편. 치유의 숲 안내센터에서 추암마을로 내려오는 다운힐의 경사가 급하다. 너무 속력을 내지 않는 것이 좋겠다. 메인 임도를 제외하고 싱글길에서는 자전거 통행이 금지된다.

교통

IN/OUT 동일

대중교통 장성 축령산과 가장 가까운 읍내는 장성이다. 서울 센트럴시티터미널에서 장성공용버스터미널(061-393-2660, 전라남도 장성군 장성읍 영천로 125)로 차편이 운행된다. 1일 5회 운행하며, 첫차는 08:35에 출발한다. 요금은 25,100원(우등, 편도)이고, 3시간 15분 소요된다. 용산역에서는 장성역행 무궁화호 열차가 운행된다. 자전거 거치대가 설치되어 있으며(열차 1401호, 1407호), 요금은 20,900원(일반, 편도), 3시간 58분 소요된다.

장성공용버스터미널에서 순환코스와 만나는 추암마을 입구까지는 약 9㎞ 거리다. 버스터미널-장성문화예술회관-필암서원-추암로를 따라 증암버스정류소(추암마을 입구)의 경로로 이동한다. 약 40분 소요된다.

장성공용버스터미널에서 서울 센트럴시티터미널로 돌아오는 차편은 1일 2회(11:30, 16:00) 운행된다. 막차를 놓쳤다면 인근 광주나 정읍, 고창으로 이동해 다시 서울행 차편을 이용해야 한다. 서울 용산역으로 올라가는 무궁화호 열차(1408호)는 1일 1회 운행하며, 자전거 거치대가 설치되어 있다(*사용 당일의 열차 시간과 예약은 코레일 홈페이지를 참고한다).

자가용 금곡영화마을을 출발지로 삼는다면, 주소지를 금곡영화마을(전라남도 장성군 북일면 문암리 500)로 잡고 출발한다. 마을 입구에 주차장이 있으며, 주차 요금은 무료다.

보급 및 음식

코스의 출발점인 금곡영화마을과 임도 코스가 끝나는 지점인 추암마을에 식당들이 있고, 임도 중간에는 식사나 보급받을 만한 곳이 전혀 없다. 백련동편백식당은 시골밥상(6,000원)을 판매하는데, 라이딩 중 간단하게 식사를 해결하기에 좋은 위치에 있다. 이 지역 별식을 맛보고 싶다면 홍길동 테마파크 쪽으로 가보자. 꿩 요리를 코스로 내놓는 산골짜기가 있다. 꿩 정식(2인분 40,000원)을 시키면 만두, 완자, 샤부샤부, 전골 등의 음식이 코스로 나온다. 담백한 맛이 일품이다.

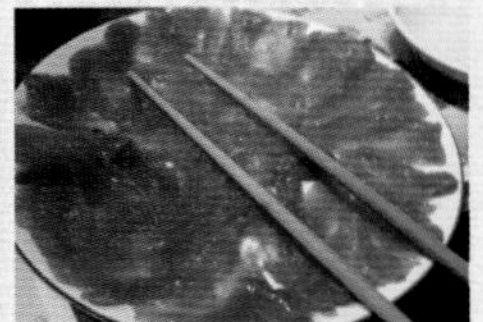
산골짜기의 꿩 샤브샤브

백련동편백식당
061-393-7077, 전라남도 장성군 서삼면 추암리 산20

산골짜기
061-393-0955, 전라남도 장성군 황룡면 홍길동로 388-10

숙박 및 즐길거리

장성축령산은 휴양림으로 알려져 있지만 산림휴양법에 의해 지정된 자연휴양림은 아니다. 숙박은 주변 민박이나 펜션을 이용해야 한다. 대신 산림청에서 운영하는 치유의 숲이 조성되어 있다. 숲 해설을 신청하면 전문 숲 치유사의 안내로 진행되는 치유의 숲 프로그램에 참여할 수 있다.

장성 축령산휴양림
061-393-1777~8, cafe.daum.net/mom-mamhealing

대중교통을 이용해서 자전거를 옮기는 방법

전철, 버스, 기차, 배를 이용해서 자전거를 이동하는 방법을 숙지하고 있으면 자전거 여행에 날개를 달수 있다. 특히 출발지와 목적지가 다른 종주여행의 경우 대중교통을 이용하는 것은 필수다.

지하철과 전철

자전거 탑승 시에는 맨 앞쪽과 뒤쪽 객차에 탑승하는 것을 원칙으로 한다. 에스컬레이터를 이용하는 것은 금지이며, 계단 옆쪽에 설치된 자전거 이동용 레일로 층간 이동을 해야 한다.

노선	자전거 휴대 탑승 가능 요일과 시간
지하철 1~8호선, 분당선, 공항철도, 의정부, 인천지하철, 경춘선, 중앙선, 경의선, 수인선	* 토요일, 일요일, 공휴일만 전일 탑승 가능 * 2018년 9월 1일부터 경의중앙선, 경춘선은 평일 탑승 불가로 변경
9호선, 신분당선, 용인경전철	* 일반자전거는 휴대 탑승 불가 * 접이식 자전거만 휴대 탑승 가능 (용인경전철은 접이식도 불가).

고속버스, 시외버스

지방을 여행할 때 현실적으로 가장 많이 이용하게 되는 이동수단이다. 대부분의 노선에서 전일 자전거를 탑승할 수 있다. 자전거는 짐칸에 스스로 실어야 한다. 한가한 노선의 경우에는 화물칸을 이용할 수 있지만 혼잡한 노선의 경우에는 일반탑승객에 대한 배려와 요령이 필요하다. 수화물 탑재가 많을 경우 자전거를 가장 안쪽으로 밀어 넣는 것이 좋으며 이때 앞바퀴는 부피를 줄이기 위해서 탈거한다.

기차

2020년 8월 현재 3개 노선, 22개 무궁화호 열차, 청춘ITX, S-Train에 자전거 거치대가 설치되어 있다. 무궁화호 열차의 경우 식당칸에 5개의 거치대가 설치되어 있으며, 기차 예매 시 좌석종류에서 자전거 거치대 사용을 선택하면 된다. 추가 비용은 없다. KTX의 경우에는 별도의 자전거 거치대가 없다. 최소 앞바퀴를 분리하고 캐링백에 넣어서 부피를 줄인 다음 객차의 수화물칸에 넣어야 하는 번거로움이 따른다.

노선명	운행구간 및 열차
중앙선	청량리역~안동역 8개 열차(제 1601,1602,1604, 1605, 1606, 1607, 1609,1610 열차)
호남선	용산역~목포역 4개 열차(제 1401, 1407, 1408, 1410 열차)
경북선	김천역~영주역 10개 열차(제 1801~1810 열차)

백제의 미소 가득한 내포 숲길을 달리다

용현계곡 순환코스
(내포문화숲길·해미읍성·개심사)

양념 반, 후라이드 반같이 오프로드 반, 온로드 반인 코스. 숲길과 도로를 번갈아 달리며 불교 문화재와 천주교 성지를 둘러보게 된다. 서산목장의 풍경은 보너스다.

코스 상태 비포장 구간 포함 | 일부 자전거 전용도로 있음 | 일부 안내표지 있음

난이도

① 용현-해미읍성 코스	② 해미읍성-용현 코스
코스 주행 거리 11km (하)	코스 주행 거리 27km (하)
상승고도 283m (중)	상승고도 389m (중)
최대 경사도 10% 이상 (상)	최대 경사도 10% 이하 (중)
칼로리 534kcal	칼로리 1,104kcal

접근성

자가용 114km

반포대교 (강남고속버스터미널) — 용현자연휴양림

9시간 16분
당일 코스

소요 시간
캠핑 추천

왕편	코스 주행(총 5시간 19분)	복편
2시간	① 2시간 16분 ② 3시간 3분	2시간

1 휴양림 삼거리. 2 황락저수지. 3 금북능선 정상의 솟대. 4 일락사. 5 해미읍성 진남문. 6 신장재 인근의 자전거길. 7 내포문화숲길 안내표지.

우연히 발견한 멋진 숲길이다. 코스가 산속에서만 맴돌지 않고 주변 관광지로 연결된다. 아무리 오프로드를 좋아해도 하루 종일 숲속 임도만 달리는 것도 지겨운 일이다. 과유불급이라 했다. 적당한 난이도의 라이딩에 주변 볼거리까지 어우러지면 한결 재미있는 자전거여행을 할 수 있다. 사실 용현자연휴양림은 캠핑을 하기 위해 찾은 곳이었다. 금요일 저녁 사방이 컴컴한 어둠을 뚫고 도착한 캠핑장은 고요했다. 자정이 가깝도록 눈부신 도시의 밤과 달리 산속의 저녁은 일찍 찾아온다. 사람들도 이곳에서는 일찍 잠이 든다. 부랴부랴 텐트를 치고 늦은 저녁을 간단히 해결한 뒤에야 용현계곡의 서늘한 밤바람을 맞으며 한숨을 돌릴 수 있었다. 다음 날 날이 밝아오자 자전거에 몸을 싣고 주변 탐험에 나섰다.

휴양림이 있는 용현계곡과 가야산 일대를 내포(內浦)라고 부른다. 바다가 육지로 깊숙하게 들어온 지역을 뜻하는데, 땅은 기름지고 생선과 소금이 풍부해 풍요로운 고장으로 알려져 있다고 한다. 주변 산세는 부드럽다. 임도는 일락산과 가야산 석문봉 사이의 능선(금북정맥)을 넘어간다. 건너편에서 첫 번째로 만나는 것은 일락사다. 내포 지역은 백제시대 불교가 융성했던 곳이다. 이것을 증명이라도 하듯 높지 않은 일락산 자락 구석구석에 사찰들이 자리 잡고 있다. 산 끝자락에서 만나는 저수지도 이곳에서 빠질 수 없는 풍경이다. 산에서 벗어나면 해미읍성에 도착한다. 프란치스코 교황이 찾았던 이곳은 대표적인 천주교 성지다. 불교는 이곳에서 뿌리 내리고 융성했지만 천주교는 박해를 받았다. 아픔의 현장이지만 주변은 평화롭고 사람들은 무심하다. 읍성을 벗어나면 잘 닦여진 아스팔트 도로를 따라간다. 길에서 보이는 풍경이 이채로운데, 생각지도 못했던 완만한 동산과 목초지가 펼쳐진다. 고원지대인 대관령 목장에 들어온 느낌이다. 600만 평에 달하는 서산목장(옛 삼화목장)의 목가적인 풍경에 취해 라이딩을 즐기다 보면 개심사로 들어가는 길과 만나게 된다. 마음을 여는 절(開心)이다. 절까지 오르는 길이 아름다워서 마음보다 눈이 먼저 열린다. 주변 초원과 신창제의 모습이 잘 어울린다. 신창제 너머에는 출사 포인트로 유명한 용비지가 자리 잡고 있다. 구경을 마치고 발걸음을 서둘러 용현계곡으로 돌아간다. 이곳에서도 빼먹지 말아야 할 볼거리가 있다. 바로 백제의 미소로 알려진 서산 마애삼존불상의 온화한 모습과 적막감에 쓸쓸함이 감도는 보현사지 옛터다.

코스 정보

자가용으로 이동해 용현자연휴양림에서 출발하는 코스를 설명한다. 휴양림에서 출발하면 바로 임도 삼거리와 만나게 되는데, 휴양관 쪽 우측 길로 들어선다(좌측 길은 옥계저수지를 지나 덕산으로 넘어가는 임도다). 용현계곡을 따라 올라가다 보면 다시 임도 삼거리와 만나는데 이곳에서는 좌측 길로 들어선다. 임도는 금북정맥의 능선을 넘어 일락사 방향으로 내려가게 된다. 일락사를 지나면 임도 구간은 끝나고 포장도로를 따라 황락저수지로 내려간다. 길은 마을로 접어든 다음 해미읍성에 도착한다. 해미읍성부터는 서해안 고속도로와 나란히 나 있는 해운로(647번 지방도)를 따라간다. 운신초등학교 직전 사거리에서 개심사 가는 길로 우회전한다. 길은 신창제를 지나서 개심사 입구까지 올라간다. 절 주차장에서는 절 입구 쪽으로 바로 올라가지 말고 좌회전한다. 이렇게 해야 자전거로 절까지 올라가갈 수 있다(직진하면 계단길과 만난다). 다시 왔던 길로 되돌아 내려와서 라이딩 하면 숙용벌 교차로와 만나고, 이곳에서 우회전한다. 고풍대교와 고풍터널을 지나 용현계곡 입구에 도착한다. 중간에 마애삼존불상과 서산보현사지터를 지나 출발지인 용현자연휴양림으로 되돌아오게 된다.

난이도

거리는 38㎞, 상승고도는 672m다. 코스의 1/3 정도는 임도를 통과한다. 휴양림에서 금북정맥을 넘어가기까지 약 4㎞ 업힐을 올라가야 한다. 임도는 완만하게 올라간다. 끌바를 할 정도의 급경사 구간은 없다. 개심사 주차장에서 개심사까지 오르는 약 1㎞ 구간도 경사가 가파른 편이다.

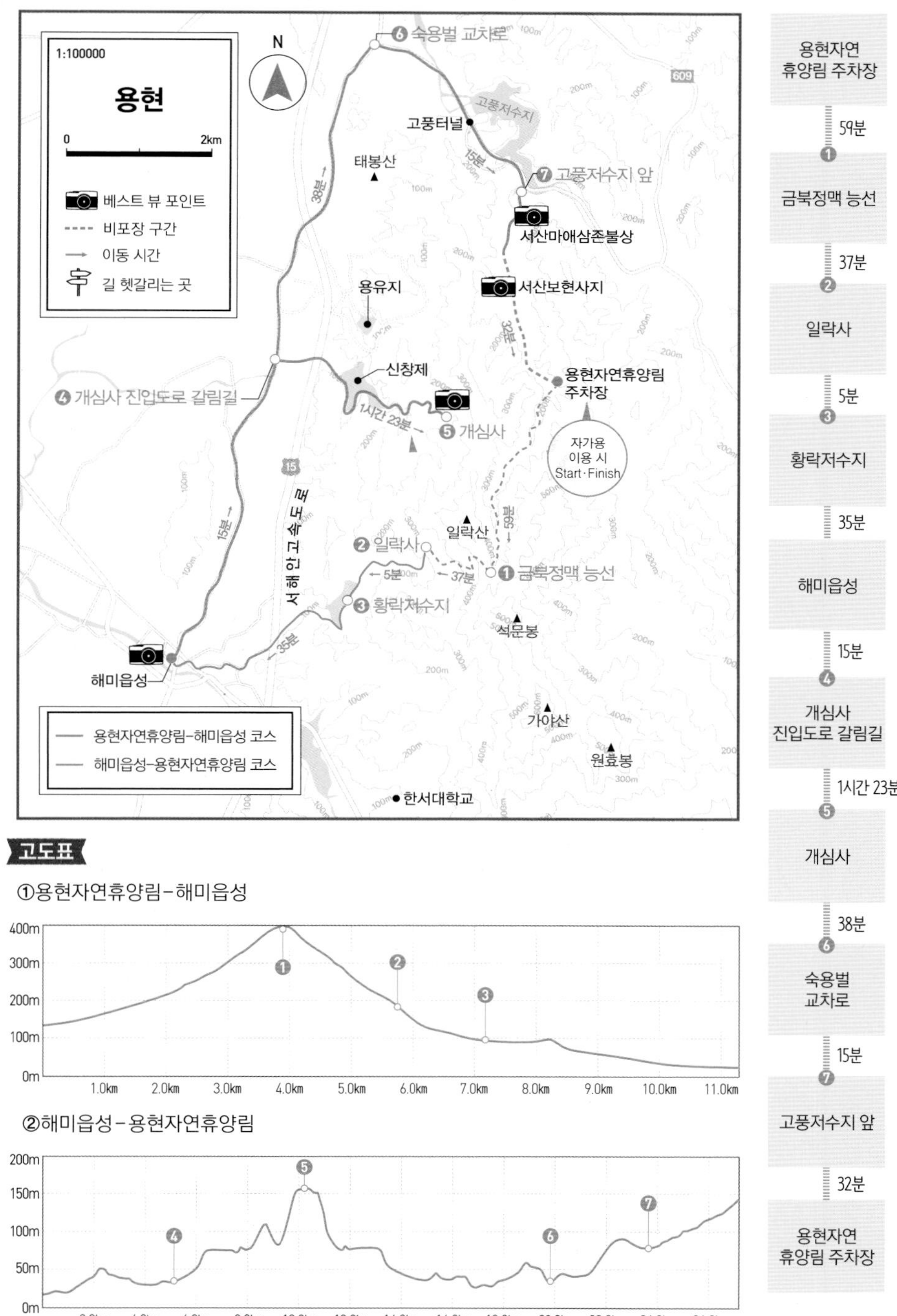
1:100000
용현
0
2km
베스트 뷰 포인트
비포장 구간
이동 시간
길 헷갈리는 곳
N
❻ 숙용벌 교차로
고풍저수지
고풍터널
15분
❼ 고풍저수지 앞
태봉산
38분
서산마애삼존불상
서산보현사지
용유지
32분
용현자연휴양림 주차장
신창제
❹ 개심사 진입도로 갈림길
1시간 23분
❺ 개심사
자가용 이용 시 Start·Finish
서해안고속도로
15분
일락산
❷ 일락사
69분
❶ 금북정맥 능선
5분
37분
❸ 황락저수지
석문봉
35분
해미읍성
가야산
원효봉
한서대학교
609
15
용현자연휴양림-해미읍성 코스
해미읍성-용현자연휴양림 코스
고도표
①용현자연휴양림-해미읍성
400m
300m
200m
100m
0m
1.0km
2.0km
3.0km
4.0km
5.0km
6.0km
7.0km
8.0km
9.0km
10.0km
11.0km
②해미읍성-용현자연휴양림
200m
150m
100m
50m
0m
2.0km
4.0km
6.0km
8.0km
10.0km
12.0km
14.0km
16.0km
18.0km
20.0km
22.0km
24.0km
26.0km
용현자연휴양림 주차장
59분
❶ 금북정맥 능선
37분
❷ 일락사
5분
❸ 황락저수지
35분
해미읍성
15분
❹ 개심사 진입도로 갈림길
1시간 23분
❺ 개심사
38분
❻ 숙용벌 교차로
15분
❼ 고풍저수지 앞
32분
용현자연휴양림 주차장

주의구간

임도와 지방도를 번갈아 가며 주행하게 된다. 자전거 전용도로는 없지만 차량으로 인한 스트레스는 거의 없는 편이다. 숙용벌 교차로를 지나면 고풍대교와 고풍터널을 지나게 된다. 초행길에는 당황스러울 수도 있다. 다행히 터널 길이가 100여m에 불과해 큰 부담 없이 통과할 수 있다.

교통
IN/OUT 동일

대중교통 해미읍성과 가장 가까운 도시는 서산시다. 서울 센트럴시티터미널에서 서산공용버스터미널로 차편이 운행된다. 요금은 12,600원(우등, 편도)이고, 1시간 50분 소요된다. 첫차는 06:00에 출발한다. 동서울종합터미널에서도 1일 4회 서산행 차편이 운행된다. 요금은 8,600원(편도)이고, 2시간 소요된다. 첫차는 07:20에 출발한다. 서울남부터미널도 동서울종합터미널과 요금, 소요시간이 동일하며, 차편은 더 자주 있다. 첫차는 06:30에 출발한다.
서산공용터미널에서 해미읍성까지 자전거로 이동해야 한다. 29번 국도를 이용하는 것이 가장 빠르지만 왕복 이차선의 고속화 국도라 추천하지 않는다. 대신 국도 옆길(덕지천로)을 따라 서산공용버스터미널-서중사거리-장동사거리-해미읍성의 경로로 이동한다. 17㎞의 거리로, 목적지까지 1시간가량 소요된다.

자가용 용현자연휴양림 안 캠핑장 맞은편에 넓은 주차장 있다(충청남도 서산시 운산면 용현리 산2-37). 휴양림 입장료는 1,000원(성인)이고, 주차료는 승용차 기준 1일 3,000원이다.

보급 및 음식

순환코스의 중간 지점인 해미읍성의 영성각은 짬뽕(7,000원)으로 유명한 중국집이다. 탕수육도 맛있다는 평이 있지만 짬뽕의 명성에 비할 바는 아니었다. 읍성뚝배기는 소머리 곰탕(10,000원)으로 알려진 집이다. 식당 안으로 들어가면 커다란 가마솥에 소머리를 통째로 끓여내고 있어 방문자들을 압도한다. 용현자연휴양림으로 들어가는 길 초입에 위치한 용현집은 어죽(7,000원)을 잘하는 집으로 평이 좋다. 마애삼존불상 입구에 위치하고 있다.

영성각의 짬뽕

영성각
041-688-2047, 충청남도 서산시 해미면 남문1로 40-1

읍성뚝배기
041-688-2101, 충청남도 서산시 해미면 남문2로 136

용현집 041-663-4090, 충청남도 서산시 운산면 용현리 5

숙박 및 즐길거리

용현자연휴양림에서 1박을 한다면 숲나들e 홈페이지(http://www.foresttrip.go.kr)에서 예약해야 한다. 예약 방법은 선착순과 추첨제 두 가지다. 추첨제는 매월 4일 09:00부터 9일 18:00 사이에 다음 달 1일부터 말일까지의 금요일, 토요일, 공휴일 중 원하는 날짜로 신청을 받는다. 신청자 중 무작위 추첨으로 객실을 배정한다. 성수기 추첨(매년 7월 15일~8월 24일)은 별도로 진행된다. 선착순 방식은 평일과 추첨에서 미달된 객실을 대상으로 진행되며, 매주 수요일 09:00부터 6주 차 월요일까지 예약할 수 있다. 휴양관, 숲속의 집, 연립동에 23개 객실이 있고, 20개 데크 규모의 야영장이 있다. 야영장은 국립자연휴양림 중 드물게 한겨울에도 운영한다. 모든 데크에서 전기 사용이 가능하고 온수 샤워장 시설도 갖춰져 있다.

아름드리 소나무가 반겨주는 계곡에 들어서다

삼막사 업힐 코스(삼성산·삼막천)

소나무는 멋들어지고 계곡물은 시원하며, 정상의 전망은 탁 트였다. 이런 멋진 곳을 서울에서 한 시간이면 찾아갈 수 있다. 한강에서 자전거길로 연결돼 접근성이 좋다.

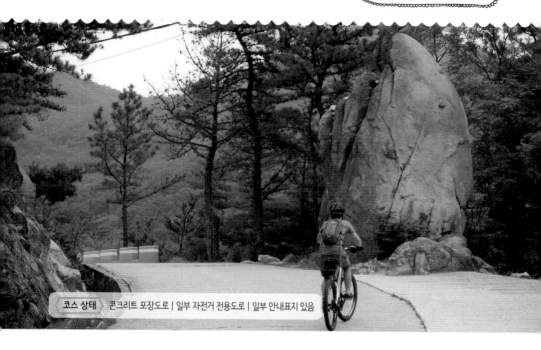

코스 상태 콘크리트 포장도로 | 일부 자전거 전용도로 | 일부 안내표지 있음

난이도

코스 주행 거리 12km (하) 상승고도 456m (중)
최대 경사도 10% 이상 (상) 칼로리 727kcal

접근성

반포대교 —자전거 4.75km— 1호선 용산역 —전철 18km(11개 역)— 1호선 관악역

반포대교 → 1호선 관악역: 자전거(편도 35km)

소요 시간

왕편(총 58분)	코스 주행	복편(총 58분)
자전거 20분, 전철 38분	자전거 1시간 30분	전철 38분, 자전거 20분

1 안양천에서 삼성천 자전거길과의 합수부, 예술공원 쪽으로 좌회전한다. **2** 만안교. **3** 삼막사사거리. 경인교대(경기캠퍼스) 방향으로 우회전한다. **4** 삼막사 업힐 주변 소나무. **5** 삼막사로 오르는 숲길 터널.

서울 근교의 흔치 않은 숲길이다. 삼성산 정상으로 올라가는 이 코스는 동호인들 사이에서 삼막사 코스 혹은 삼막사 업힐 코스로 불린다. 관악산의 서쪽 안양시내를 바라보는 자리에 삼성산이 자리 잡고 있다. 삼막사는 산의 7부 능선 언저리에 자리 잡고 있는 절 이름이다. 일반인들도 알 만큼 유명 사찰은 아니지만, 절의 내력은 결코 가볍지 않다. 신라시대에 세워진 천년 고찰이다. 돌부적, 삼존불상, 남녀근석 같은 독특한 사적들을 품고 있다.

이 코스의 가장 큰 장점 중 하나는 한강 자전거길에서 자전거 전용도로를 타고 코스와 바로 연결된다는 점이다. 이 책에서는 10㎞ 남짓한 업힐 구간을 집중적으로 설명하지만 대부분의 라이더들은 전철이나 차량 점프 없이 바로 집에서 자전거로 출발한다. 한강 자전거길과 안양천 자전거길 그리고 삼성천 자전거길을 이용하면 코스 입구까지 어렵지 않게 도착할 수 있다. 집에서 불과 반나절이면 천년 고찰이 있는 숲길로 들어올 수 있다.

삼성산은 관악산과 나란히 서울 남쪽을 지키는 산이다. 암릉 구간이 많고 소나무가 많은 모습이 서로 형제같이 닮아 있다. 코스에서 가장 눈에 띄는 나무는 단연 소나무다. 돌산에 소나무

만큼 잘 어울리는 단짝이 있을까. 서울 근교의 낮은 산 중 한 곳이지만 그 모습은 결코 흔해 보이지 않는다. 한강에서 삼막사 업힐까지 가는 길은 편안하다. 안양천 끄트머리에서 삼성천 자전거길만 잘 찾아 들어가면 될 뿐 부담스럽지 않다. 새로울 것도 없는 자전거길은 전속력으로 스쳐 지나간다. 이미 셀 수 없이 지나다녔던 길, 오늘은 확실한 목적지가 있어 페달에 더욱 힘이 들어간다. 드디어 안양천에서 빠져 나와 삼성천으로 접어든다. 좁고 구불구불한 길이 정감 있다. 중간에 범상치 않아 보이는 석교도 한 곳 지나가는데, 바로 만안교다. 정조 임금의 행차를 위해 만들어진 다리다. 잠시 도심 구간을 통과하면 삼막사계곡에 접어든다. 산으로 오르는 임도 옆으로 넓적한 바위가 평상같이 깔려 있는 근사한 계곡이 있다. 한여름 라이딩 후 땀을 식히며 물놀이를 즐기기에 안성맞춤이다. 가뭄 탓인지 수량이 풍부하진 않았다. 비가 내린 다음 날로 타이밍을 잘 맞춘다면 기가 막히겠다. 계곡 쪽은 나무 그늘로 터널이 만들어져 있다. 능선으로 오르면 시야가 트이며 안양시내 전경이 시원스럽게 들어온다. 소나무와 계곡 그리고 멋진 풍경까지 코스의 첫인상은 기대했던 것보다 훨씬 만족스럽다.

보급 및 음식

코스가 짧아서 보급에는 별 신경을 쓰지 않아도 되겠다. 정상 부근의 삼막사에서도 식수를 공급받을 수 있다. 관악역에서 삼막사로 올라가는 삼막로 주변에 음식점이 모여 있다. 삼막로에서 벗어나 안쪽 길을 따라 조금 올라가면 등산객들에게 맛집으로 알려진 삼막칡냉면집(물냉면 7,000원)이 있다. 한여름 라이딩 후 시원한 음식이 당긴다면 추천한다. 쌈도둑은 이 지역에서 인기 있는 음식점이다. 쌈 요리를 전문으로 한다. 제육볶음과 고등어구이(1인 14,000원)가 맛있다.

원조 삼막칡냉면

원조 삼막칡냉면
031-472-0842, 경기도 안양시 만안구 삼막로39번길 39
쌈도둑 031-471-7675, 경기도 안양시 만안구 삼막로 67

즐길거리

대부분 삼성산 정상을 찍고 바로 출발지로 되돌아가지만, 삼막사는 그냥 지나치기에는 아깝다. 경기문화재인 대웅전, 명부전과 삼층석탑은 물론이고 안쪽 깊숙한 곳에 모셔져 있는 마애삼존불상과 돌부적, 남녀근석과 같은 민간신앙의 흔적들도 경내에 남아 있다.

마애삼존불상

고도표

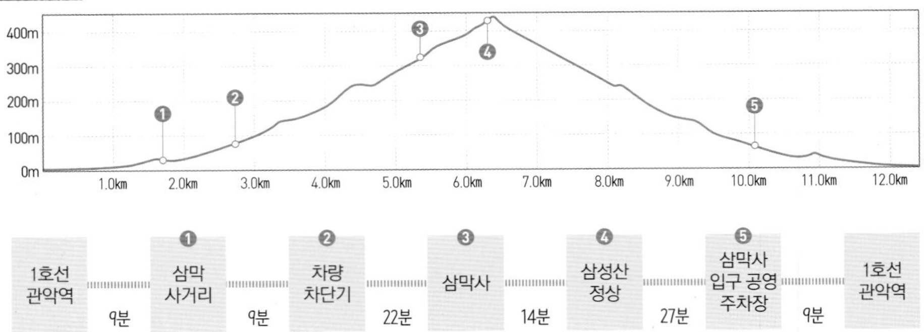

코스 정보

이 책에서는 지하철을 이용해 삼막사를 찍고 내려오는 왕복코스를 소개한다. 코스의 출발점은 1호선 관악역이다. 관악역 2번 출구 앞 큰길로 나와 삼막사거리도 이동한다. 삼거리에서는 신림동/안양교대 쪽으로 방향을 잡는다. 삼막로를 따라 삼막사거리까지 이동하게 되는데, 인도 쪽에 보행자 겸용 자전거도로가 설치되어 있다. 삼막사거리에서는 지하 차도로 진입하지 말고 우측의 경인교대(경기캠퍼스)/삼막사 방향으로 우회전한다. 이곳부터 길은 우측의 삼막천과 함께 올라간다. 경인교대(경기캠퍼스) 정문을 지나면 삼막사 입구 공영주차장을 지나 차량 차단기가 있는 곳까지 올라간다. 차량 차단기를 지나면 도로는 좁아지고 콘크리트 포장으로 노면이 바뀐다. 삼막사 업힐 구간에 진입한 것이다. 이곳에서 삼막사까지는 2.8㎞ 거리다. 삼막사를 지나 반월암, 삼성산 정상까지는 다시 1㎞를 올라가야 한다. 차단기를 통과하면 계곡과 함께 길이 나 있다. 700m 정도 올라가면 계곡에서 멀어지며 능선으로 올라가는 본격적인 업힐이 시작된다.

난이도

코스 주행 거리 12㎞에 상승고도는 456m다. 차량 차단기를 통과하면 임도이지만, 삼막사까지 오르내리는 차량을 위해 대부분의 구간이 콘크리트로 포장(울퉁불퉁 빨래판길)되어 있다. 로드 자전거로도 올라갈 수 있지만 추천하지는 않는다. 승차감도 좋지 않고 경사도 너무 가파르다. 삼막사까지 3㎞, 삼성산 정상까지 4㎞의 업힐을 올라가야 한다. 거리는 짧지만 경사도가 10%를 오르내리기 때문에 만만하게 볼 코스는 아니다. 비교적 간단한 코스로 보이지만, 지하철로 점프를 했을 때의 이야기지 자전거로 접근한다면 편도 44㎞ 거리다. 거의 두 시간을 달려온 뒤에 업힐과 만나기 때문에 더욱 어렵게 느껴진다.

주의구간

삼막삼거리에서 삼막사거리까지 일부 구간을 제외하고 대부분 자전거 전용도로를 이용하기 때문에 차량 스트레스를 받는 코스는 아니다. 다만 임도 구간은 주말이면 등산객과 절을 찾는 신도 들의 차량으로 복잡하다. 오르막에서는 상관없겠지만 다운힐 시에는 속도를 줄이고 보행자와의 충돌에 주의해야 한다.

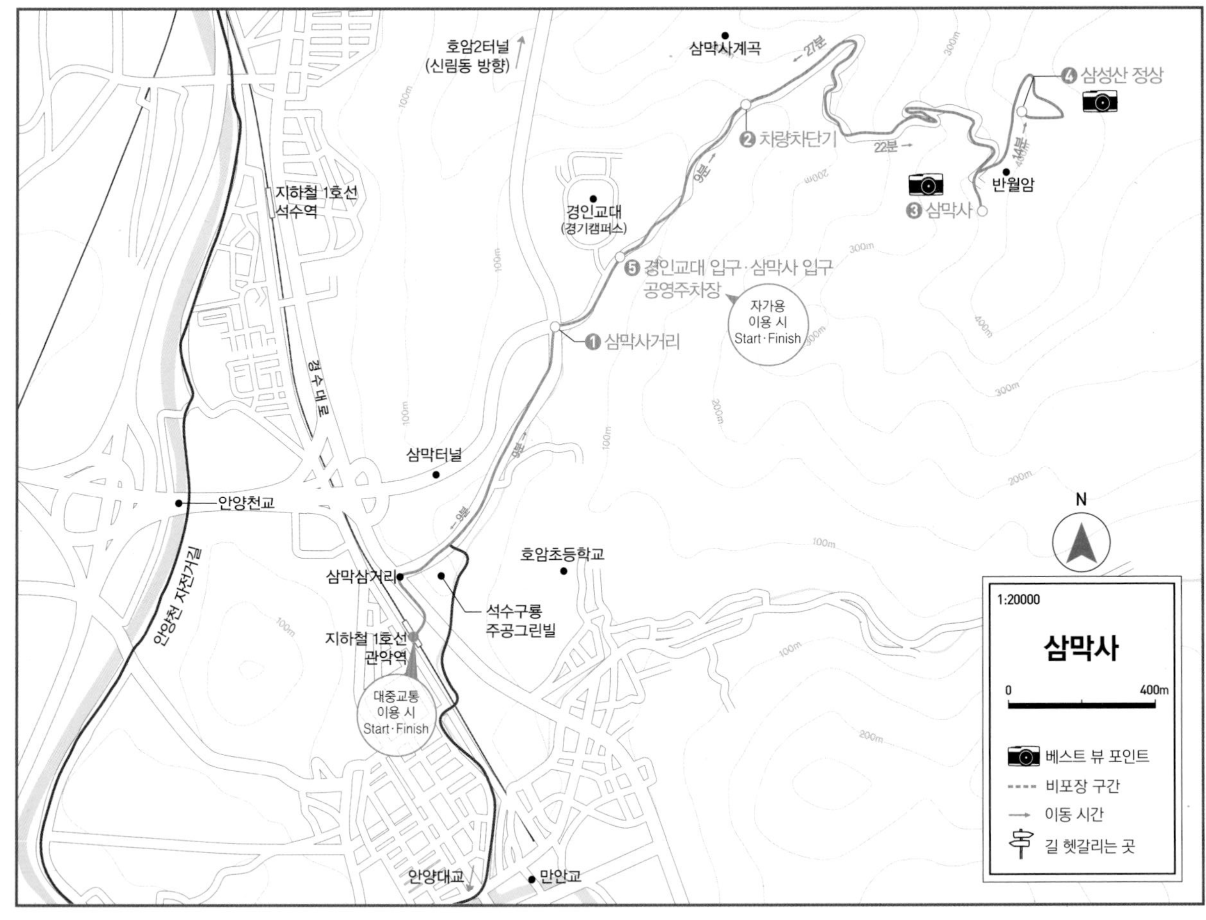
호암2터널
(신림동 방향)
삼막사계곡
27분
4 삼성산 정상
2 차량차단기
22분
14분
반월암
9분
지하철 1호선
석수역
경인교대
(경기캠퍼스)
3 삼막사
5 경인교대 입구·삼막사 입구
공영주차장
자가용
이용 시
Start·Finish
1 삼막사거리
경수대로
삼막터널
안양천교
9분
호암초등학교
삼막삼거리
석수구룡
주공그린빌
안양천 자전거길
지하철 1호선
관악역
대중교통
이용 시
Start·Finish
안양대교
만안교
N
1:20000
삼막사
0
400m
베스트 뷰 포인트
비포장 구간
이동 시간
길 헷갈리는 곳

교통

IN/OUT 동일

대중교통 코스에서 가장 가까운 역은 1호선 관악역이다. 반포대교를 기준으로 하면 자전거를 타고 용산역까지 이동해 지하철 1호선을 타야 한다. 반포대교 건너 자전거길로 한강대교까지 이동한 뒤 이곳에서 엘리베이터를 타고 한강대로로 빠져 나와 역사까지 라이딩 한다. 용산역에서 관악역까지는 11개 정거장에 38분 소요된다. 지하철 1호선은 토요일과 일요일, 그리고 법정공휴일에 한해서 자전거를 휴대하고 탑승이 가능하다. 열차의 맨 앞칸과 뒤칸에 탑승하면 된다.

자가용 삼막사 업힐을 바로 시작하려면 경인교대(경기캠퍼스) 정문에 있는 삼막사 입구 공영주차장에 차를 대고 움직이면 된다. 내비게이션에 경인교대(경기캠퍼스) 주소를 검색해 찾아가면 된다. 주차 요금은 기본 30분에 300원이고, 추가 10분당 100원씩 부가된다. 관악역에도 환승주차장(경기도 안양시 만안구 석수1동 103-1)이 있다. 토요일과 일요일, 공휴일에는 주차요금이 무료다. 평일 요금은 최초 30분에 300원, 추가 10분당 100원이다.

자전거 반포대교에서 관악역까지 편도 35㎞ 거리다. 반포대교에서 한강 자전거길을 타고 김포 방향으로 올라간다. 여의도를 지나 안양천 합수부에 도착하면 이곳에서 안양천 자전거길로 좌회전한다. 안양천 자전거길은 강 좌안과 우안 양쪽에 길이 나 있는데 합수부에서 다리를 건너지 말고 우안 쪽으로 내려온다. 출발지로부터 34㎞ 지점에서 안양대교 밑을 지나는데 좌측으로 삼성천 자전거길로 갈라지는 샛길과 만난다. 이곳에서 좌회전해서 삼성천 자전거길을 따라 올라간다. 삼성천 자전거길은 삼성초등학교 근처에서 끊어진다. 계속 직진하다가 삼막로를 따라 삼막사거리로 이동하면 된다.

자전거를 타고 코스를 아웃할 때 왔던 길로 되돌아가지 않고 안양천-학의천-인덕원역-과천-양재천 자전거길로 이어지는, 일명 하트코스를 그리며 서울로 올라가는 방법도 있다. 호암터널을 지나 관악구로 넘어갈 수도 있다. 거리상으로는 시내로 들어가는 지름길이지만 자전거도로가 없는 복잡한 도심을 통과하기 때문에 특별한 이유가 없다면 추천하지 않는다. 그래도 이쪽으로 넘어가겠다면 주의해야 할 점이 한 가지 있다. 호암터널의 우측 차선 쪽에는 인도가 없다. 반대편 좌측 차선 쪽 인도를 이용해 터널을 통과해야 한다.

삼막사 초입의 차량 차단기

삼막사 일주문

07
비경길

이끼터널을 지나 단양팔경의 비경 속으로

단양-예천 종주코스 (이끼터널·단양팔경·벌재)

만만치 않은 거리의 코스지만 주변 풍경은 한시도 지루할 틈을 주지 않는다. 주변 경관에 취해 페달을 밟다 보면 힘든 줄도 모르고 어느새 목적지에 도착하게 된다.

코스 상태 전 구간 포장 | 자전거 전용도로 없음 | 안내표지 없음

70점 **난이도**

코스 주행 거리 76㎞ (중) 상승고도 830m (상)
최대 경사도 10% 이하 (중) 칼로리 2,713kcal

접근성

반포대교 — 자전거 4㎞ — 중앙선·3호선 옥수역 — 지하철 6㎞ — 중앙선·1호선 청량리역 — 기차 167㎞ — 단양역

11시간 37분 당일 코스 **소요 시간**

왕편(총 2시간 47분)	코스 주행	복편
자전거 16분, 지하철 27분, 기차 2시간 4분	자전거 6시간 15분	버스 2시간 35분

1 길 헷갈리는 곳 A. 단양교차로 부근. **2** 진주터널. **3** 이끼터널. **4** 단양천을 따라 벌재로 올라가는 길. **5** 금강실마을 송림. **6** 예천으로 연결되는 901번 지방도.

이끼로 만들어진 터널, 그리고 그 속을 자전거로 달린다. 동화 속 이야기 같지만 단양에 가면 현실이 된다. 단양군 적성면에는 옛 철로를 도로로 바꿔놓은 길이 있다. '수양개유적로'라는 이름이 붙여졌다. 이끼터널로 가려면 진짜 터널도 통과해야 한다. 기차가 다니기 위해 언덕을 깎고 방벽을 세워둔 곳에 나무가 우거져 지붕을 이루며, 방벽을 타고 이끼가 자라 초록 터널을 만들었다. 자연이 만든 터널 속으로 자전거가 들어간다. 이끼의 초록색과 가장 잘 어울리는 이동 수단이다. 이끼터널은 아무 때나 볼 수 없다. 하절기(6~9월)에 이끼가 자란다. 이끼의 특성상 건조하고 맑은 날보다는 습하고 축축한 기운이 감도는 여름날 더욱 선명한 초록빛을 볼 수 있다.

이곳을 지나면 자전거는 적성대교를 넘어간다. 월악산국립공원을 지나는 59번 국도를 타고 단양천 상류로 올라가기 시작한다. 명색이 국도이지만 간간이 관광객을 실어 나르는 버스와 승용차만 지날 뿐 한가로이 구불구불 휘어진 계곡을 따라간다. 중간중간 단양팔경 중 3경인 하선암, 중선암, 상선암도 만나기에 눈이 호강하는 길이다. 국립공원 지역을 통과하는 도로의 느낌은 비슷하다. 어디선가 야생동물이 튀어나오더라도 놀라지 말고 그들이 지나갈 때까지 양보해야 될 것 같은 분위기다. 사람과 자동차가 이방인이 된다.

천천히 주변 경관을 즐기며 계곡을 따라 올라가던 도로는 정상인 벌재가 가까워지면서 경사도를 살짝 높인다. 해발 625m의 높이지만 20㎞가 넘는 거리를 돌고 돌아 완만하게 올라간다. 벌재터널을 통과하면 행정구역은 충북 단양에서 경북 문경으로 바뀐다. 경천호를 지나면 다시 경북 예천으로 짧은 시간 동안 3개의 서로 다른 지역을 넘어간다. 예천으로 접어들면 분위기도 바뀐다. 단양이 자연이 만든 기암괴석과 계곡의 비경이 아름답다면 예천은 사람이 만든 흔적들이 아름답다. 한적한 지방도와 황금벌판이 배경을 만들고 그 속에 고풍스러운 정자가 자리 잡았다. 초간정이다. 브레이크 잡은 손에 저절로 힘이 들어간다. 얼마 더 내려가면 금당실마을 초입에 예사롭지 않은 소나무 군락이 다시 발걸음을 잡는다. 초록 터널을 통과하고 계곡의 비경에 취해 재를 넘어온 자전거는 내리막길에서도 좀처럼 속력을 내지 못한다.

코스 정보

단양역에서 출발한다면 5번 국도를 타고 상진대교를 넘어간다. 200m가량 직진하면 오른쪽으로 '적성' 방면으로 빠지는 샛길과 만난다. 샛길은 굴다리를 지나 5번 국도와 나란히 올라가는데, 400m 정도 올라가다 보면 다시 '적성' 방면 표지판이 보인다. 이곳에서 좌회전한다. 3개의 터널을 지나면 이끼터널에 도착한다. 계속 직진하면 하진교차로에서 적성대교와 만나게 된다. 다리를 건너 계속 직진해 단성삼거리에서 36번 국도를 만나 수화교를 건넌다. 바로 앞 우화삼거리에서 좌회전하면 59번 국도를 타고 벌재 정상까지 이어진다. 벌재를 넘어 신나게 10㎞ 정도 다운힐을 하다 보면 수평삼거리와 만나게 된다. 이곳에서 직진하면 59번 국도를 따라 문경으로 이어지고, 좌회전하면 928번 지방도를 타고 예천으로 연결된다. 중간에 운암지, 금당지, 초간정을 지나 예천 시내로 들어선다.

고도표

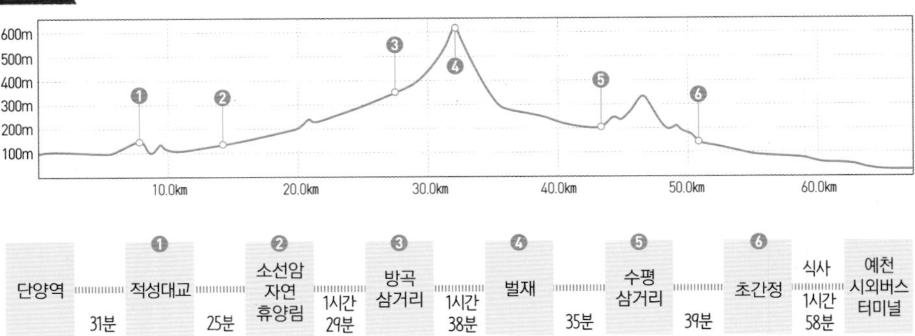

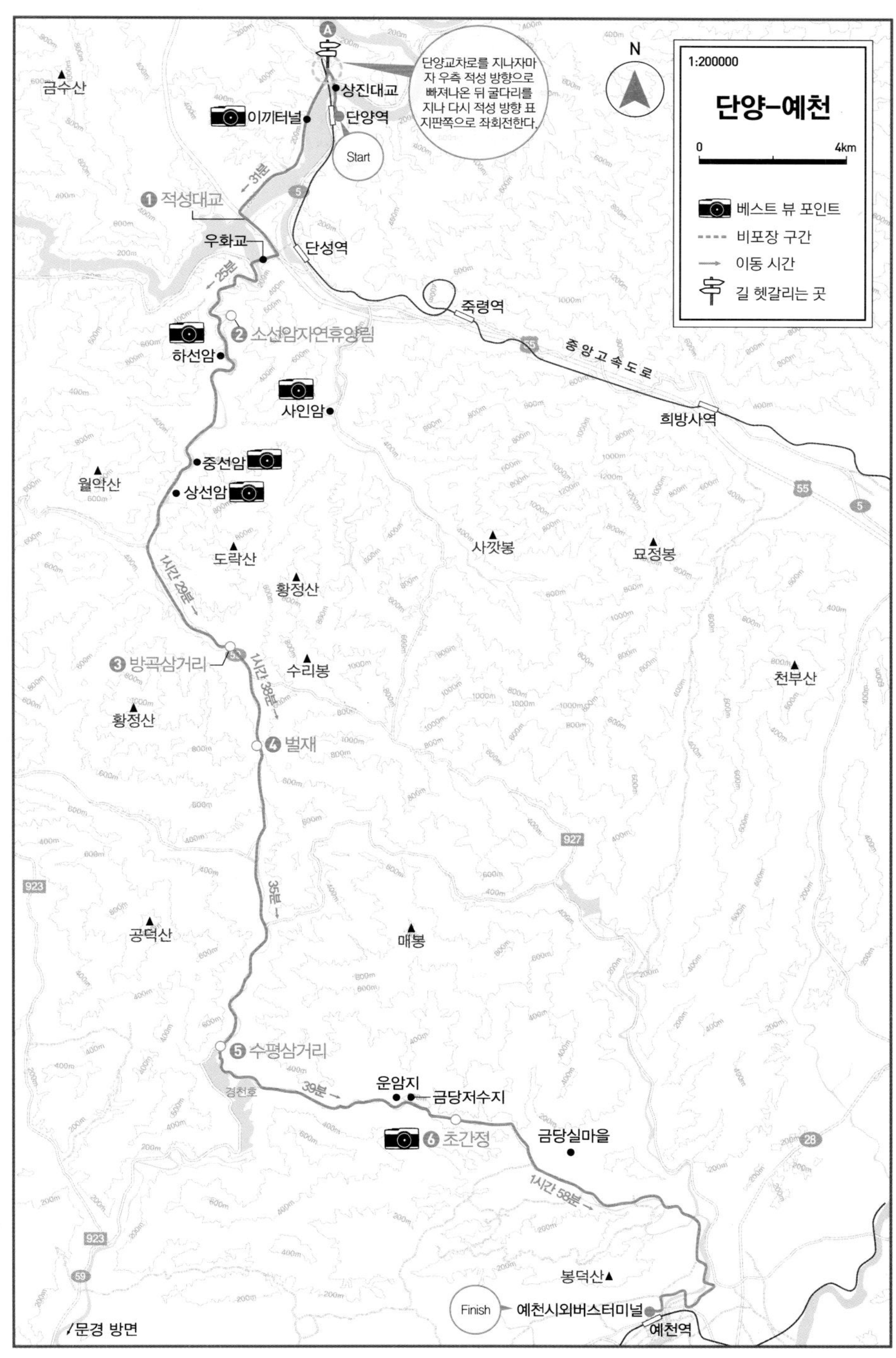
1:200000
단양-예천
0
4km
베스트 뷰 포인트
비포장 구간
이동 시간
길 헷갈리는 곳
N
단양교차로를 지나자마 자 우측 적성 방향으로 빠져나온 뒤 굴다리를 지나 다시 적성 방향 표 지판쪽으로 좌회전한다.
Start
상진대교
단양역
이끼터널
31분
❶ 적성대교
우화교
25분
단성역
죽령역
중앙고속도로
희방사역
❷ 소선암자연휴양림
하선암
사인암
중선암
상선암
금수산
월악산
도락산
황정산
사깟봉
묘정봉
1시간 29분
❸ 방곡삼거리
1시간 38분
수리봉
천부산
황정산
❹ 벌재
35분
공덕산
매봉
❺ 수평삼거리
경천호
39분
운암지
금당저수지
❻ 초간정
금당실마을
1시간 58분
봉덕산
Finish
예천시외버스터미널
예천역
문경 방면

난이도

소선암자연휴양림에서 해발 625m의 벌재 정상까지 완만한 경사가 이어진다. 약 22㎞의 거리다. 경사도는 5% 이하로 아주 완만하게 올라간다. 급경사 구간은 없다. 체력을 요구하는 구간이지, 테크닉이 필요한 구간은 아니다. 정상을 약 2㎞ 앞두고 경사가 조금 가팔라진다. 벌재를 넘어가면 예천까지 계속 다운힐이 이어진다. 금당저수지 직전에 작은 업힐을 1개 더 넘어간다.

주의구간

단양역에서 출발하면 상진대교를 건너 단양교차로로 진입하게 되는데 이때 우측에서 합류하는 차량을 조심해야 한다. 이끼터널로 가기 위해 수양개유적로를 따라 상진터널, 진주터널, 매곡터널을 통과해야 한다. 기차가 지나던 철길을 도로화한 곳이라 터널 폭이 차 한 대 지날 정도로 어둡고 비좁다. 주간이라도 전방 라이트와 후방 라이트를 점멸하고 진입한다. 진입 신호와 전방 차량 유무를 확인하고 주행해야 한다.

교통

IN/OUT 다름

IN 청량리역에서 단양역까지 자전거 거치대가 설치된 무궁화호 열차가 운행되고 있다. 요금은 10,700원(일반, 편도)이고, 2시간 4분 소요된다. 예매는 코레일 홈페이지(www.letskorail.com)에서 할 수 있다. 단양역은 단양시내에서 떨어진 곳에 위치하고 있으니 참고한다. 버스편으로는 동서울종합터미널에서 단양시외버스터미널로 운행되는 차편이 있다. 요금은 14,500원(편도)이고, 2시간 30분 소요된다. 첫차는 07:00에 출발한다.

OUT 예천시외버스터미널에서는 동서울종합터미널과 강남고속버스터미널행 차편이 운행되고 있다. 요금은 21,600원(편도)이고, 2시간 30분 소요된다. 서울 강남고속버스터미널행 막차는 17:40, 동서울종합터미널행 막차는 18:50에 출발한다.

보급 및 음식

백수식당의 육회비빔밥

단양역 주변에는 식사할 만한 곳이 없다. 단양시내로 들어갔다 나오는 것도 번거롭다. 기차를 이용할 경우 자전거 거치대가 설치된 식당칸에서 도시락을 구입해 식사하거나, 출발 전에 청량리역에서 먹거리를 준비해 기차 안에서 끼니를 해결하는 것이 좋다. 버스를 타고 이동했다면 선택의 폭은 넓어진다. 단양은 마늘요리로 유명한 곳이다. 단양구경시장에 가면 마늘순대, 마늘만두, 마늘닭강정 등 마늘을 이용한 다양한 음식들을 맛볼 수 있다. 달동네순대(순대머리국밥 7,000원), 오성통닭(통마늘야채 프라이드 17,000원), 단양마늘만두(새우마늘만두 5,000원)가 유명하다.

성원마늘약선요리도 현지에서 유명한 식당이다(마늘약선정식 1인 15,000원). 예천에 도착했다면 육회비빔밥으로 유명한 백수식당을 추천한다(육회비빔밥 12,000원). 일반적으로 사용하는 고추장 양념이 아닌 간장 양념으로 비빔밥을 비벼먹는데, 담백한 맛이 일품이다. 전국을 달리는 청포집에서는 청포묵밥 정식(10,000원)을 맛볼 수 있다.

달동네순대 043-423-0644, 단양구경시장 내
오성통닭 043-421-8400, 단양구경시장 내
단양마늘만두 043-423-0955, 단양구경시장 내
성원마늘약선요리
043-421-8777, 충청북도 단양군 단양읍 삼봉로 59
백수식당 054-652-7777, 경상북도 예천군 예천읍 충효로 284
전국을 달리는 청포집
054-655-0264, 경상북도 예천군 예천읍 맛고을길 30

자전거 금단의 땅에 들어서다

무주구천동 종주코스 (덕유산·구천동·나제통문·적상산)

국립공원 중 유일하게 자전거 탐방로를 운영하는 덕유산국립공원의 짧고 강렬한 코스. 구천동계곡의 빼어난 경관 덕분에 최고의 라이딩 코스라는 찬사가 아깝지 않다.

코스 상태

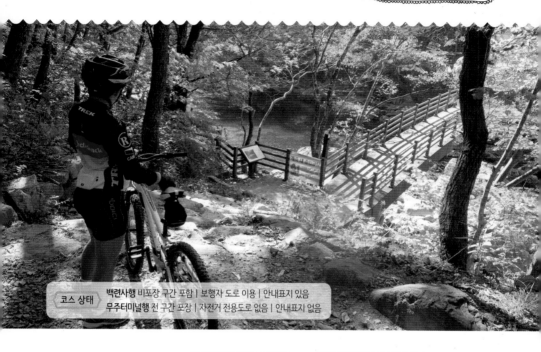

백련사행 비포장 구간 포함 | 보행자 도로 이용 | 안내표지 있음

무주터미널행 전 구간 포장 | 자전거 전용도로 없음 | 안내표지 없음

60점(백련사)
40점(무주)

난이도

① 삼공탐방소 - 백련사(왕복)	② 삼공탐방소 - 무주터미널(편도)
코스 주행 거리 12km (하)	코스 주행 거리 38km (중)
상승고도 301m (중)	상승고도 134m (하)
최대 경사도 10% 이상 (상)	최대 경사도 5% 이하 (하)
칼로리 537kcal	칼로리 1,436kcal

접근성

반포대교 —자전거 4km— 서울남부터미널 —버스 222km— 구천동정류소

소요 시간

왕편(총 3시간 40분): 자전거 20분, 버스 3시간 20분

코스 주행: ① 1시간 29분 ② 1시간 56분

복편(총 3시간): 버스 2시간 40분, 자전거 20분

1 구천동 32경 백련사 일주문. **2** 단풍으로 물든 구천동계곡. **3** 길 헷갈리는 곳. 배방교차로. **4** 구천동 14경에서 1경을 지나가는 37번 국도.

자전거 여행자들에게는 금단의 땅인 국립공원 탐방로를 라이딩 할 수 있는 거의 유일한 지역이 바로 무주다. 덕유산은 구천동계곡의 33경으로 유명한데, 15경인 월하탄부터 33경인 향적봉까지 19개의 비경이 국립공원구역 안에 있다. 그중에서도 자전거로 올라갈 수 없는 덕유산 정상의 향적봉을 제외하면 백련사까지 자전거로 둘러볼 수 있다.

경치가 좋고 비경을 간직한 산, 들, 바다는 국립공원으로 지정돼 관리 · 보호받고 있다. 그곳에도 자전거로 돌아보고 싶은 아름다운 탐방로가 많이 있지만 대부분의 국립공원 탐방로에는 자전거가 들어갈 수 없다. 자전거가 친환경적이지 못해서인지, 도보 여행자에게 피해를 준다는 인식 탓인지 알 수 없지만 이제껏 그래왔다. 그러나 덕유산국립공원만큼은 예외다.

코스는 삼공탐방소를 지나 구천동계곡을 따라 상류로 오르기 시작한다. 탐방소를 지날 때는 괜스레 눈치가 보인다. 정말 자전거가 들어가도 되는 것일까. 탐방소 옆 자전거 대여소를 보고서야 마음이 놓인다. 라이딩을 시작한 지 얼마 지나지 않아 월하탄에 도착한다. '선녀들이 달빛 아래서 춤을 추며 내려오듯, 두 줄기 폭포수가 기암을 타고 쏟아져 내려 담소를 이루는 곳'

5 국립공원 탐방로. **6** 나제통문. **7** 국립공원 탐방로의 자전거 코스 안내표지. **8** 무주구천동 15경 월하탄을 지나가는 모습.

이라는 뜻을 가진 곳이다. 말 그대로 단풍과 어우러진 계곡의 모습은 비경이라는 말이 아깝지 않다. 이것은 시작에 불과하다. 월하탄을 필두로 인월담, 사자담, 청류동, 비파담 등 구천동의 비경이 쉴 새 없이 눈앞에 펼쳐진다. 자전거를 타다 내리다를 반복해야 해서 도무지 속력을 낼 수 없다. 이렇게 계곡의 상류로 천천히 올라가면 그 끝에서 백련사를 만나게 된다. 방향을 되돌리면 출발지로 순식간에 되돌아온다. 왕복 12㎞ 길이의 짧은 코스지만, 계곡의 아름다움은 어느 곳에도 빠지지 않는다. 호사로운 라이딩이 아닐 수 없다.

이것이 끝이 아니다. 이번에는 삼공탐방소에서 구천동 제1경인 나제통문까지 라이딩을 시작한다. 국립공원 탐방로 대신 37번 국도를 타고 내려가는 코스다. 더구나 내리막길이다. 잘 포장된 아스팔트길을 따라간다. 구천동계곡을 따라 내려가는 중간에 14경 수경대를 지나 세심대, 파회 등 나머지 비경들도 펼쳐진다. 1경인 나제통문에 도착하면 구천동 33경을 자전거로 둘러보는 아름다운 코스가 마무리된다.

코스 정보

탐방소-백련사 코스의 시발점은 삼공탐방소다. 구천동버스정류장과 불과 500여m 거리이고, 자가용으로 이동하더라도 인근에 덕유산국립공원 삼공주차장이 있어 이곳이 출발지가 된다. 매표소에서 출발해 백련사까지는 6㎞ 거리다. 보행자 겸용도로를 이용해 백련사까지 올라갔다 내려오게 된다. 업무 차량 외에는 차량 통행이 제한돼서 한갓지다. 안내표지판을 따라 비경들을 즐기며 올라가면 된다.

삼공탐방소-무주공용버스터미널 코스의 경우, 탐방소로 돌아와서 무주시외버스터미널까지는 일반 공도를 이용해야 한다. 배방교차로에서 우측의 무주읍/무주IC 방향으로 진입하지 말고, 설천/나제통문 방향으로 직진해야 한다. 37번 국도를 따라서 구천동 1경인 나제통문에 도착하게 된다. 이곳에서 30번 국도를 따라 무주읍내까지 이동하게 된다. 무주반디랜드가 있는 무향삼거리에서는 잠시 30번 국도에서 벗어나 남대천 옆으로 나 있는 강변길(정확한 명칭은 청길강변로)을 따른다. 30번 국도를 따라가는 것보다는 더 돌아가지만 청량재를 우회할 수 있고 남대천의 풍광도 즐길 수 있어 일석이조의 효과가 있다. 강변길은 청량재를 우회한 뒤 다시 30번 국도와 만난다. 30번 국도는 왕복 이차선으로 되어 있고, 차량 통행도 많지 않아 라이딩에 큰 부담은 없다. 오산삼거리를 지나서 무주읍내로 진입하게 된다.

연계코스

적상산 업힐 코스 p.221

Tip

2016년 5월 18일부터 토·일·공휴일 및 여름 성수기(7.23~8.15)에는 삼공탐방센터~백련사 구간의 자전거 통행이 제한된다. 이 기간 외 평일에는 해당 구간의 자전거 통행이 가능하다.

난이도

탐방소에서 출발해 백련사로 올라가는 길은 업힐이 계속 이어진다. 경사도 5% 내외의 완만한 난이도이지만 백련사에 가까워질수록 경사도 10% 내외의 급경사 구간도 만나게 된다. 길도 같이 좁아지기 때문에 사람을 피하기도 어렵고 지그재그로 주행하기도 쉽지 않다. 탐방소에서 나제통문까지는 완만한 내리막길이 이어진다. 별도의 페달링이 필요 없을 정도다. 나제통문을 지나 반디랜드부터 시작되는 완경사 업힐과 만나지만 30번 국도를 벗어나 강변길로 우회할 수 있다.

주의구간

탐방소에서 백련사로 올라가는 길은 차량이 통행할 수 없다. 단풍 시즌과 같이 관광객이 많이 몰리는 때에는 속도를 줄여서 일반 탐방객에게 불편을 주지 않게 주의해야 한다. 백련사로 올라갈수록 도로 상태는 울퉁불퉁한 바위길로 바뀐다. 내리막 시 주의를 요한다. 탐방소에서 무주공용버스터미널까지의 코스는 일반 공도를 주행하게 된다. 차량 통행이 많지 않지만 주의가 필요하다.

고도표

①삼공탐방소-백련사(왕복)

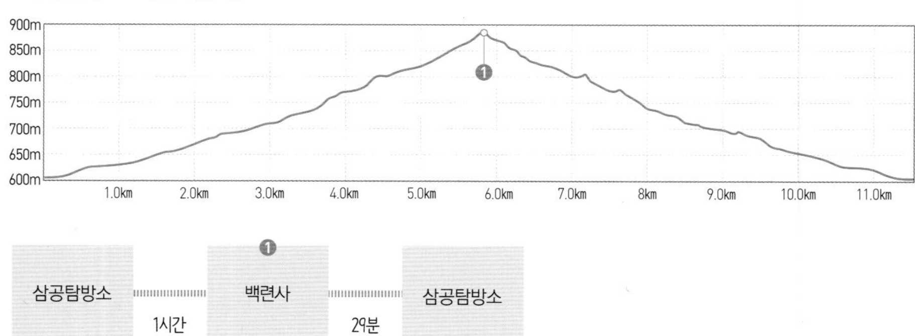

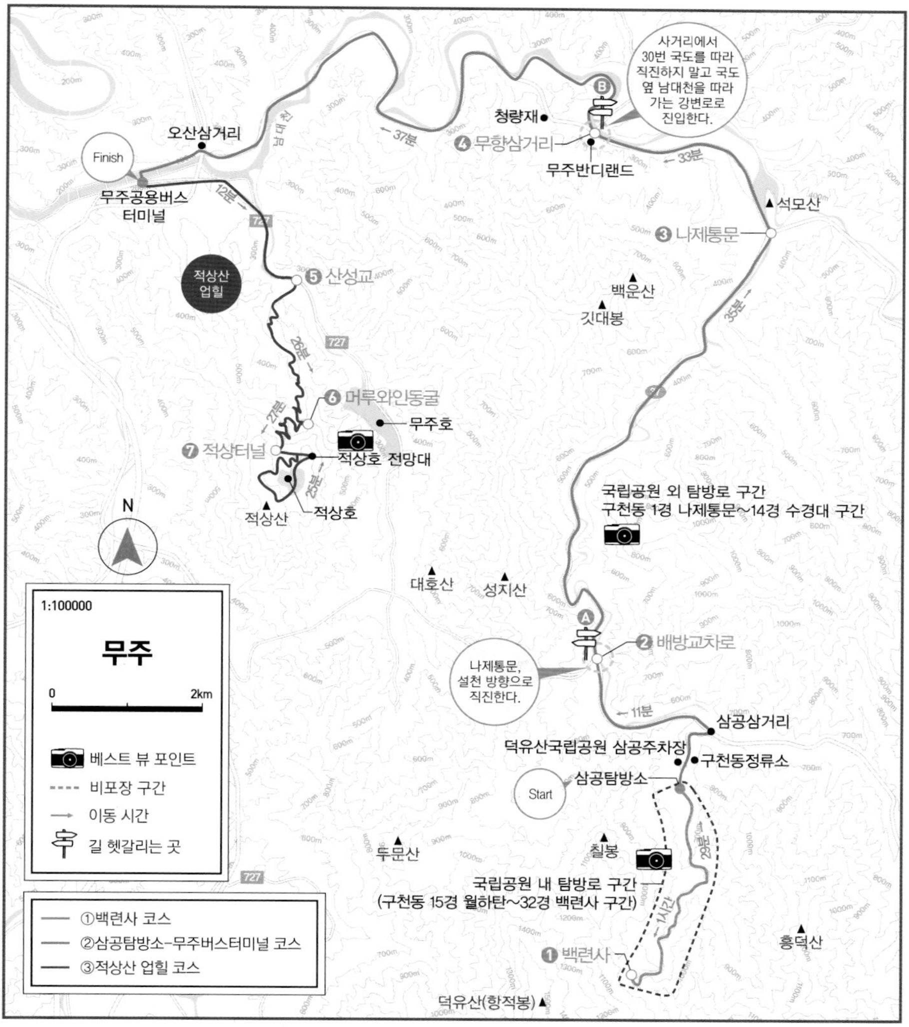

②삼공탐방소-무주버스터미널(편도)

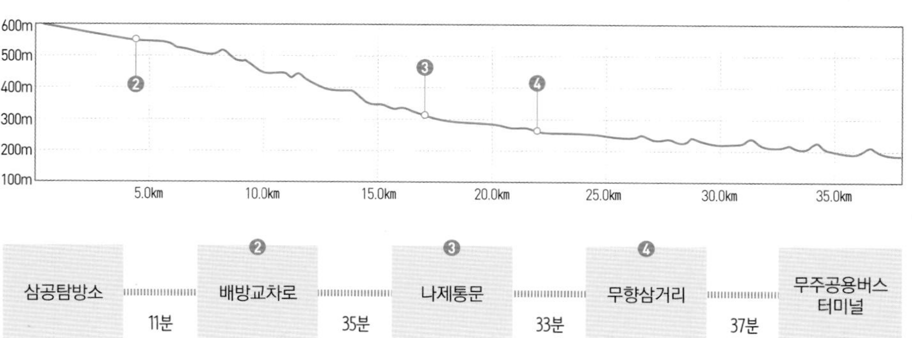

교통

IN/OUT 다름

IN 서울남부터미널에서 무주구천동으로 들어가는 버스가 2019년 8월부터 1일 2회(서울 출발 07:40, 16:00, 구천동 출발 07:10, 13:50) 운행되고 있다. 요금은 20,000원(편도)이고, 3시간 20분 소요된다. 2020년 8월 현재 코로나로 감편되어 1일 1회(서울 출발 16:00) 운행되고, 배차시간이 유동적이니 출발 전 다시 확인해 보는 것이 좋겠다. 무주구천동과 무주공용버스터미널은 다른 곳이다. 무주공용버스터미널은 무주읍내에 위치하고, 구천동 입구의 삼공탐방소까지는 약 30㎞의 거리다. 무주에서 구천동으로는 군내버스가 운행되고 있지만, 서울의 시내버스 같은 구조라 자전거 탑승이 어렵다. 이 책에서 소개하는 무주 코스는 구천동에서 출발하는 것을 기준으로 설명한다.

OUT 무주공용버스터미널에서는 서울남부터미널행 차편이 운행되고 있다. 1일 5회 운행하며, 막차는 17:45에 출발한다. 요금은 15,200원(편도)이며, 2시간 40분 소요된다. 막차를 놓친다면 무주에서 대전으로 이동하는 직통버스를 이용해 대전에서 다시 서울로 올라오는 방법을 택해야 한다. 무주-대전 구간의 차편은 20:40까지 운행되며, 요금은 5,000원(편도), 50분 소요된다.

보급 및 음식

구천동 일대는 유명 관광지로, 많은 음식점들이 모여 있다. 가격대나 음식 맛이 비슷비슷하다. 비빔밥(9,000원), 산채정식 (15,000원) 정도다. 가성비가 좋거나 특색 있는 식당이 잘 보이지 않는다. 무주는 남대천과 금강을 끼고 있는 까닭에 어죽이 유명하다. 무주읍내에서는 금강식당이 맛집으로 알려져 있다. 어죽(8,000원)과 매운탕이 좋다.

금강식당의 어죽

금강식당 063-322-0979, 전라북도 무주군 무주읍 단천로 102

숙박 및 즐길거리

덕유산국립공원 삼공탐방지원센터에서 자전거 여행자들을 위해 자전거 대여 서비스를 제공하고 있다. 우중에 탐방로가 미끄럽거나 여름 휴가철 도보 탐방객이 많은 시즌에는 대여 서비스를 중단하니 미리 전화로 문의해보는 것이 좋다.

무주에서 1박을 한다면 무주 덕유산레저바이크텔을 소개한다. 무주군에서 자전거 동호인을 위해서 운영하는 숙박시설로 2인에서 20인까지 묵을 수 있는 단체객실은 물론, 1인용 도미토리 형태의 객실도 있다. 숙박시설 내에 간단하게 자전거를 정비할 수 있는 정비소도 있고, 인근 자전거 코스를 안내 받을 수도 있다. 1인 도미토리 요금은 1박에 11,000원이다.

덕유산국립공원 삼공탐방지원센터

063-322-3473, 전라북도 무주군 설천면 백련사길 21

무주 덕유산레저바이크텔

063-320-2575, 전라북도 무주군 설천면 구천동로 968

거대한 호수가 있는 정상

적상산 업힐 코스

60점 난이도

코스 주행 거리 15.3㎞ (하) 상승고도 644m (중)
최대 경사도 10% 이하 (중) 칼로리 1,058kcal

코스 상태 전 구간 포장 | 자전거 전용도로 없음 | 안내표지 없음

정상 인근의 적상터널

적상산 정상 직전의 헤어핀

적상산 중턱의 머루와인터널

무주 구천동 33경을 돌아보는 무주 비경 코스만으로는 성에 차지 않을, 열혈 라이더를 위한 코스를 하나 더 소개한다. 해발 1,030m 적상산 정상으로 올라가는 일명 '적상산 업힐 코스'다. 무주 그란폰도 코스에도 포함된 곳이다. 정상에는 낙차를 이용한 양수 발전을 위해 물을 모아 놓은 적상호가 있다. 가파른 산정을 예상하고 이곳까지 올라온 여행자에게는 다소 놀라운 광경이다. 양수 발전용 탱크 위로 전망대가 만들어져 있어 덕유산을 비롯한 주변 전망이 한눈에 들어온다. 올라가는 길 중간에 머루와인동굴이 있고 정상 부근에는 안국사도 있어 주변을 둘러보는 재미도 쏠쏠하다.

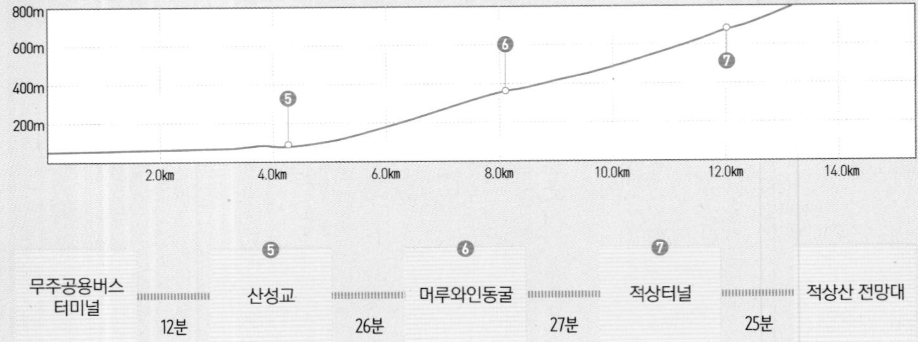

코스 정보

무주공용버스터미널에서 출발해 727번 지방도를 타고 괴목 방향으로 직진한다. 약 4㎞ 지점에 우측으로 적상산성, 안국사, 머루와인동굴 안내표지를 만나게 된다. 안내판에 따라 우회전 후 산성교를 넘어 직진한다. 이곳부터 정상까지 길은 쭉 이어진다. 정상까지는 약 10㎞, 출발지로부터는 8㎞ 지점에 머루와인동굴이 있다. 12㎞ 지점의 적상터널을 지나면 정상의 호수에 도착한다. 호수길을 계속 따라 들어가면 그 끝에서 적상산 전망대를 만나게 된다.

이 코스 역시 시간 배분이 중요하다. 첫차로 구천동에 도착해 식사하고, 구천동 33경 코스를 돌아 무주읍내에 도착하면 대략 15:00 전후가 된다. 무주에서 서울로 떠나는 막차가 17:40에 출발하기 때문에 시간 배분을 잘해야 한다. 순수하게 라이딩만 한다면 왕복 2시간 정도 걸리지만 중간에 안국사와 머루와인터널까지 둘러보려면 3시간은 잡아야 한다. 무주 자전거 여행에서 당일로 적상산까지 타보려면 타이트하게 움직여야 한다. 머루와인동굴(063-322-4720, 전라북도 무주군 적상면 산성로 359) 안에서는 머루와인과 머루음료를 시음해볼 수 있다.

Tip

적상산은 국립공원지역으로, 매년 동절기(11월 26일~3월 31일)에는 적설과 도로결빙에 따른 안전사고 예방을 위해 차량 진입을 통제한다. 통제 구간은 머루와인동굴부터 적상산 전망대까지다.

난이도

해발 약 1,030m의 적상산 정상으로 올라가는 업힐 코스다. 산성교를 지나면서 약 10㎞ 길이의 업힐을 올라가야 한다. 5% 내외의 경사도가 이어진다. 한 번에 치고 올라가는 코스는 아니고 계속해서 헤어핀을 만들며 구불구불 이어진다.

주의구간

일반 공도를 주행하는 코스다. 727번 지방도를 달리는 차량의 통행량도 그리 부담스러운 수준은 아니다. 지방도에서 벗어나 업힐이 시작되면 관광객의 차량만이 간간이 지나갈 뿐이다. 중간에 적상터널을 통과하지만 길이가 200m 정도로 짧고, 차량 통행도 별로 없어 부담스럽지 않다.

하회마을과 회룡포, 그 원경과 근경 사이를 달리다

안동-용궁 종주코스 (하회마을·회룡포·삼강주막)

구경할 것도, 맛볼 것도
너무 많아 시간 조절이 어렵다.
관광지부터 정상까지 부지런히 페달을
움직여야만 하회마을과 회룡포의 원경과
근경을 모두 감상할 수 있다.

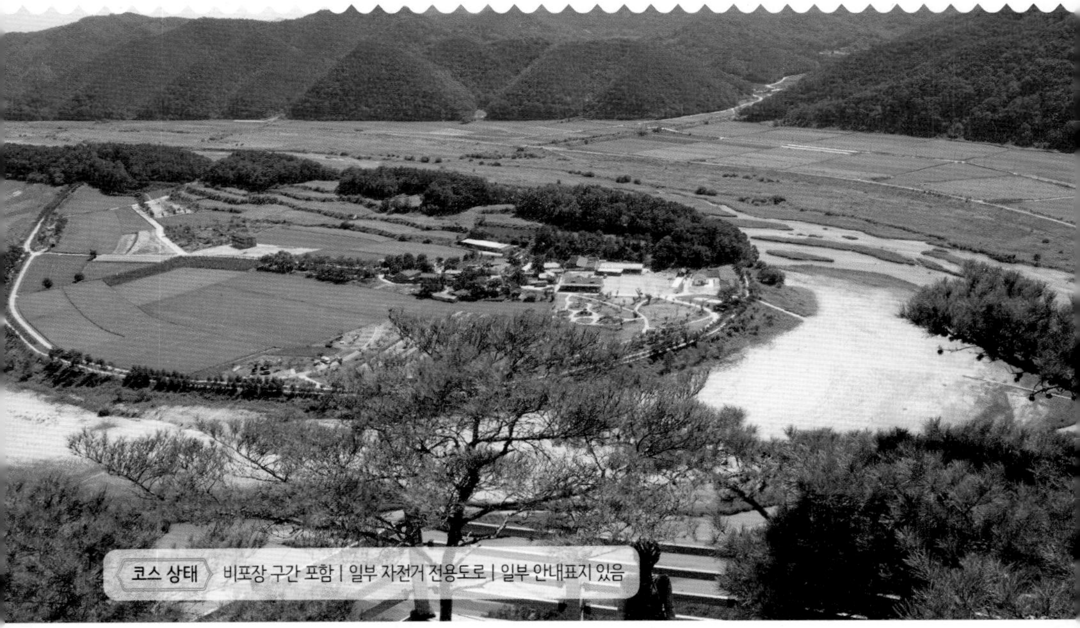

코스 상태 비포장 구간 포함 | 일부 자전거 전용도로 | 일부 안내표지 있음

70점

난이도

안동-용궁(종주)	회룡포전망대(업힐)
코스 주행 거리 80km (상)	코스 주행 거리 4.6km (하)
상승고도 573m (중)	상승고도 187m (하)
최대 경사도 10% 이하 (중)	최대 경사도 10% 이상 (상)
칼로리 2,765kcal	칼로리 293kcal

접근성

버스 228km

반포대교 — 안동고속버스터미널

소요 시간
1박 2일 추천

왕편	코스 주행(총 9시간 2분)	복편(총 2시간 47분)
2시간 50분	8시간 7분(종주) 55분(업힐)	37분 2시간 10분

1 뽕뽕다리를 건너 회룡포로 들어가는 길. **2** 헷갈리는 곳 A. 수질환경사업소 갈림길. **3** 하회마을 낙동강 제방길. **4** 부용대에서 바라본 하회마을. **5** 삼강주막에서 회룡포로 넘어가는 비룡교. **6** 안동 하회마을의 별신굿 타령 공연.

낙동강 자전거길 안동댐-상주상풍교 구간의 변주(變奏)다. 안동댐에서 시작되는 자전거길은 상주까지 매끈하게 이어진다. 낙동강 물줄기를 따라 안동문화권을 지나지만 코스는 너무 심심하다. 종주 인증도장을 찍는 것이 자전거여행의 전부는 아니지 않는가. 그래서 원래 코스보다 더 흥미진진한 코스를 상상해봤다. 얌전한 모범생같이 정해진 길을 따라가는 것이 아니라 흥미로운 곳이 생기면 그쪽으로 핸들을 돌려보자. 자전거여행은 원래 그렇게 하는 것이다.

라이딩은 안동에서 시작된다. 일단 자전거길을 따라 낙동강 하류로 이동한다. 종주 인증도장을 받으려면 댐으로 올라가야 하지만 여기에서는 그럴 시간이 없다. 아래쪽 볼거리가 너무 많기 때문이다. 하회마을 입구에 도착하면 첫 번째로 자전거길에서 벗어나야 한다. 하회마을을 둘러보지 않고는 안동여행을 말할 수 없다. 고택이 가득한 골목과 물길이 휘감아 돌아가는 제방을 달리는 경험은 종주 자전거길에서는 맛볼 수 없는 소소한 재미를 선사한다. 운 좋게 시간대가 맞으면 별신굿 한마당을 구경하는 뜻밖의 즐거움도 누릴 수 있다. 마을을 벗어나면 부용대를 지나는데 이곳에서도 잠시 자전거를 세워두고 정상으로 올라가보자. 하회마을의 근사한 전경과 마주할 수 있다.

59번 국도를 만나면 이제 자전거길과 작별한다. 우리나라 최후의 주막, 삼강주막으로 페달을 밟는다. 내성천과 금천, 낙동강이 합류하는 지점인 삼강나루터에 삼강주막이 자리 잡고 있다. 주막이라는 단어만 들어도 침이 넘어가는 주당에게 이곳은 절대 그냥 지나칠 수 없는 곳이다. 이곳에서 물길 따라 이동하던 옛 보부상이 된 느낌으로 허기진 배를 채워본다.

이제 삼강주막에서 비룡교를 건너 짧고 굵은 싱글길을 넘어가면 '육지 속의 섬'이라 불리는 회룡포에 도착한다. 앞서 낙동강이 S자로 하회마을을 휘감아 돌아갔다면 이곳에서는 내성천이 거의 360도 돌아 나간다. 고운 모래가 흐르는 내성천에 놓인 구멍이 숭숭 뚫린 뿅뿅다리를 자전거를 끌고 건너는 경험도 이곳에서만 가능하다. 회룡포의 근경을 봤으니 이제 회룡포의 원경을 보러 전망대로 올라가야 한다. 몸은 고되고 피곤하지만 회룡포의 멋진 원경을 볼 생각에 들뜨고, 용궁시장의 단골식당에서 불맛 나는 오징어볶음과 순댓국을 먹을 생각에 침이 고이기 시작한다.

보급 및 음식

안동시장에 가면 찜닭 골목이 있다. 위생찜닭은 시장에서 손님이 많은 곳(찜닭 중 28,000원)으로, 어마어마한 양의 당면이 깔려 나온다. 닭을 먹고 밥을 비벼먹으면 잡채밥이 된다. 맘모스 제과는 안동을 대표하는 빵집이다. 치즈크림빵(2,300원)이 대표 메뉴. 행동식으로 챙겨갈 만하다. 삼강주막은 최근까지 주모 할머니가 운영한 우리나라 최후의 주막으로 알려진 곳이다. 지금은 경북민속자료로 지정되어 복원 운영되고 있다. 삼강막걸리(한 주전자 5,000원)와 두부(3,000원), 주모 한 상(13,000원) 등의 음식을 내놓는다. 용궁까지 왔다면 반드시 들러봐야 할 곳이 단골식당이다. 불맛 가득한 오징어볶음과 돼지불고기(10,000원), 그리고 순대국밥(7,000원)까지 부담 없는 가격에 맛깔난 음식들이 허기진 여행객을 행복하게 한다.

위생찜닭 054-852-7411, 경상북도 안동시 번영1길 47
맘모스 제과 054-857-6000, 경상북도 안동시 문화광장길 34
단골식당
054-653-6126, 경상북도 예천시 용궁면 용궁시장길 30
삼강주막
054-655-3132, 경상북도 예천군 풍양면 삼강리길 91

안동시장 위생찜닭

삼강주막의 주모 한 상

단골식당의 순대

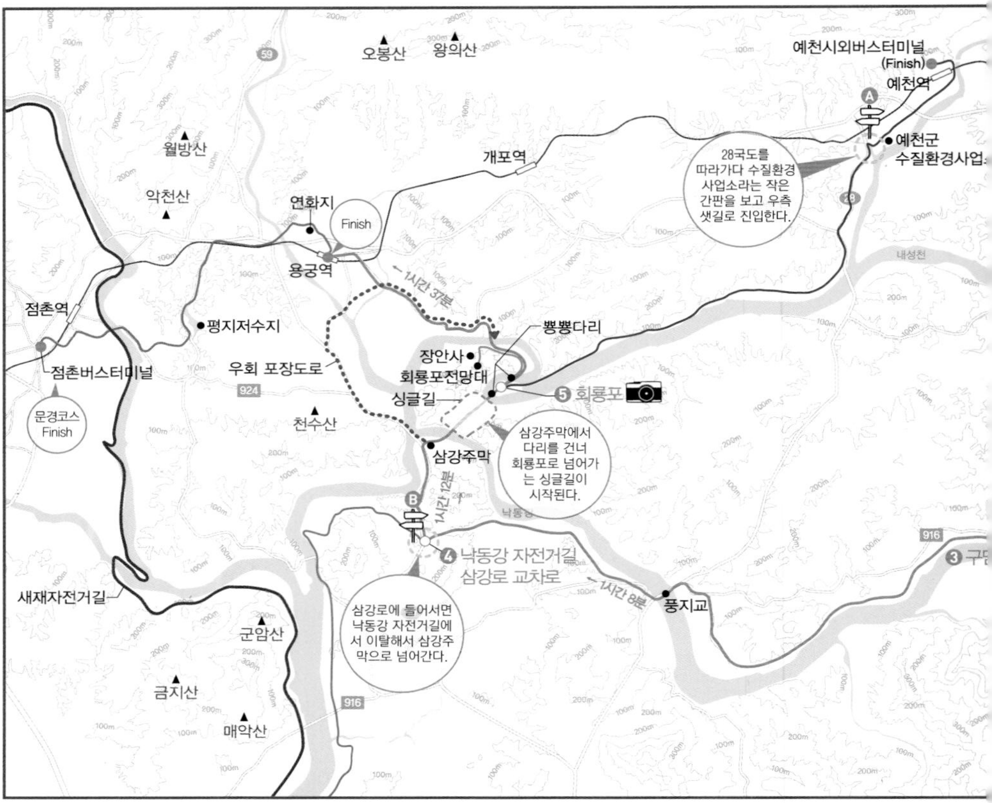

오봉산
왕의산
예천시외버스터미널
(Finish)
예천역
예천군
수질환경사업소
28국도를 따라가다 수질환경 사업소라는 작은 간판을 보고 우측 샛길로 진입한다.
월방산
개포역
악천산
연화지
Finish
용궁역
1시간 37분
내성천
점촌역
평지저수지
뿅뿅다리
장안사
회룡포전망대
우회 포장도로
점촌버스터미널
싱글길
⑤ 회룡포
문경코스
Finish
천수산
삼강주막
삼강주막에서 다리를 건너 회룡포로 넘어가는 싱글길이 시작된다.
1시간 12분
낙동강
④ 낙동강 자전거길 삼강로 교차로
③ 구담
1시간 8분
풍지교
새재자전거길
삼강로에 들어서면 낙동강 자전거길에서 이탈해서 삼강주막으로 넘어간다.
군암산
금지산
매악산

고도표

①안동-용궁 코스

250m
200m
150m
100m
50m
0m
10.0km
20.0km
30.0km
40.0km
50.0km
60.0km
70.0km
80.0km
①
②
③
④
⑤

안동시장	1시간 40분	① 하회마을 입구	별신굿 공연관람 2시간 2분	② 부용대 입구	28분	③ 구담교	1시간 8분	④ 낙동강 자전거길 삼강로 교차로	삼강주막 식사 1시간 12분	⑤ 회룡포	1시간 37분	용궁역

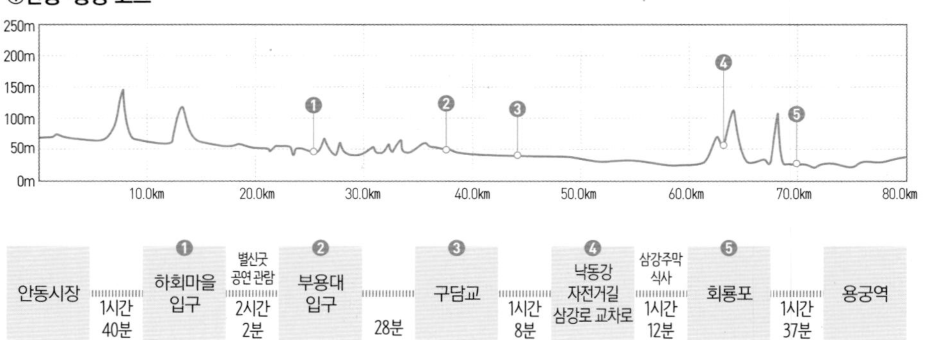

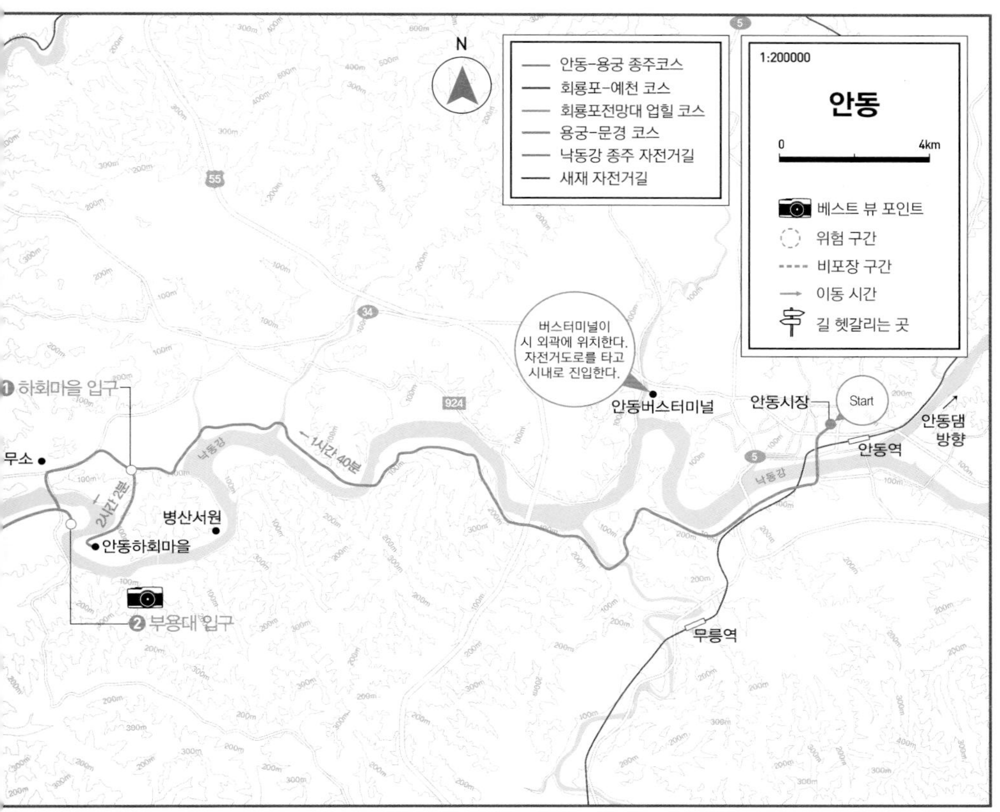

코스 정보

연계코스

단양-예천 종주코스 p.210

안동에 도착하면 안동을 가로지르는 낙동강변으로 이동한다. 길이 385㎞의 낙동강 종주 자전거길이 안동댐에서 시작된다. 강변의 자전거 표지를 따라 상주 방향으로 방향을 잡고 라이딩을 시작하면 된다. 길을 찾기 어려운 구간은 없다. 단 몇 군데에서 자전거 종주길을 벗어나야 하는데, 그 첫 번째가 하회마을 입구다. 잠시 자전거길을 벗어나 하회마을로 들어선다. 마을을 한 바퀴 둘러보고 빠져나오면 다시 자전거길을 따라 59번 국도(삼강로)까지 이동한다. 이곳에서 자전거길을 벗어나 삼강주막으로 방향을 돌린다. 삼강주막에서는 두 가지 선택이 가능하다. 59번 국도와 924번 지방도를 이용해 온로드 라이딩으로 회룡포까지 이동하는 것. 아니면 59번 국도 교량 밑의 제방로를 따라 우측으로 이동하면 인도교(비룡교)가 나오는데, 약 1㎞의 싱글길을 통과해 사림재를 넘어 회룡포로 연결되는 것. 초반 이후 라이딩은 거의 불가하고 끌바로 넘어가야 한다. 경사는 급하지만 거리가 짧아 산악자전거로 도전해볼 만한 코스다(현장에서는 비룡교 앞에 있는 회룡포 등산 관광안내도를 참고한다). 회룡포는 자전거로 10분이면 둘러볼 만큼 고즈넉한 곳이다. 회룡포의 전경을 위에서 내려다보기 위해 전망대로 가려면 회룡포에서 나와 용궁 쪽으로 가는 길에 진입로가 있다. 이곳에서부터 1.5㎞ 업힐을 올라가야 장안사에 도착한다. 전망대 정상까지는 자전거를 세워두고 도보로 300m 가량 이동해야 한다. 구경하는 시간까지 모두 포함해서 1시간은 잡아야 한다.

난이도

전 구간을 통틀어 큰 업힐은 없다. 해발 150m 이내의 작은 업힐 서너 곳을 넘어가게 된다. 삼강 주막에서 사림재를 넘어가는 비포장 싱글길이 가장 험한 구간이다. 로드차로 왔거나 싱글길 경험이 없으면 포장도로로 우회한다. 회룡포전망대로 올라가는 업힐은 1km 남짓의 짧은 거리지만 경사도가 10% 이상이다.

주의구간

안동-회룡포 코스 중 대부분은 낙동강 종주 자전거길을 이용하기 때문에 라이딩에 큰 부담이 없다. 반면에 용문에서 문경까지는 주로 저녁 무렵에 라이딩을 하게 되고 길 찾기도 쉽지가 않아 부담스럽다. 거꾸로 종주 방향을 문경에서 시작해 안동으로 올라가는 방향으로 잡는 것도 낮 시간에 복잡 구간을 통과할 수 있어 고려해볼 만하다. 더 여유로운 라이딩을 원한다면 안동 하회마을에서 1박을 하는 것도 좋겠다.

교통

IN/OUT 다름

IN 서울 센트럴시티터미널(호남선)에서 안동으로 운행하는 차편이 있다. 요금은 17,000원(요금)이고, 2시간 50분 소요된다. 첫차는 06:10에 출발한다. 동서울종합터미널에서도 안동으로 차편이 운행되고 있다. 요금은 17,000원(편도)이고 2시간 50분 소요된다. 06:00에 첫차가 출발한다.

OUT 용궁에서 서울로 올라가는 직행버스나 직행열차편이 없다. 기차는 용궁에서 김천까지 이동한 뒤 김천에서 서울행 열차로 1회 환승해야 한다. 용궁-김천행 열차편에는 자전거 거치대가 설치되어 있지만 김천-서울행 열차에는 자전거 거치대가 없다. 결국 문경이나 예천으로 넘어가야 한다.

문경에서 아웃 코스하는 경우를 고려한다면, 용궁에서 점촌시외고속버스터미널까지가 직선거리로 아주 가깝다. 35번 국도를 타면 금방 도착할 수 있다. 하지만 35번 국도는 왕복 사차선의 고속화 국도이며 차량 통행량도 많아서 자전거로 진입하기 부담스럽다. 더구나 야간이라면 위험하다! 복잡하지만 한적한 지방도로 우회하는 길을 추천한다. 이동 경로는 다음과 같다. 용궁역-연화지-불암삼거리-923번 지방도(신남로)-평지저수지-의곡사거리-924번 지방도(영순로)-점촌시외고속버스터미널. 11km 거리에 상승고도 65m, 37분 소요된다. 점촌시외고속버스터미널에서 서울 강남고속버스터미널로 올라가는 막차는 20:20에 있다.

예천에서 코스 아웃하는 경우를 고려한다면, 뿅뿅다리를 건너 용궁 쪽 방향이 아닌 차량들이 들고 나는 회룡포 진입도로로 나간다. 내성천과 나란히 난 제방길을 따라가게 된다. 다시 28번 국도와 만나서 예천으로 들어가는데, 중간에 예천군수질환경사업소(예천읍 상동리 75-1)라는 작은 안내 표지가 보이면 도로 옆 샛길로 빠져나간다. 수질환경사업소 뒤 뚝방길(비포장)을 따라가야 복잡한 국도를 타지 않고 한가롭게 강변도로를 따라 예천까지 라이딩을 즐길 수 있다. 17km 거리에 상승고도 75m, 1시간 5분 소요된다. 예천에서는 동서울종합터미널행 막차가 18:50에 있다.

고개와 고개 사이 아우라지의 물길을 따라 달리다

횡계-정선 종주코스 (안반데기·송천·아우라지·꽃벼루재)

강원도의 매력에 흠뻑 빠지는 코스.
한가한 물길과 고갯길,
그리고 아름다운 경관까지 삼박자를
고루 갖췄다. 빨리 떠나기보단
머물고 싶은 여운이 남는다.

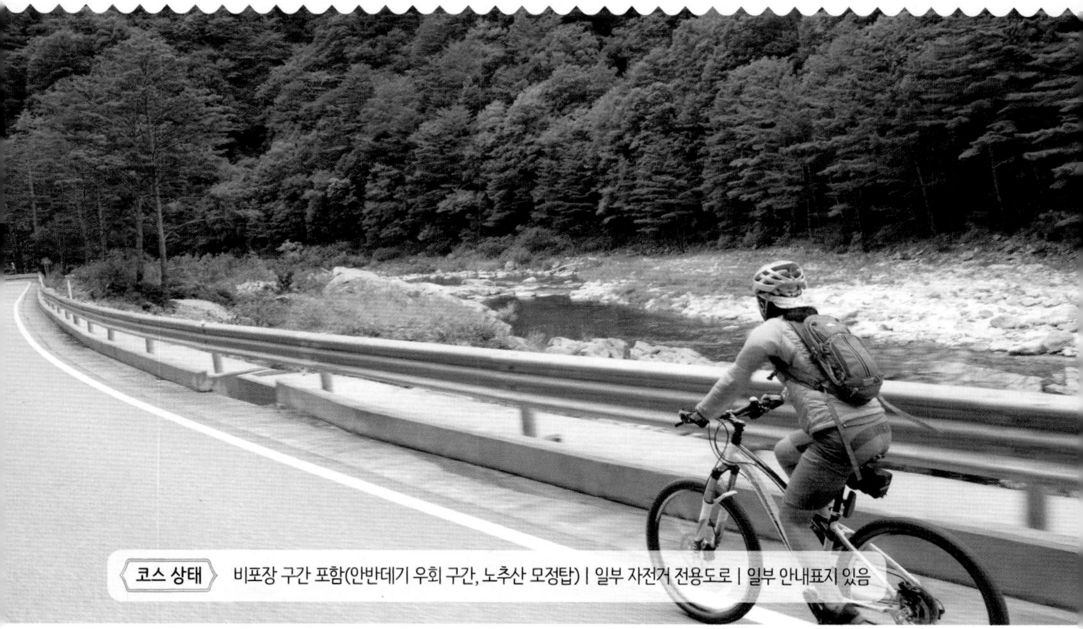

코스 상태 비포장 구간 포함(안반데기 우회 구간, 노추산 모정탑) | 일부 자전거 전용도로 | 일부 안내표지 있음

80점
60점(우회도로)

난이도

코스 주행 거리 77km (중) 상승고도 865m (중)
최대 경사도 10% 이상 (상) 칼로리 3,080kcal

대중교통 가능
200Km

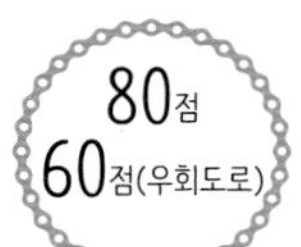

접근성

반포대교 —자전거 4km— 서울남부터미널 —버스 196km— 횡계시외버스터미널

14시간 53분
당일 코스

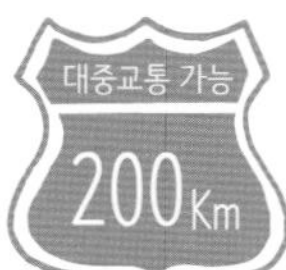

소요 시간

왕편(총 2시간 50분): 자전거 20분, 버스 2시간 30분
코스 주행: 자전거 8시간 3분
복편(총 4시간): 버스 3시간 10분, 자전거 50분

1 길 헷갈리는 곳 A. 정선/문곡리 갈림길에서 문곡리 방향으로 진입한다. **2** 수문을 연 도암댐. **3** 안반데기 우회코스, 도암댐-410번 지방도 구간. **4** 노추산 모정탑. **5** 아우라지의 다리. **6** 꽃벼루재 전망대에서 바라본 나전 주변 전경.

'아우라지'라는 이름만큼 고갯길과 물길이 잘 어우러진 코스다. 자전거길은 구름 위의 땅 안반데기에서 시작해 진달래가 먼저 꽃피우는 벼랑길 꽃벼루재까지 길게 이어진다. 고갯길과 고갯길 사이로 송천의 물줄기를 따라 자전거도 같이 흘러내려간다. 코스 중간 지점, 송천과 골지천 두 물길이 만나는 곳에 정선의 심장 아우라지가 있다. 이 코스의 하이라이트이자 중심이다.

이 코스는 강원도의 대표적인 고갯길과 물길을 따라간다. 지나가는 모든 길들은 인위적으로 만들어진 길이 아니다. 고갯길은 예로부터 사람들이 걸어 다니던 길이었고, 물길도 물의 흐름과 같이 자연스럽게 만들어졌다. 빨리 가기 위해 산과 바위를 뚫고 다리를 세우듯 억지스럽거나 어색하게 꾸며진 길이 아니라 편안하고 기분이 좋아진다.

라이딩은 평창군 횡계리에서 시작된다. 이번에는 안반데기를 넘어 라이딩 방향을 정선 쪽으로 돌려본다. 송천을 따라 완만한 내리막길이 시작된다. 계곡 주변의 기암괴석과 빼곡히 들어선 나무들은 마치 선계에라도 들어온 듯한 분위기를 연출한다. 얼마 지나지 않아 노추산 모정탑에 다다른다. 최근에 알려진 곳으로, 이곳에 얽힌 사연이 기구하다. 두 아들을 잃은 차순옥 할머니는 3,000개의 돌탑을 세우면 남은 자식들에게 우환이 없을 거라는 이야기를 듣고 죽기 직전까지 3,000개의 탑을 쌓았다고 한다. 종교를 떠나 자식의 복을 바라는 어미의 마음이 지금까지 탑으로 남아 서 있다.

페달링조차 필요 없는 기분 좋은 내리막길을 따라 잠시 멈췄던 라이딩을 다시 시작한다. 오장폭포와 레일바이크로 유명한 구절역도 지나간다. 자동차로 이미 수없이 지나던 길이지만 송천을 따라 달리는 기분은 말로 표현할 수 없을 정도다. 송천과 골지천이 어우러지는 곳에서 정선아리랑의 고향 아우라지를 만난다. 잠시 이곳에서 숨을 돌리고 이번에는 정선의 고갯길인 꽃벼루재를 향해 언덕을 올라간다. 산허리를 따라 길이 나 있다. 중간중간 길 옆으로 골치천이 내려다보인다. 비포장도로를 예상하고 올라왔지만 길은 포장되어 있어 한층 더 달리기 수월해진다. 나전에서 골치천과 다시 만난 자전거는 이번에는 다시 물길을 따라 정선으로 흘러내려간다.

꽃벼루재 안내표지판.

보급 및 음식

횡계 주변의 식당은 선자령 순환코스(p.145) 정보를 참고한다. 아우라지역 인근에서 가장 유명한 맛집은 옥산장이다. 숙박과 식사를 모두 할 수 있는 곳으로, 곤드레밥(7,000원)과 정식(12,000원)이 대표 메뉴인데, 투박스러운 밑반찬이 맛깔스러운 집이다.

정선읍내에서는 야들야들한 황기족발(35,000원)과 콧등치기(6,000원)가 맛있는 동광식당이 있다. 정선오일장에도 식당 골목이 있어 이 지역 향토음식인 메밀전병, 수수부꾸미, 곤드레밥, 올갱이 국수 등을 저렴한 가격에 맛볼 수 있다.

옥산장 033-562-0739, 강원도 정선군 북면 여량리 149-30
동광식당 033-563-3100, 강원도 정선군 정선읍 녹송1길 27
정선오일장 강원도 정선군 정선읍 봉양7길 39

옥산장의 곤드레밥

동광식당의 황기족발

코스 정보

횡계시내에서 안반데기까지 올라가는 경로는 대관령 인근의 자전거길 안반데기 코스(p.150)를 참고한다. 이 코스는 안반데기를 넘어 정선으로 방향이 바뀐다. 대기교를 건너면 410번 지방도(노추산로)와 만나는데, 우회전해서 내려간다. 얼마 지나지 않아 노추산 모정탑 주차장에 도착한다. 모정탑까지는 900m 정도 더 들어가야 한다. 로드자전거로는 진입이 불가하고 산악자전거로도 얼마 못 가서 라이딩을 포기하고 걸어갔다 와야 한다. 모정탑에서 송천계곡을 따라 아우라지까지 내려간다. 중간에 오장폭포와 구절역도 지나간다. 아우라지 직전 송천교를 건너자마자 좌측의 '아우라지가금길'로 들어서야 한다. 이렇게 해야 송천과 아우라지다리를 건너 아우라지역에 도착할 수 있다. 아우라지에 도착했으면 꽃벼루재길로 올라가는 진입로를 찾아야 한다. 먼저 여량면사무소를 찾는다. 이곳에서 작은 다리(여량소교)를 지나면 좌측으로 꽃벼루재 안내표지가 있다. 이 표지를 따라가면 꽃벼루재로 올라가게 된다. 송천과 나란히 난 산허리 길을 10㎞ 달려 남평리로 내려온다. 매끈한 아스팔트 포장길은 아니지만 콘크리트로 포장되어 있어 로드차도 진입할 수 있다. 다시 골지천과 만나 제방길을 따라가게 되는데, 중간에 정선/문곡리 갈림길과 만나게 된다. 정선으로 가면 42번 국도를 타고 반점재를 넘어 정선읍내로 연결된다. 거리는 짧지만(4㎞), 차량 통행이 빈번해 추천하지 않는다. 문곡리로 가면 거리는 길어도(9㎞) 차량과 업힐이 없는 강변길로 반점재를 우회할 수 있어 좋다. 최종 목적지인 정선시외버스터미널은 정선읍내에서 조금 벗어난 곳에 위치하고 있다.

Tip

우회코스: 안반데기를 넘어가지 않고 노추산 모정탑으로 연결되는 코스다. 안반데기 입구에서 업힐로 올라가지 말고 직진해 도암댐으로 향한다. 도암댐에서 송천을 따라 내려가서 410번 지방도(노추산로)와 만나게 된다. 중간중간 비포장도로여서 로드자전거로는 주행이 불가하다. 이곳을 지나기 전에는 항상 도암댐관리소에 통행이 가능한지 문의하고 진입해야 한다. 특히 하절기에 도암댐이 방류하면 도로가 물에 잠기기 때문이다.

난이도

안반데기와 정선 인근의 반점재까지 넘어가는 코스를 탄다면, 상승고도 865m에 거리 77㎞의 만만치 않은 체력을 요구하는 코스가 된다. 중간에 꽃벼루재로 올라가는 업힐도 짧지만 강렬하다. 반면 안반데기와 반점재를 우회하면 무난한 난이도의 유람코스가 된다.

주의구간

대부분 지방도를 이용해서 움직이지만 차량 통행량이 적어 별 무리가 없다. 반점재 부근에서 차량 통행이 빈번해지지만 이마저도 우회해버리면 된다. 우회한 뒤 다시 52번 국도와 연결되는 지점이 내리막이라 좌우를 잘 살피고 진입해야 한다.

교통

IN/OUT 다름

IN 서울남부터미널과 동서울종합터미널에서 횡계시외버스터미널행 버스가 운행된다. 서울남부터미널에서는 첫차가 07:40에 출발한다. 요금은 15,400원(편도)이며, 2시간 30분 소요된다. 동서울종합터미널에서도 2시간 30분 소요되고, 요금은 14,500원(편도)이다. 차편은 동서울종합터미널에서 더 자주 출발한다(약 1시간 간격).

OUT 정선시외버스터미널(033-563-9265, 강원도 정선군 정선읍 정선로 1226)에서 동서울종합터미널행 차편이 운행되고 있다. 막차는 19:00에 출발하고, 요금은 20,000원(편도), 3시간 10분 소요된다. 막차가 일찍 끊어지기 때문에 시간 조절을 잘 해야 낭패를 보지 않는다. 정선역에서 청량리역행 직통열차(a-train)가 매일 운행되지만 자전거 거치대가 설치되어 있지 않다.

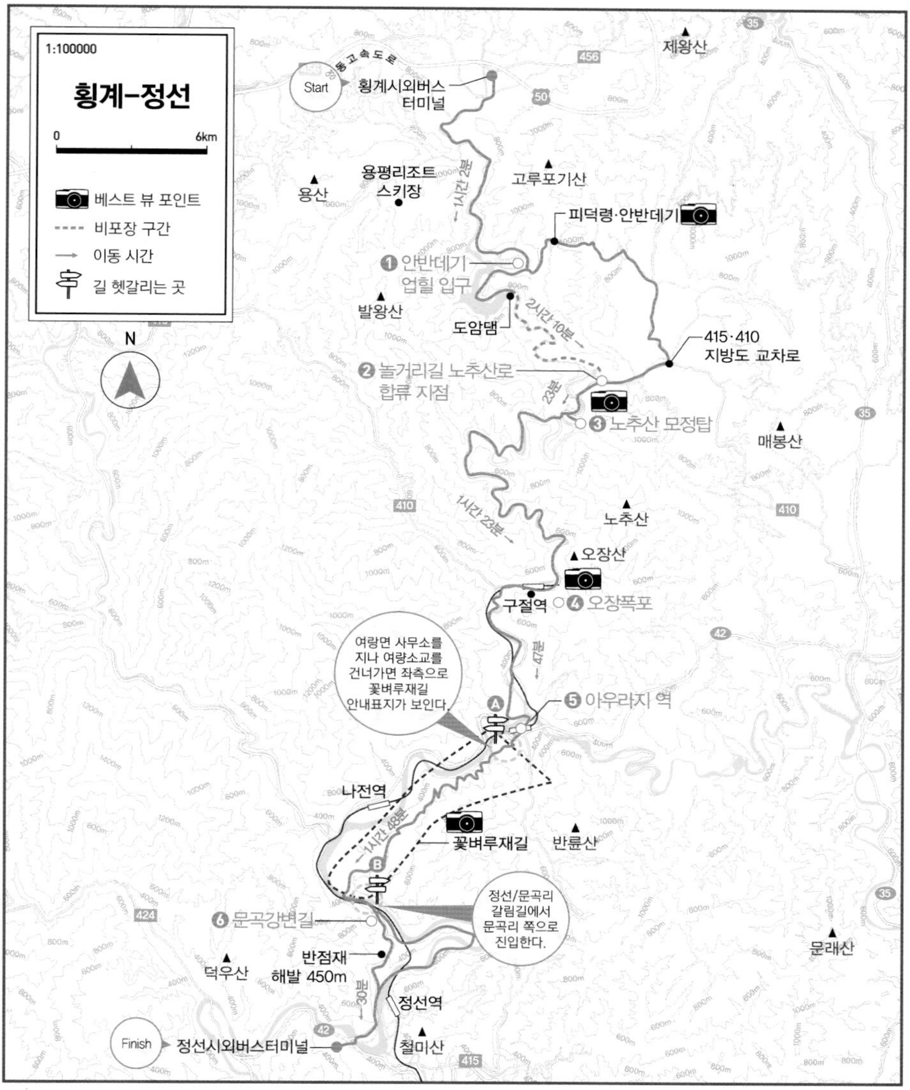

1:100000

횡계-정선

0 6km

베스트 뷰 포인트
비포장 구간
이동 시간
길 헷갈리는 곳

N

Start 횡계시외버스 터미널
동고속도로
제왕산
용평리조트 스키장
용산
고루포기산
1시간 2분
피덕령·안반데기
❶ 안반데기 업힐 입구
발왕산
도암댐
2시간 10분
415·410 지방도 교차로
❷ 놀거리길 노추산로 합류 지점
23분
❸ 노추산 모정탑
매봉산
1시간 23분
노추산
오장산
구절역
❹ 오장폭포
47분
여랑면 사무소를 지나 여랑소교를 건너가면 좌측으로 꽃벼루재길 안내표지가 보인다.
Ⓐ
❺ 아우라지 역
나전역
1시간 48분
꽃벼루재길
반륜산
Ⓑ
정선/문곡리 갈림길에서 문곡리 쪽으로 진입한다.
❻ 문곡강변길
덕우산
반점재 해발 450m
30분
정선역
철미산
문래산
Finish 정선시외버스터미널

고도표

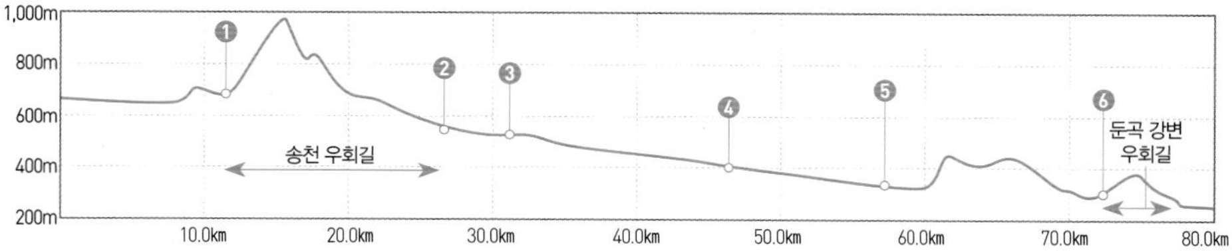

1,000m
800m
600m
400m
200m
10.0km 20.0km 30.0km 40.0km 50.0km 60.0km 70.0km 80.0km
송천 우회길
문곡 강변 우회길
❶ ❷ ❸ ❹ ❺ ❻

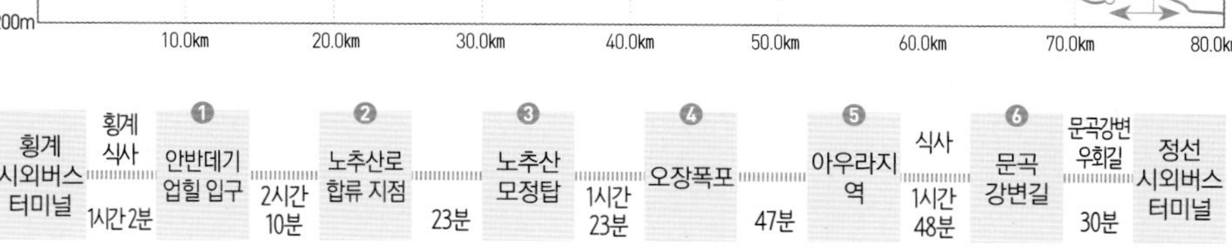

자전거여행에 재미를 더하는 캠핑

바이크 캠핑 bike camping

자전거여행의 로망 중 한 가지가 바로 바이크 캠핑이다. 사실 언뜻 쉬워 보이는 여행 같아도 실행에 옮기기에는 만만치 않다. 우리나라는 국토의 70%가 산지인 산악국가이기 때문이다. 업힐에서 내 몸 하나 건사하기도 어려운데, 거기에 주렁주렁 캠핑 장비까지 달고 간다면 여행길이 너무 고될 수 있다. 업힐 코스에서 바이크 캠핑은 추천하지 않는다. 하절기에 해변과 섬, 그리고 수변길이라면 초심자도 한번 도전해 볼 만하다.

캠핑 앤 라이딩 camping & riding

자동차로 이동해 텐트를 설치해놓고 라이딩을 즐기는 방법이다. 자전거로 캠핑 용품을 옮기는 부담이 없다. 바이크 캠핑보다는 오토캠핑에 자전거를 싣고 가는 개념이다. 캠핑 앤 라이딩이라고 부른다. 출발지로 다시 되돌아오는 순환코스에서 가능한 방법이다. 필자는 이 책에 소개된 코스 중에서 용현계곡, 무주구천동, 용담호, 영천호, 간월재 라이딩을 캠핑과 함께 즐겼다. 숙소는 모두 자연휴양림의 캠핑장을 이용했다.

코스	숙소	이용시설	비고	페이지
용현계곡 순환코스	용현자연휴양림	캠핑장	국립	p.198
무주구천동 종주코스	덕유산자연휴양림	캠핑장	국립	p.215
용담호 순환코스	운장산자연휴양림	캠핑장	국립	p.073
영천호 순환코스	운주산승마 자연휴양림	캠핑장	지자체	p.079
간월재 순환코스	신불산폭포자연휴양림	하단야영장	국립	p.181

덕유산자연휴양림 야영장

운장산자연휴양림 야영장

명소 따라 라이딩

08
도심길

벚꽃 만발한 봄의 축제 속으로

경주 도심 순환코스 (반월성·대릉원·보문호수)

역사 탐방 자전거길이 있는 경주. 쉬운 코스에 문화유적과 자연경관까지 여행지의 매력을 고루 갖춘 곳이다. 봄을 맞은 경주는 더욱 아름답다.

코스 상태 비포장 구간 포함(월성지구) | 일부 자전거 전용도로 | 안내표지 없음

30점 난이도

- 코스 주행 거리 30㎞ (중) 상승고도 144m (하)
- 최대 경사도 5% 이하 (하) 칼로리 859㎉

대중교통 가능 343Km 접근성

반포대교 (서울 강남고속버스터미널) — 버스 343㎞ — 경주고속버스터미널

12시간 11분 1박 2일 소요 시간

왕편	코스 주행	복편
3시간 45분	4시간 41분	3시간 45분

1 벚꽃 사진 출사지로 유명한 보문정. **2** 벚꽃이 만개한 보문호수 수변도로. **3** 보문호수에서 경주시내로 연결되는 자전거도로. **4** 오릉 옆 벚꽃길. **5** 보문호수 진입로.

추위에 움츠렸던 겨울이 지나고 따뜻한 봄이 가까워오면 자전거를 타는 사람들은 마음이 설레기 시작한다. 겨우내 접었던 라이딩을 다시 준비하며 먼지 쌓인 자전거를 닦아내고 광도 내본다. 동호회에서는 안전 라이딩을 기원하며 거창하게 시륜제를 올리기도 한다.

우리 가족도 매년 벚꽃길 라이딩을 시작으로 한 해 자전거여행의 서막을 올린다. 매년 첫 여행지를 고민하지만 남녘에서 개화 소식이 들려오면 가장 먼저 떠오르는 자전거여행지가 바로 경주다. 섬진강길, 진해의 벚꽃길도 좋지만 경주만큼 자전거 타기 좋은 곳도 없다. 잘 닦여진 자전거길과 호수, 그리고 수많은 문화유적까지 언제 찾아도 좋다. 4월 경주의 벚꽃은 유독 화려하다. 경주 왕벚꽃으로 불릴 만큼 꽃송이가 크고 탐스럽다. 신라 천 년의 도읍지 경주가 화사한 분홍색으로 물든다.

주말 인파를 피해 금요일 저녁 하루 먼저 경주에 도착했다. 숙소가 있는 보문호수에서 라이딩이 시작된다. 잘 닦여진 길과 수변의 멋진 숙소들 사이로 하얀 꽃길이 생겼다. 세련된 인공미가 흐르는 보문호수에 벚꽃만큼 잘 어울리는 봄꽃도 없다. 건물에 막혀 있던 호수 동쪽과 달리 서쪽은 가리는 것 없이 시야가 탁 트인다. 호수를 크게 한 바퀴 돌고 경주시내로 향한다.

경주를 가로지르는 북천을 따라 내려와 가장 먼저 찾은 곳은 반월성이다. 반월성을 두른 벚나무 밑으로 노란 유채꽃들이 만개했다. 주변은 온통 노랑과 분홍의 하모니다. 천국이 있다면 아마 이런 모습일까? 술에 취하듯 꽃에 취해본다. 가는 곳마다 사람들로 넘쳐나지만 짜증스럽지 않다. 마치 꿈을 꾸듯 주변을 떠다닌다. 정해진 루트는 없다. 반월성에서 첨성대로, 다시 교촌한옥마을로, 그리고 오릉으로 향한다. 발길 흐르는 대로 주변을 돌아보면 된다. 어느덧 취기가 가시면 허기가 몰려온다. 이번에는 목적지를 경주시내로 잡는다. 서울에 광장시장이 있다면 경주에는 중앙시장이 있다. 주머니 가벼운 여행자를 위해 든든한 국밥부터 독특한 식감의 우엉김밥까지 경주의 맛을 느껴볼 수 있다.

코스 정보

대중교통으로 이동한다면, 코스의 출발점은 경주고속버스터미널이나 경주역이 된다. 자가용으로 이동한다면, 보문호수관광단지를 출발점으로 삼으면 된다. 이 책에서는 보문호수를 출발점으로 한 코스를 설명한다. 호수를 오른쪽에 끼고 라이딩 하기 위해 시계 방향으로 돌기 시작한다. 숙박시설이 자리 잡은 호수의 동쪽은 도로에서 수변이 보이지 않지만 천군사거리를 지나 보문호의 서측으로 넘어오면 가리는 것 없이 호수와 붙어 달리게 된다. 경주시내에서 보문호로 들어오는 4번 국도변 옆으로 자전거도로가 조성되어 있다. 이 길을 따라 경주시내로 진입한다. 황룡사지구 진입로로 접어들면 경주 역사유적 월성지구에 도착하게 된다. 반월성을 중심으로 석빙고, 첨성대 등의 문화 유적지가 모여 있다. 월성지구 안에서의 라이딩은 일정한 루트가 없다. 발길 닿는 대로 주변 경관을 즐기며 돌아보면 된다. 바로 옆 교촌한옥마을로 접어들면 경주향교와 교동 최씨 고택을 비롯한 볼거리들이 있다. 교리김밥과 요석궁 등의 음식점들도 있어 식사를 해결하기에도 좋다. 교촌교를 건너서 경주 오릉으로 이동한다. 오릉을 한 바퀴 크게 돌아 중앙시장으로 코스를 잡는다. 왕복 사차선의 복잡한 도로지만 인도 쪽에 나 있는 자전거도로를 따라 이동한다. 중앙시장에서 식사를 해결하고 다시 대릉원지구와 월성지구를 지나 출발지였던 보문관광단지로 되돌아온다.

난이도

30㎞ 거리에, 총 상승고도는 144m다. 거의 전 구간이 평지인, 보기 드문 자전거 코스다. 보문교 삼거리에서 한화콘도 입구까지 이어지는 오르막 구간이 이 코스의 유일한 업힐이다. 로드나 MTB는 물론이고 미니벨로, 생활자전거로도 부담 없이 둘러볼 수 있는 자전거 코스다.

주의구간

대부분의 구간이 보행자 겸용 자전거도로를 이용하도록 되어 있다. 도심의 유적지구는 항상 관광객들로 북적이기 때문에 차량뿐만 아니라 보행자들도 주의해야 한다.

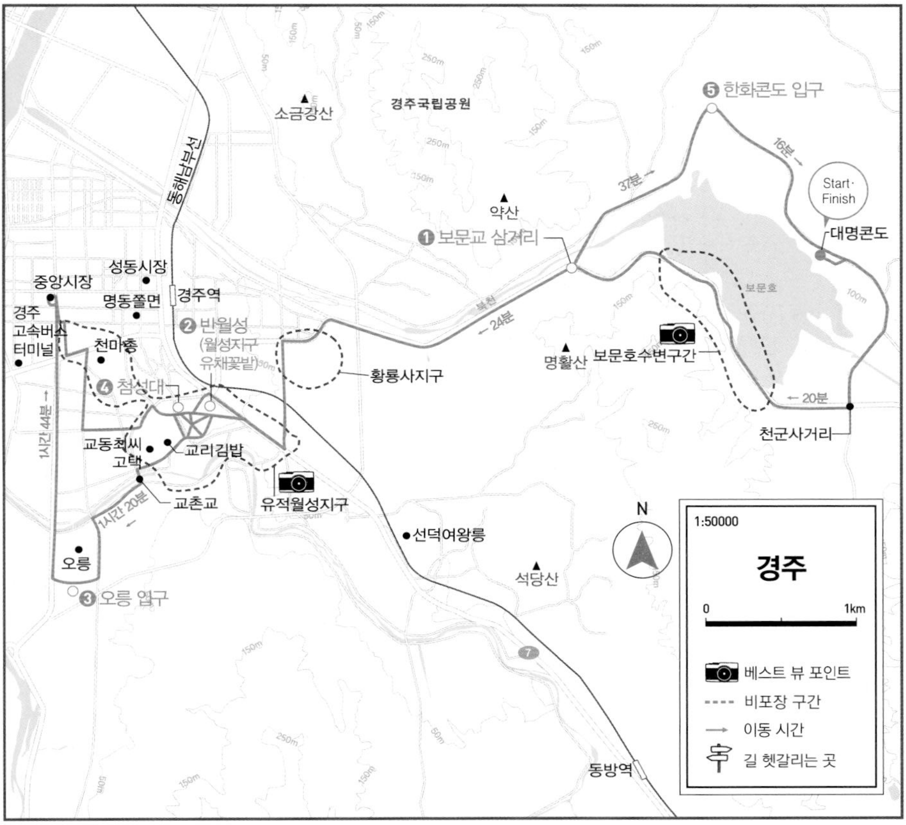

경주국립공원
소금강산
약산
동해남부선
⑤ 한화콘도 입구
16분
37분
Start·Finish
대명콘도
① 보문교 삼거리
성동시장
중앙시장
경주역
명동쫄면
경주 고속버스 터미널
② 반월성 (월성지구 유채꽃밭)
천마총
북천
24분
황룡사지구
명활산
보문호수변구간
보문호
20분
천군사거리
④ 첨성대
1시간 44분
교동최씨 고택
교리김밥
교촌교
1시간 20분
유적월성지구
선덕여왕릉
오릉
③ 오릉 입구
석당산
동방역

1:50000
경주
0 1km
베스트 뷰 포인트
비포장 구간
이동 시간
길 헷갈리는 곳

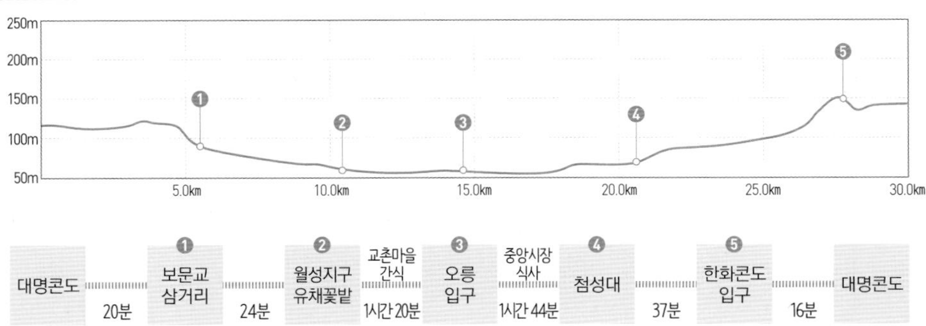

대명콘도	20분	① 보문교 삼거리	24분	② 월성지구 유채꽃밭	교촌마을 간식 1시간 20분	③ 오릉 입구	중앙시장 식사 1시간 44분	④ 첨성대	37분	⑤ 한화콘도 입구	16분	대명콘도

교통

IN/OUT 동일

대중교통 서울 강남고속버스터미널(경부선)에서 경주고속버스터미널행 차편이 1시간 간격으로 운행된다. 첫차는 06:10에 출발하며, 요금은 30,500원(우등, 편도)이다. 3시간 45분 소요된다. 동서울종합터미널에서도 경주행 차편이 운행된다. 첫차는 07:00에 출발하고, 30,000원(편도)이다. 4시간 소요된다.

서울역에서 출발하는 KTX열차는 경주역까지 2시간이면 도착한다. 단 열차에 자전거 거치대는 설치되어 있지 않다. 과거 청량리역에서 출발하는 무궁화호 열차(1621호, 1623호)에는 자전거 거치대가 설치되어 있었으나 현재는 거치대가 설치되어 있지 않은 객차가 1일 2회 운행한다. 요금은 23,800원(편도)이고, 5시간 15~45분 소요된다. 운행 시간 및 예매는 코레일 홈페이지에서 확인한다.

자가용 벚꽃 축제기간에는 경주시내에서 보문호수로 들어가는 도로가 주차장으로 변한다. 특히 주말과 경주마라톤대회가 열리는 당일에 절정을 이룬다. 자가용으로 이동해 보문호수에 숙소를 잡을 생각이라면 늦은 시간에 도착하더라도 전날 미리 출발하는 것을 추천한다.

보급 및 음식

계란 지단이 잔뜩 들어간 김밥으로 유명한 교리김밥(4,000원)이 있다. 교촌한옥마을 안에 위치해 있는데, 식사 때면 길게 줄이 늘어선다. 명동쫄면은 쫄면 전문식당이다. 소위 물쫄면, 국물쫄면으로 불리는 유부쫄면(7,000원)의 식감이 독특하다. 대릉원 인근 중심상가 지역에 있다. 대릉원 옆 도솔마을은 한정식(10,000원)으로 유명한 집이다. 가격 대비 적당한 음식을 내놓지만 주말에 대기 시간이 너무 긴 것이 단점이다.

경주 명동쫄면의 유부쫄면

경주 도심에는 두 곳의 큰 재래시장이 있다. 기차역 인근의 성동시장을 윗시장, 터미널 인근 중앙시장을 아랫시장이라 부른다. 중앙시장의 7번 문으로 들어가서 상가 안쪽 골목으로 더 들어가면 10개의 국밥집이 모여 있는 소머리국밥 골목(소머리국밥 7,000원)이 나온다. 현지인들이 애용하는 식당들로, 가격과 맛은 서로 대동소이하다.

오복닭집은 마늘통닭(16,000원)으로 유명하다. 푸짐한 프라이드치킨에 마늘을 가득 얹어준다. 중독성 있는 맛이다. 먹을 자리가 없고 포장만 가능하다. 시장에서는 우엉을 넣은 우엉김밥도 유명하다. 그중 보배김밥의 우엉김밥(2,500원)이 짭쪼름하면서 달달한 맛이 일품이다.

경주중앙시장 마늘 통닭

교리김밥 054-772-5130, 경상북도 경주시 교촌안길 27-42
명동쫄면 054-743-5310, 경상북도 경주시 계림로 93번길 3
도솔마을 054-748-9232, 경상북도 경주시 손효자길 8-13
오복닭집 054-772-1917, 중앙시장 지하주차장 입구 10동 31호
보배김밥 054-772-7675, 중앙시장 내

숙박 및 즐길거리

벚꽃 시즌이라면 경주 도심보다는 보문호수 주변에 숙소를 잡는 것이 좋다. 야간에 호수 옆 벚꽃길을 산책하는 것도 즐거운 일이다. 인기 숙소는 한 달 전부터 예약이 차기 때문에 미리 서두르는 것이 좋다.

가을에 빛나는 도시, 진주 남강을 달리다

진주 순환코스 (진양호·남강 자전거길·진주성)

도심길이지만 대나무 숲이 어우러져 청명한 분위기가 일품이다. 진주성의 풍광도 아름답다. 거리가 짧아 아쉽다면 진양호 순환코스까지 추가해 하루 코스로 돌아보기 좋다.

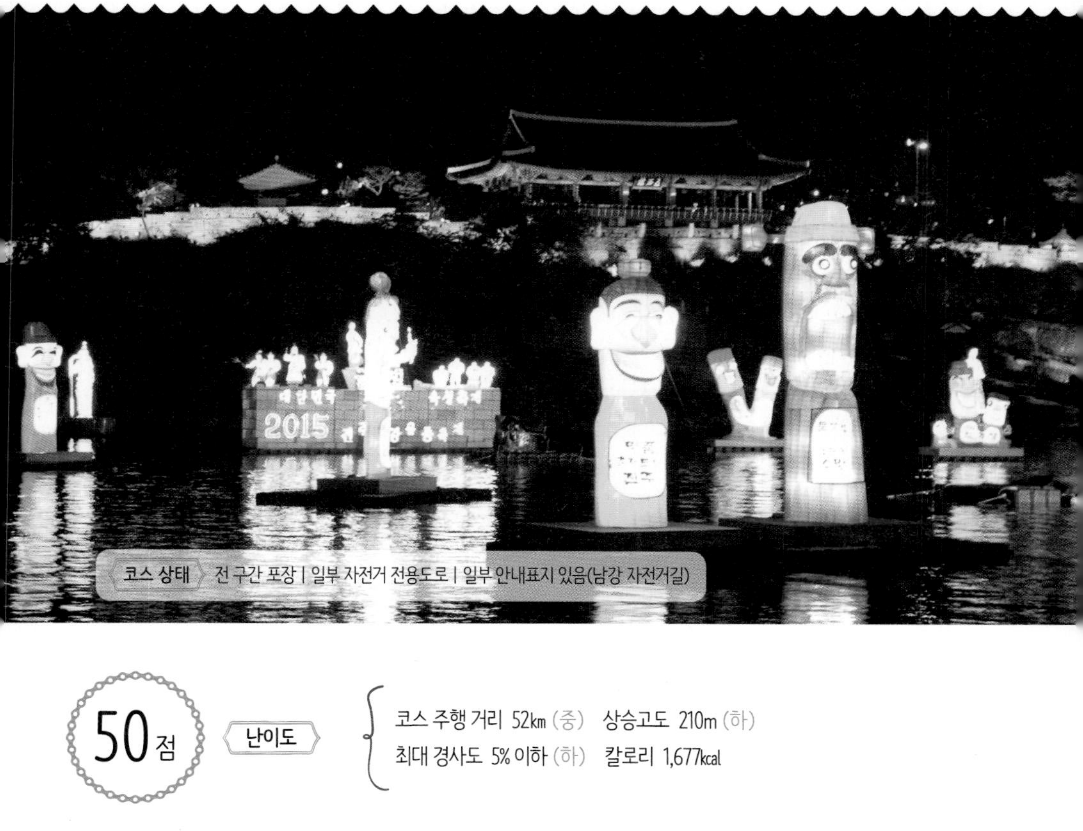

코스 상태 전 구간 포장 | 일부 자전거 전용도로 | 일부 안내표지 있음(남강 자전거길)

난이도

코스 주행 거리 52km (중) 상승고도 210m (하)
최대 경사도 5% 이하 (하) 칼로리 1,677kcal

접근성

버스 328km

반포대교 (서울 강남고속버스터미널) → 진주고속버스 터미널

소요 시간
1박 2일 추천

왕편	코스 주행	복편
3시간 20분	3시간 20분	3시간 20분

1 진양호의 가을 풍경. 2 남강 자전거길. 3 소싸움경기장. 4 진주성 공북문. 5 남강 자전거길에 조성된 대나무 숲.

대기가 머금고 있던 축축한 습기와 도로를 용광로같이 달구던 햇살이 조금씩 잦아들면 라이더들은 생기를 되찾는다. 청명해진 하늘과 서늘한 바람에 땀을 식혀가며 산뜻하게 라이딩을 즐길 수 있기 때문이다. 자전거 타기 가장 좋은 계절인 가을이 되면 태양을 피해 야간 라이딩을 즐기던 사람들도 장거리 라이딩 계획을 세우게 된다. 본격적인 투어의 계절이 찾아온 것이다.

진주는 가을에 가장 빛나는 도시다. 경주가 화려한 벚꽃으로 봄의 시작을 알린다면 진주는 남강의 유등으로 깊어가는 가을 밤을 밝힌다. 진주성과 촉석루, 그리고 논개가 떠오르는 진주는 외지인으로 항상 붐비는 관광도시는 아니다. 10월 남강유등축제가 시작되면 축제의 도시가 된다. 아름다운 수변 공간과 더불어 진주성은 이곳만의 대체 불가한 천혜의 배경이 된다. 축제 기간에 남강은 유등으로 뒤덮이며 진주성과 함께 화려한 빛의 옷으로 갈아입는다.

남강 자전거길은 강을 따라 도시를 동서로 가로지른다. 처음 눈에 들어오는 것은 바로 강변의 대나무 숲이다. 대나무의 고장 담양으로 가는 자전거길에서 만났던 숲길보다 한결 운치 있다. 지리산 자락의 청명함이 살아 있는 이곳에 가장 잘 어울리는 나무다. 영화 〈와호장룡〉의 주인공이 된 양 가뿐하게 페달을 밟아본다. 흔들리는 나무와 그 속을 지나는 바람소리가 귀를 간질인다. 도심 자전거길이지만 조금만 중심지를 벗어나면 인적은 드물어지고 사방은 고요해진다.

어느새 자전거길 끝의 남강댐에 도착했다면 이제 결정을 내려야 한다. 남강에 이어 진양호를 한 바퀴 돌아온다면 자전거길에서 벗어나 일반도로를 타고 움직인다. 미지의 세계로 들어가는 기분이다. 진양호 수변길의 분위기도 남강변과 별반 다르지 않다. 호수 속으로 들어갈수록 주변의 조용하고 청명한 분위기에 젖어 든다. 갈대가 흔들리는 호수길을 한 바퀴 돌아 다시 진주로 돌아온다. 되돌아오는 길에는 잠시 소싸움경기장에 들러보자. 축제 기간이나 주말에 운이 좋다면 소싸움 경기를 관람할 수도 있다. 해가 지기 시작하면 진주성으로 되돌아갈 시간이다. 유등으로 뒤덮인 남강의 풍경을 떠올리며 설레기 시작한다.

보급 및 음식

진주냉면은 평양냉면, 함흥냉면과 함께 우리나라 3대 냉면으로 친다. 하연옥진주냉면이 유명하다. 물냉면 가격은 9,000원 선. 육회비빔밥 역시 빼놓을 수 없다. 천황식당과 제일식당이 잘한다. 장어구이도 빠질 수 없다. 유정장어(바닷장어 1인 22,000원)가 유명하다. 진주성 인근의 중앙시장에도 숨겨진 맛집들이 있다. 분식집이 모여 있는 골목에 황소분식과 삼성분식이 나란히 있다. 순댓국에서 잡채, 떡볶이 같은 싸고 부담 없는 음식들을 맛깔 나게 내놓는다. 특히 쫄면(5,000원)의 식감이 아주 독특하다. 진주에도 꿀빵이 있다. 덕인당이 원조 격이다. 꿀빵(5개 3,000원)은 식후 디저트로 손색이 없다. 중앙시장 인근에는 독특한 식감의 팥 찐빵(3,000원)을 판매하는 수복빵집이 있다. 메뉴는 팥빙수, 단팥죽, 찐빵으로 단출하다.

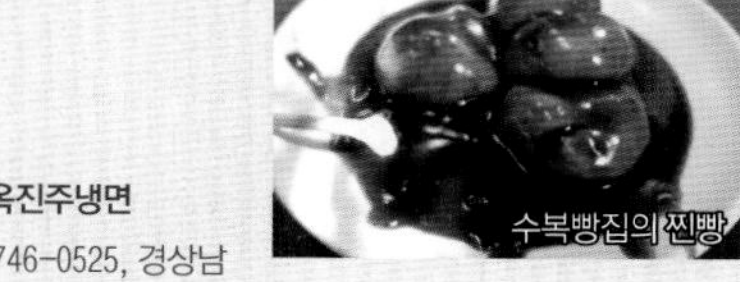
수복빵집의 찐빵

하연옥진주냉면 055-746-0525, 경상남도 진주시 진주대로 1317-20,

천황식당 055-741-2646, 경상남도 진주시 촉석로 207번길 3

제일식당 055-741-5591, 경상남도 진주시 중앙시장길 29-2

유정장어 055-746-9235, 경상남도 진주시 논개길 27

덕인당 055-741-5092, 경상남도 진주시 장대로 43번길 12-1

수복빵집 055-741-0520, 경상남도 진주시 촉석로 201번길 12-1

즐길거리

진주유등축제는 진주를 대표하는 지역축제다. 매년 10월 진주성 일대의 남강 수변에서 진행된다. 입장료는 성인 10,000원, 학생 5,000원이다. 남강변 일부 구간은 입장료를 내지 않으면 통과할 수 없기 때문에 일반도로와 보행자 통로를 이용해 우회해야 한다. 입장료를 지불하면 자전거를 끌고 축제장 안을 둘러볼 수는 있다. 진주는 청도 못지않게 소싸움이 활성화된 곳이다. 축제 기간은 물론이고 하절기에는 매주 토요일 상설경기가 진행된다. 대회 일정은 홈페이지에서 확인할 수 있다.

진주 전통소싸움경기장

055-749-2114, http://bulls.jinju.go.kr, 경남 진주시 판문오동길 100

코스 정보

라이딩은 진주고속버스터미널에서 시작한다. 진양교 교차로에서 남강 자전거길로 진입한다. 남강 자전거길을 따라 천수교까지 이동한다(남강유등축제 기간에는 진주교와 천수교 사이 강변길이 축제 행사장으로 변한다. 이때는 일반도로를 이용해서 우회한다). 천수교를 건너 다시 남강 맞은편 자전거길로 진입한다. 남강 자전거길이 끝나는 지점에 남강댐이 있다. 오목교를 건너 노을 공원을 지나 삼계 교차로까지 이동한다. 이곳부터 수곡/대평갈림길이 나오는 약 1㎞ 구간은 2번 국도를 타고 이동한다. 갈림길에서 우측으로 빠진 다음 호반로로 진입한다. 진수대교를 건너 당촌삼거리와 대평삼거리에서 각각 우회전하면서 진양호를 우측에 끼고 시계 방향으로 돈다. 시목교를 건너 3번 국도와 나란히 난 도로를 따라 이동한다. 3번 국도로 진입하지 말고 방음벽 뒤 마을길로 진입한다. 국도 옆길을 따라 마을을 벗어나 호수 방향의 우측 샛길로 들어간다(별도의 안내표지 없음). 가화로를 따라가다 상촌마을 버스정류장 삼거리에서 우회전해 판문로를 타고 진주 방향으로 들어간다. 중간에 소싸움경기장을 지나 진주시 어린이교통공원에서 다시 남강 자전거길을 타고 출발지로 되돌아오면 된다. 호수를 우측에 끼고 시계 방향으로 돌기 때문에 주요 분기점에서 우측 방향으로 진입하면 된다. 돌아오는 길에 진주성을 들른다면 천수교를 넘어가지 말고 그대로 직진해 진주성까지 이동한다. 천수교에서 진주성까지는 일반도로 구간을 주행해야 하며 진주교에서 다시 남강 자전거길을 만나게 된다.

난이도

약 52㎞ 길이의 코스로, 상승고도는 210m에 지나지 않는다. 남강댐으로 올라가는 업힐과 중간에 작은 언덕 한두 곳을 넘어갈 뿐 10%가 넘어가는 급경사 구간도 없는 아주 완만한 코스다.

주의구간

코스 자체의 난이도는 높지 않지만, 진양호 라이딩을 위해서는 남강 자전거길에서 벗어나 일반공도를 주행해야 한다. 공도 주행 경험이 없는 초보자에게는 추천하지 않는다. 짧기는 하지만 1㎞ 정도 고속화 국도를 잠시 주행해야 하고(다행히 차량 통행량이 많지 않다), 코스 안내표지가 없어 초행길에는 길 찾기가 수월한 편은 아니다. 특히 오미마을 인근에서는 절대로 3번 국도로 진입하지 말고 호수 방향 샛길(가화로)을 잘 찾아가야 한다.

교통

IN/OUT 동일

서울 강남고속버스터미널(경부선)에서 진주고속버스터미널행 차편이 약 30분 간격으로 운행된다. 첫차가 06:00에 출발하며, 요금은 31,300원(우등, 편도)이다. 3시간 30분 소요된다. 서울남부버스터미널에서도 진주시외버스터미널행(1688-0841, 경상남도 진주시 남강로 712) 차편이 30분 간격으로 운행된다. 요금은 30,000원(편도)이고 3시간 40분 소요된다. 진주고속버스터미널과 진주시외버스터미널은 서로 떨어져 있는데, 시외버스터미널이 진주성 인근에 있다.

길 헷갈리는 곳 A.
갈림길에서 수곡/대평 방향
오른쪽 길로 진입.

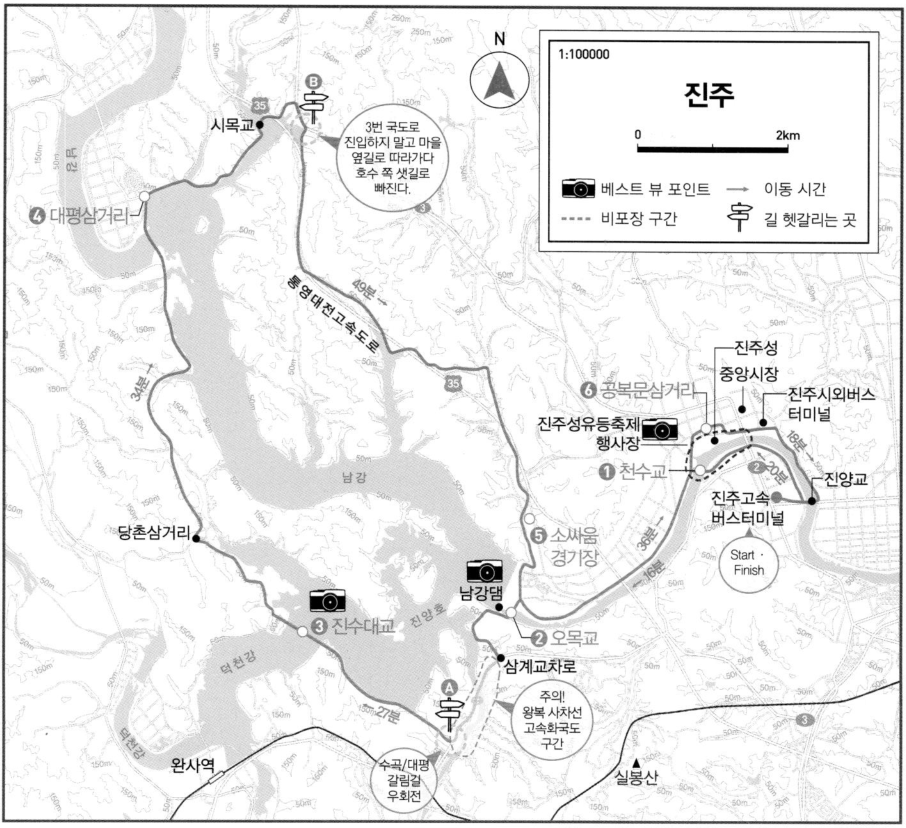

1:100000

진주

0 2km

베스트 뷰 포인트
이동 시간
비포장 구간
길 헷갈리는 곳

N

B
35
시목교
3번 국도로 진입하지 말고 마을 옆길로 따라가다 호수 쪽 샛길로 빠진다.
❹ 대평삼거리
통영대전고속도로
49분
34분
35
❻ 공복문삼거리
진주성
중앙시장
진주시외버스 터미널
진주성유등축제 행사장
❶ 천수교
20분
18분
진양교
진주고속 버스터미널
Start · Finish
남강
당촌삼거리
❺ 소싸움 경기장
36분
16분
남강댐
❸ 진수대교
진양호
❷ 오목교
덕천강
삼계교차로
A
27분
주의! 왕복 사차선 고속화국도 구간
수곡/대평 갈림길 우회전
3
완사역
실봉산

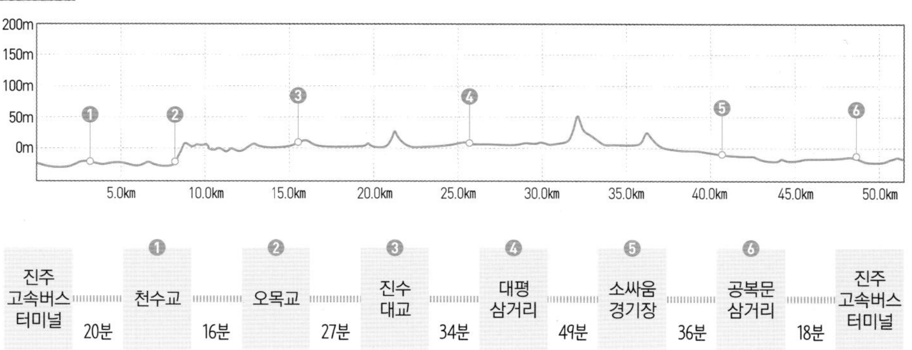

진주 고속버스 터미널		❶ 천수교		❷ 오목교		❸ 진수 대교		❹ 대평 삼거리		❺ 소싸움 경기장		❻ 공복문 삼거리		진주 고속버스 터미널
	20분		16분		27분		34분		49분		36분		18분	

짧아도 있을 것은 다 있다

전주 순환코스 (전주천 자전거길·한옥마을·바람 쐬는 길)

인기 여행지 전주에서 자전거는 라이딩보다는 이동수단으로 가치를 발한다. 코스는 짧지만 넘쳐나는 먹거리와 볼거리, 그리고 폐철길까지 아기자기한 구성이 좋다.

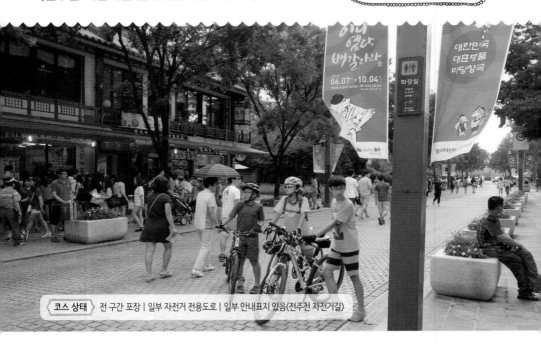

코스 상태 전 구간 포장 | 일부 자전거 전용도로 | 일부 안내표지 있음(전주천 자전거길)

20점 **난이도**

코스 주행 거리 19㎞ (하) 상승고도 70m (하)
최대 경사도 5% 이하 (하) 칼로리 535kcal

대중교통 가능 205Km **접근성**

버스 205km
반포대교 (서울 강남고속버스터미널) → 전주고속버스터미널

소요 시간

왕편	코스 주행	복편
버스 2시간 40분	자전거 3시간 20분	버스 2시간 40분

1 전주천 자전거길. **2** 경기 전 수문장 교대식. **3** 폐철로 자전거길. **4** 전동성당. **5** 폐철로 자전거길이 시작되는 터널.

전주는 국내여행의 핫플레이스로 떠오른 도시다. 풍남동과 교동 일대는 600여 채의 한옥이 모여 마을을 이루고 있다. 도심 한복판에 한옥들이 모여 그려내는 유려한 한옥의 처마선은 우리나라의 고풍스러운 멋을 잘 표현해 준다. 전주 한옥마을은 전통을 지키고 고유의 생활양식을 보전해 일찌감치 국제 슬로시티로 지정되었다. 최근에는 관광객이 늘어나고 상업화되어 우려의 목소리도 들린다. 고유의 정체성을 잃어버리고 있다는 걱정이다. 이런 우려에도 전주를 찾는 젊은 여행객들은 점점 늘어나 내일러(20대 기차 여행자)가 가장 선호하는 여행지 중 한 곳이 되었다. 볼 것보다 먹을 것이 많다는 한옥마을. 전주를 대표하는 키워드는 먹방, 먹부림이다. SNS에는 비빔밥, 막걸리 골목, 남부시장 피순대, 콩나물국밥, 한옥마을 초코파이부터 알 만한 사람들은 다 안다는 가맥집까지 수많은 먹방의 증거들이 올라오고 있다.

과연 전주는 자전거로 여행하기 좋은 곳일까? 결론부터 말하자면 코스는 짧아도 있을 것은 다 있었다. 앞서 소개한 경주, 진주는 도시를 가로지르는 하천은 물론이고 호수 수변길과 접해 있어 한나절 거리의 코스가 나오지만, 사실 전주는 천변길을 빼면 특별한 자전거 루트가 보이지 않는다. 대신 거리가 짧아도 구경거리가 많아 한나절 라이딩이 가능했다.

전주 라이딩의 시작은 고속버스터미널과 시외버스터미널 인근의 전주천 자전거길에서 시작한다. 자전거길은 소박하다. 여느 다른 도시의 자전거길과 별반 다를 바 없지만, 낯선 도시에서의 라이딩은 언제나 설렌다. 얼마 지나지 않아 사람들로 복작거리는 남부시장에 도착한다. 먹방을 대비해 배를 비우고 왔기에 더욱 기대되는 순간이다. 순대, 통닭, 유명한 콩나물국밥이 여행객들을 반긴다. 시장을 나와 찾아간 곳은 한옥마을이다. 인터넷에서 검색해뒀던 군것질거리들을 먹기 위해 이곳저곳 쏘다니기 시작한다. 자전거를 타서 조금 더 편하게 돌아다닐 수 있기에 마음이 뿌듯해진다. 설렁설렁 유랑 모드로 한참을 돌아다니다가 슬슬 싫증이 나면 다시 자전거길로 들어선다. 한벽당을 지나 폐철길을 따라 만들어진 자전거길로 진입한다. 생각지도 못했던 구간이다. 나무들이 터널을 만든 덕분에 여름에도 햇빛을 피할 수 있어 더욱 멋진 구간이다. 아쉬웠던 질주 본능을 이곳에서 풀어본다. 바람 쐬는 길. 길 이름도 맘에 든다.

코스 정보

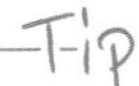

지가용으로 이동했다면 전주종합운동장 주차장에서 라이딩이 시작된다. 백제교 쪽으로 내려오다가 사거리 인근에서 전주천 자전거길로 진입한다. 이 경우 계단을 내려가야 한다. 전주고속버스터미널이나 전주시외버스터미널에서 출발한다면 백제교로 올라가지 말고 자원봉사종합센터 옆 거성고속아파트에서 전주천으로 진입하는 연결 도로가 나온다. 전주천으로 진입하면 자원봉사 건물 밑에 전주 공영 자전거대여소가 있다. 자전거 전용도로를 따라 내려간다. 완산교를 지나면 우측으로 남부시장이 보이기 시작한다. 식사와 한옥마을 투어를 위해 자전거길에서 이탈해 남부시장으로 들어간다. 시장이 혼잡하기 때문에 자전거에서 내려 끌바로 이동해야 한다. 식사를 해결했으면 풍남문 방향으로 나간다. 회전교차로를 지나가면 한옥마을의 입구라 할 수 있는 전동성당과 만난다. 한옥마을은 발걸음 닿는 대로 돌아다니며 구경하면 된다. 한옥마을을 돌아보고 전주향교 쪽으로 이동한다. 이곳에서 다시 전주천 자전거길로 진입한다(자전거길로 내려가지 않으면 횡단보도를 건너서 바람 쐬는 길로 진입한다). 한벽교를 밑으로 통과해 바람 쐬는 길로 진입하게 된다. 폐철로를 자전거길로 조성한 곳이다. 바람 쐬는 길로 진입하자마자 좌측으로 전주 자연생태박물관이 보인다. 이곳에도 전주 공영 자전거대여소가 있다. 천주교치명자산성지를 지나 계속 올라가면 원색경로당에서 철로 자전거길은 끝이 난다. 자전거의 반환점이다. 색장교를 넘어 전주천 건너편 길로 되돌아 나와도 되지만 건너편은 나무 그늘이 없다. 햇볕 뜨거운 하절기에는 왔던 길로 되돌아 나오는 것이 좋겠다. 이후에는 전주천 자전거길을 타고 출발지로 되돌아오면 된다.

Tip

고속버스터미널 인근 전주시 자원봉사센터(전라북도 전주시 덕진구 전주천동로 455)와 회차 지점 인근 자연생태박물관(전라북도 전주시 완산구 바람 쐬는 길 21), 2곳에 공영자전거 대여소가 있다. 명절(설날, 추석)과 1월 1일, 매주 월요일은 휴무고, 운영시간은 09:00~18:00(하절기), 10:00~17:00(동절기)다. 요금은 1시간에 1,000원, 추가 1시간당 500원이다. 신분증을 지참해야 하고, 만 14세 이하는 보호자 동의가 필요하다.

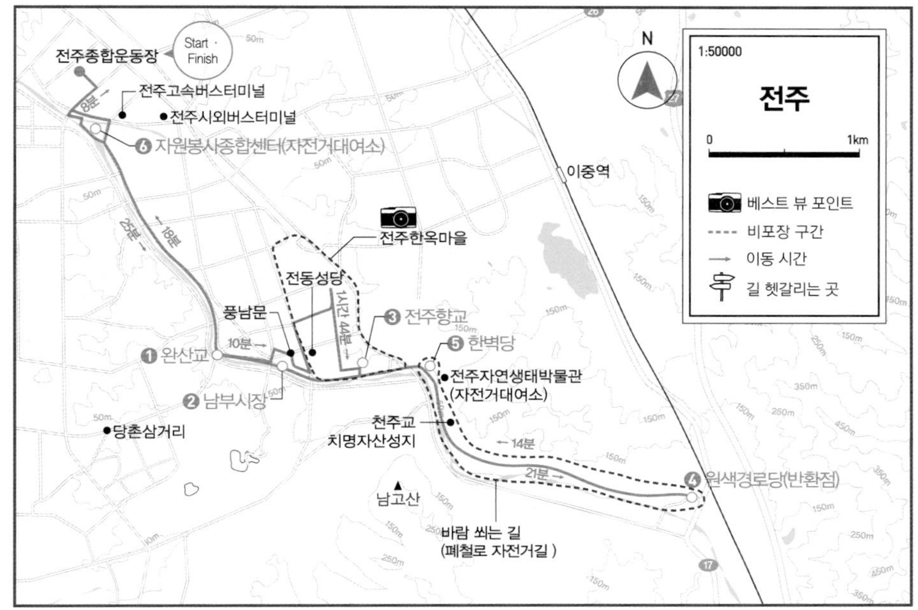

고도표

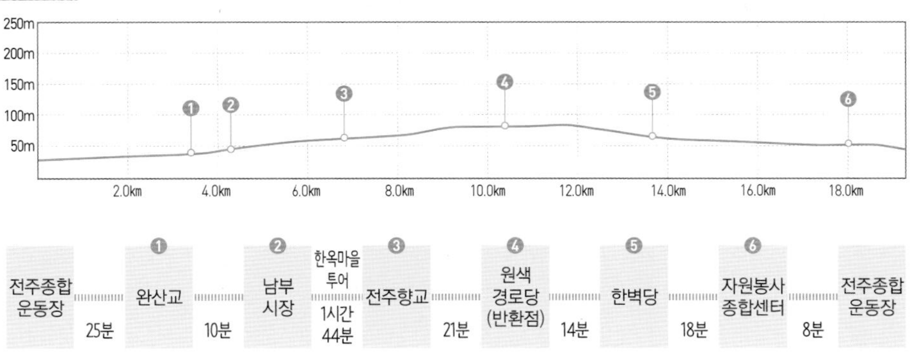

전주 공영자전거 대여소

전주향교

풍남문의 야경

난이도

약 19㎞ 길이의 코스로, 상승고도는 70m에 지나지 않는다. 업힐 한 번 나오지 않는다. 이 책에서 소개하는 코스 중 난이도가 가장 낮다. 초보자도 부담 없이 둘러볼 수 있고, 생활 자전거부터 로드, MTB까지 제약이 없다. 단 한옥마을에서는 인파와 상점들이 복잡해 걸어 다니는 구간이 많기 때문에 클릿슈즈를 신고 라이딩을 하기에 적합한 구간은 아니다.

주의구간

남부시장과 한옥마을 구간만을 제외하면 전 구간 자전거 전용도로를 이용한다. 종종 복잡 구간에서는 인파로 인해 라이딩이 불가하므로 자전거에서 내려 통과한다.

교통

IN/OUT 동일

대중교통 서울 센트럴시티터미널에서 전주고속버스터미널행 차편이 약 10분 간격으로 운행된다. 05:30에 첫차가 출발하며, 요금은 20,100원(우등, 편도), 2시간 40분 소요된다. 서울남부버스터미널에서도 전주시외버스터미널(1688-1745, 전라북도 전주시 덕진구 가리내로 30)까지 30분 간격으로 차편이 운행된다. 요금은 13,800원(편도), 2시간 40분 소요된다. 첫차는 06:00에 출발한다. 전주고속버스터미널과 전주시외버스터미널은 서로 인근에 위치하고 있다.

자가용 터미널 인근에 있는 전주종합경기장 주차장(전라북도 전주시 덕진구 덕진동 1가 1220-16)을 이용하는 것이 좋다.

보급 및 음식

전주 남부시장이 전주천 자전거길과 붙어 있다. 이곳에서 가장 유명한 맛집 중 한 곳은 조점례피순대다. 순대국밥(7,000원)이 맛있고, 24시간 영업한다. 삼번집은 전주식콩나물국밥(6,000원)을 잘한다. 15:00까지만 영업한다. 한국닭집은 가마솥통닭(프라이드 16,000원)으로 유명한 집이다. 매장에서 먹을 수 없고, 포장해 가야 한다. 한옥마을에는 셀 수 없이 많은 길거리 음식점들이 있다. 가장 유명한 곳은 수제 초코파이(1,600원)로 알려진 풍년제과 한옥마을1호점이다. 한옥마을 관광객들은 대부분 한 손에 풍년제과 종이봉투를 들고 다닌다. 전주의 대표 음식으로 비빔밥이 빠질 수 없다. 코스 인근에 한국관 한옥마을분점과 가족회관이 있다. 전주비빔밥이 12,000원이다.

조점례피순대
063-232-5006, 전라북도 전주시 완산구 전동3가 2-198

삼번집
063-231-1586, 전라북도 전주시 완산구 전동 303-186

한국닭집
063-284-4642, 전라북도 전주시 완산구 풍남문2길 49 남부시장

풍년제과 한옥마을1호점
063-288-7300, 전라북도 전주시 완산구 은행로 61

한국관 한옥마을분점
063-232-0074, 전라북도 전주시 완산구 태조로 31

가족회관
063-284-0982, 전라북도 전주시 완산구 전라감영5길 17

풍년제과

3색 매력의 자전거길을 달리다

부산 도심 종주코스 (온천천·해운대·달맞이고개)

부산의 강과 바다, 산을 달리는 코스.
강을 따라가면 바다와 연결되고,
산에 오르면 바다가 내려다보인다.
내륙도시에 사는 라이더에게
부산은 특별한 곳이다.

코스 상태 전 구간 포장 | 일부 자전거 전용도로 | 안내표지 있음(동해안 종주 자전거길)

30점(해운대)
50점(용궁사)

난이도

① 터미널 - 해운대(편도)	② 해운대 - 용궁사(편도)
코스 주행 거리 26km (하)	코스 주행 거리 14km (하)
상승고도 37m (하)	상승고도 233m (하)
최대 경사도 5% 이하 (하)	최대 경사도 10% 이상 (상)
칼로리 546kcal	칼로리 489kcal

접근성

버스 384km

반포대교 (서울 강남고속버스터미널) — 부산고속버스터미널

소요 시간

왕편	코스 주행(총 4시간 44분)		복편(총 6시간 10분)	
버스 4시간 15분	① 자전거 2시간 20분	② 자전거 2시간 24분	자전거 1시간 30분	버스 4시간 40분

1 달맞이고개에서 내려다보이는 청사포. 2 달맞이고개 데크길. 3 송정해변에서 서핑을 즐기는 사람들.

바다와 산을 배경으로 거대한 마천루가 솟아 있는 매력적인 항구도시, 부산. 그곳의 숨은 비경을 자전거로 돌아보는 코스다. 부산은 우리나라 제2의 대도시이면서도 강과 바다, 산의 자연 경관을 모두 갖추고 있어, 서로 다른 색깔의 개성 있는 코스를 자전거로 달려볼 수 있다.

강변길은 고속버스터미널이 위치한 금정구에서 시작된다. 이곳에 도착한 자전거 여행객들은 온천천을 따라 남쪽으로 내려간다. 좁고 구불구불한 자전거길은 서울시내의 여느 천변을 달리는 것마냥 낯설지 않고 정감 있다. 하류로 내려갈수록 좁은 강변길이 점점 넓어지고 시야가 트인다. 어느덧 온천천은 수영강과 하나가 된다. 강은 더욱 기세를 키우며 바다를 향해 나간다. 수영만이 가까워지면 해운대의 초고층 건물들이 만들어내는 스카이라인이 시야에 들어온다. 서울의 스카이라인조차 초라하게 만드는 이국적인 풍경이 자전거를 달리는 내내 눈앞에 펼쳐진다. 강변길은 수영만 요트경기장에서 해변길로 바뀐다. 마천루의 스카이라인을 배경으로 각양각색의 요트가 계류장을 가득 채우고 있다. 마치 지중해의 어느 휴양지에 들어온 듯한 착각이 들 정도다. 관광객들로

해운대 혼잡 구간의 자전거 안내표지.

4 온천천 자전거길. **5** 길 헷갈리는 곳 A. 두실교로 들어가는 골목. **6** 수영강 자전거길에서 바라보는 해운대 고층빌딩.

북적거리는 해운대에 들어서면 인파를 피해 자전거에서 내려 해변을 따라 천천히 걷는다. 사람들 사이로 설렘과 흥분이 넘실대는 해변의 분위기에 젖어본다. 해운대의 끝자락에서 다시 자전거에 올라 달맞이고개를 넘어가야 한다. 오르막길은 가파르지만 언덕에서 내려다보이는 해운대와 청사포의 모습에 매료돼 자전거 속도가 더욱 느려진다. 고개를 넘어가면 송정해변과 만난다. 해변은 보드를 즐기는 젊은이들로 가득하다. 송정에서 용궁사까지 해안선과 맞닿은 한적한 도로에서 라이딩을 즐길 수 있다.

사실 부산은 자전거 타기에 좋은 여건을 갖춘 도시는 아니었다. 좌우로 넓게 퍼진 도심, 차량 정체, 곳곳의 언덕길은 특히 초보자가 라이딩을 즐기기에 녹록하지 않았다. 강원도 고성에서 부산 을숙도를 연결하는 동해안 종주 자전거길이 조성되며 사정이 좋아지고 있다. 부산은 국토 종주를 끝낸 여행객이 인증도장을 찍고 집으로 돌아가기 위해 잠시 들르는 종착지였다. 이제 새로운 길이 완성되면 종주길의 종착점이자, 새로운 여행의 시발점으로 전국 자전거 여행객들을 불러모으게 될 것이다.

코스 정보

Tip

1~4호선의 부산 지하철은 서울과 마찬가지로 토~일(공휴일)에는 자전거를 휴대하고 탑승할 수 있다. 지하철 마지막 칸을 이용해야 하며, 접이식 자전거는 항시 탑승 가능하다.

시작은 부산고속버스터미널이다. 부산고속버스터미널은 금정구 노포동에 있는데, 부산의 북쪽 끄트머리에 있다. 남쪽의 바닷가까지 한참을 내려와야 한다. 터미널 맞은편 도로를 타고 남하하기 시작한다. 보행자 겸용 자전거길이 인도에 설치되어 있다. 부산 1호선 지하철역을 따라 내려가는데, 두실역을 만나면 자전거를 멈추고 온천천 자전거길 입구를 찾아야 한다. 8번 출구 인근 두실교에서 온천천 자전거길이 시작된다. 온천천은 하류로 내려오면서 점점 넓어진다. 수영강과 만나는 합수부에 도달하면 거의 한 바퀴를 돌아 수영강 자전거길을 따라 내려간다. 좌회전해 올라가면 반대로 가는 길이다. 수영교를 넘어서는 도심으로 진입한다. 이곳에서 다시 인도에 만들어진 보행자 겸용 자전거길을 타게 되는데, 동해안 종주 자전거길 표시를 따라가면 된다. 동백섬을 지나 해운대해수욕장에 진입하면 인파와 차량으로 굉장히 번잡스럽다. 해변을 통과하는 동안은 자전거에서 내려 천천히 걸어 통과하는 게 좋다. 해변 끝 미포오거리에 도착하면 달맞이고개를 넘어간다. 도로 폭이 좁아 자전거로 넘어다니기 아슬아슬한 구간이었지만 인도 한쪽에 데크길이 만들어져 그나마 사정이 좀 나아졌다. 아래쪽으로 동해남부선 폐철로 구간에 자전거길이 생기면, 이 지역 명소로 자리 잡을 것이다. 달맞이고개를 넘어가면 송정해변과 만난다. 이곳부터 용궁사까지는 잘 닦인 도로에서 벗어나 최대한 해변과 붙어 달리면 된다.

난이도

터미널에서 해운대까지는 오르막 없는 평지 구간이다. 초보자도 충분히 달릴 수 있다. 반면 해운대 해변에서 달맞이고개를 넘어가는 업힐은 1㎞ 급경사 구간이 이어진다. 달맞이고개는 해운대에서 급하게 올라가고 송정 쪽으로는 완만하게 내려간다.

주의구간

휴일이면 해운대 해변은 거의 자전거를 타지 못할 정도로 차량과 관광객들로 붐빈다. 혼잡 구간의 통행에 주의해야 한다. 달맞이고개의 우측 인도에 좁은 데크길이 만들어져 있다. 차도로 달리기에는 도로 폭이 좁다. 데크길 중간에 가로수가 불쑥불쑥 튀어나와 있다. 보행자나 나무와의 충돌을 조심해야 한다.

고도표

① 부산고속터미널-해운대 코스

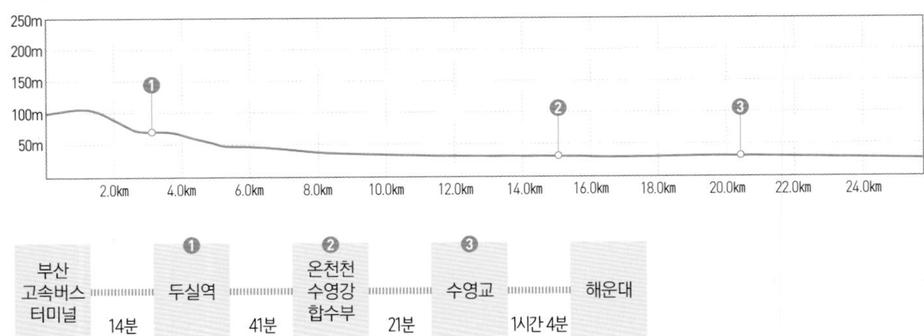

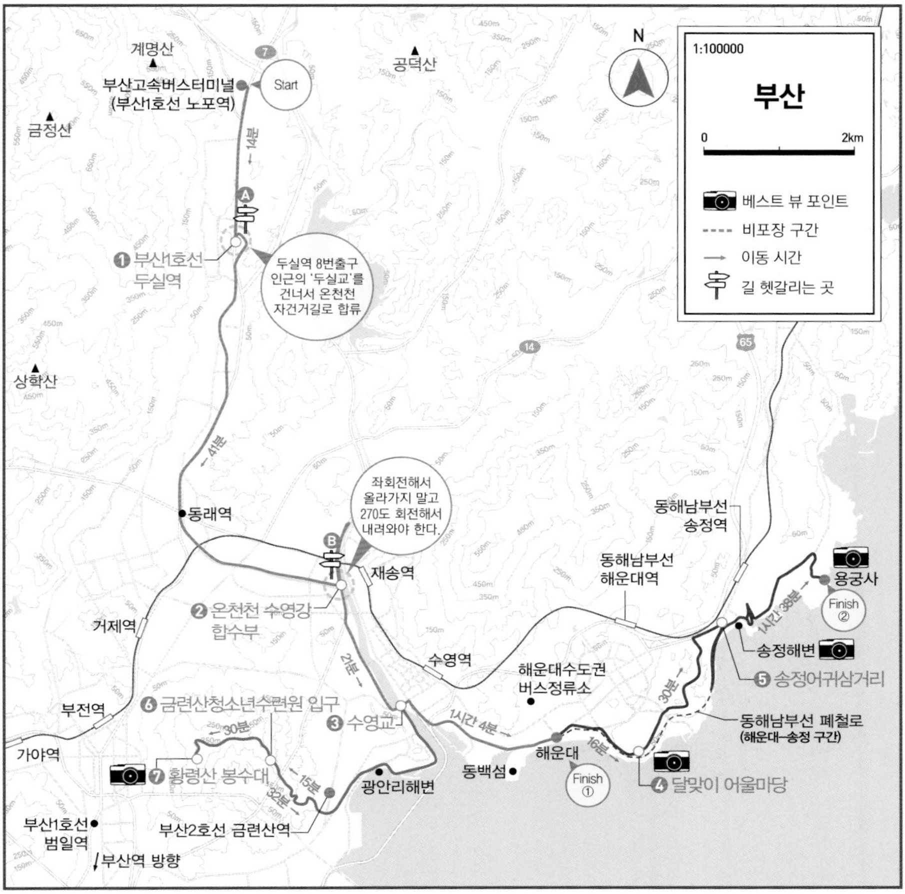

1:100000
부산
0
2km
베스트 뷰 포인트
비포장 구간
이동 시간
길 헷갈리는 곳
N
계명산
공덕산
금정산
상학산
부산고속버스터미널
(부산1호선 노포역)
Start
14분
A
❶ 부산1호선
두실역
두실역 8번출구
인근의 '두실교'를
건너서 온천천
자전거길로 합류
41분
동래역
좌회전해서
올라가지 말고
270도 회전해서
내려와야 한다.
B
재송역
❷ 온천천 수영강
합수부
거제역
수영역
동해남부선
송정역
동해남부선
해운대역
용궁사
Finish
②
1시간 38분
송정해변
❺ 송정어귀삼거리
해운대수도권
버스정류소
30분
동해남부선 폐철로
(해운대-송정 구간)
21분
부전역
❻ 금련산청소년수련원 입구
❸ 수영교
1시간 4분
30분
가야역
❼ 황령산 봉수대
15분
32분
광안리해변
동백섬
해운대
16분
Finish
①
❹ 달맞이 어울마당
부산1호선
범일역
부산2호선 금련산역
부산역 방향

②해운대-용궁사 편도 코스

200m
150m
100m
50m
0m
❹
❺
2.0km
4.0km
6.0km
8.0km
10.0km
12.0km
14.0km

해운대	16분	❹ 달맞이 어울마당	30분	❺ 송정어귀 삼거리	송정해변 식사 1시간 38분	용궁사

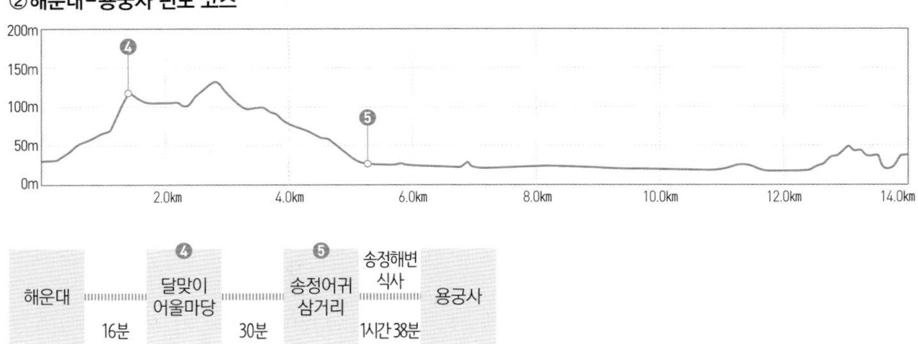

교통
IN/OUT 다름

IN 서울 강남고속버스터미널(경부선)에서 부산고속버스터미널행 차편이 30분 간격으로 운행된다. 06:00에 첫차가 출발하며, 요금은 36,000원(우등, 편도)이다. 4시간 15분 소요된다. 서울에서 해운대로 바로 가는 차편도 있다. 동서울종합터미널에서 06:20에 첫차가 출발하고, 요금은 36,200원(편도)이다. 4시간 50분 소요된다. 서울남부터미널에서도 부산행 차편이 운행되지만, 고속버스터미널이 아닌 부산 서쪽의 사상버스터미널로 간다. 첫차는 07:00에 출발하고, 요금은 34,500원(편도)이다.
서울역에서 출발하는 KTX 열차는 부산역까지 2시간 40분이면 도착한다. 열차에 자전거 거치대가 설치되어 있지 않다. 과거 서울역에서 출발하는 무궁화호 열차(1205호)에는 자전거 거치대가 설치되어 있었으나 현재는 거치대가 설치되어 있지 않은 객차가 운행한다. 요금은 28,600원(편도)이고, 부산역까지 5시간 25~45분 소요된다. 열차 운행 시간과 예매는 코레일 홈페이지에서 확인한다.

OUT 2016년 11월 동해남부선 1단계 복선전철이 개통하였다. 개통 구간은 부전에서 일광이다. 송정역에서 부산 시내로 전철을 이용해서 점프할 수 있게 되었다. 단 자전거 휴대 탑승은 서울과 마찬가지로 주말, 공휴일에만 가능하다. 옛 동해남부선 구간 중 송정-해운대역 구간은 폐선로로 방치되어 있다. 해운대에서 송정으로 갈 때 달맞이고개를 넘어갔지만 돌아올 때는 이 폐선로를 따라 돌아올 수 있다. 현재는 자전거길이 조성되어 있지 않고 자갈이 깔린 기찻길 그대로다. 노면 상태가 불량하지만 산악자전거로는 주행이 가능하다. 끝바로 통과하더라도 달맞이고개의 업힐을 생략할 수 있고 바다와 맞붙어 있어 풍광이 좋은 길이다.

OUT **해운대-서울** 해운대에는 부산해운대시외버스터미널과 해운대(수도권)정류소가 있다. 해운대시외버스터미널에서는 대구, 울산, 언양 등 인근 도시행 차편이, 해운대(수도권)정류소(1688-7645, 부산기계공고 옆)에서는 동서울종합터미널과 서울남부터미널행 차편이 운행된다.

보급 및 음식

해운대 세이프존 맞은편에는 소고기국밥 골목이 있다. 48년 전통 원조할매국밥에서는 가성비 좋은 소고기국밥(6,000원)을 맛볼 수 있다. 해운대기와집대구탕은 오로지 대구탕(11,000원) 한 가지로 승부하는 집이다. 송정해변 인근 원가야밀면은 한약재를 달여 깊은 맛을 내는 육수와 쫄깃한 면발이 일품인 밀면(물밀면 6,000원)을 선보인다. 송정집은 이 지역에서 가장 유명한 음식점이다. 직접 만든 국수와 도정한 쌀로 음식을 만든다. 김밥(3,200원), 만두(4,800원), 김치찌개국수(5,500원) 등 가볍게 식사할 수 있는 메뉴를 제공한다.

48년 전통 원조할매국밥
051-746-0387, 부산시 해운대구 구남로21번길 27
해운대기와집대구탕
051-731-5020, 부산시 해운대구 달맞이길 104번길 46
원가야밀면 051-704-4279, 부산시 해운대구 송정중앙로21번길 8
송정집 051-704-0577, 부산시 해운대구 송정광어골로 59

48년 전통 원조할매국밥의 소고기국밥

원가야밀면의 물밀면

부산의 파수꾼, 봉수대에 오르다

황령산 업힐 코스

70점

난이도
코스 주행 거리 9km (하) 상승고도 494m (중)
최대 경사도 10% 이상 (상) 칼로리 623kcal

코스 상태 전 구간 포장 | 자전거 전용도로 없음 | 안내표지 없음

금련산에서 황령산으로 이어지는 능선

벚꽃 만발한 황령산 순환도로

황령산 코스는 부산의 대표적인 업힐 코스다. 부산에서는 황령산을 자전거로 올라가 봐야 어디 가서 자전거 좀 탄다는 소리를 듣는다. 그 정도로 대중적인 코스이면서 또한 난이도가 있는 코스다. 정상으로 오르는 길은 '악' 소리 날 정도로 만만치 않다. 황령산 정상의 봉수대 근처까지는 포장도로가 나 있어 황령산 순환도로를 타고 해발 400m의 정상까지 올라갈 수 있다. 자동차가 갈 수 있다면 자전거도 올라갈 수 있다. 산 중턱부터 광안대교를 비롯한 주변 전망이 보이기 시작한다. 서울의 남산 순환도로 분위기를 연상하면 되겠다. 부산 도심 한복판에 자리 잡고 있고 주변에 큰 산이 없어 정상에 오르면 부산 일대의 전망이 파노라마같이 펼쳐진다. 좌측으로 광안리 해변, 멀리 이기대는 물론 우측으로 영도까지 한눈에 다 들어온다. 아침 일출과 저녁 야경 명소로도 유명하다. 정상에는 조선시대의 봉수대가 남아 있다. 당시 부산 앞바다에 왜구가 쳐들어 왔을 때 이곳에서 첫 봉화가 올랐을 것이다. 이제는 통신탑이 그 역할을 대신하고 있고 관광객들에게는 부산 최고의 출사 포인트로 사랑받고 있다.

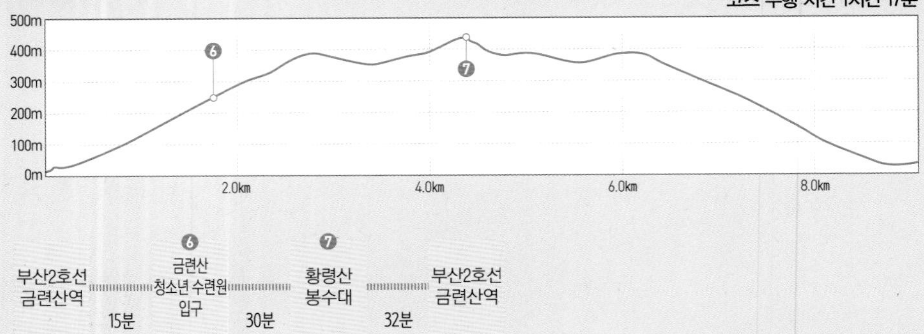

코스 정보

금련산역(부산지하철 2호선)을 출발지로 삼는다. 부산고속버스터미널에서 출발했다면 수영강을 따라 내려오다가 광안교를 넘어 해운대로 들어가지 말고 민락공원 쪽으로 직진해 광안리 해변으로 진입한다. 광안리 해변 끝자락에서 우회전해 '황령산로'를 찾아 진입한다. 지도 앱으로 길을 찾을 때는 금련산역을 검색하고 6번 출구 인근에서 금련산 청소년수련원 안내표지를 따라가면 된다. 황령산로(황령산순환도로)로 진입함과 동시에 오르막길이 시작된다. 약 1.5㎞를 올라가면 우측으로 금련산 청소년수련원 입구가 나온다. 안쪽에 주차장이 있는데, 만약 자가용으로 이동했다면 이곳에 주차하고 라이딩을 시작하는 것도 좋다. 금련산 정상 부근으로 올라간 다음 능선을 타고 마주 보고 있는 황령산 봉수대로 올라간다. 왔던 길로 되돌아 내려오지 않고 계속 길을 따라가면 산 건너편 부산시 연제구 연산동 쪽으로 내려가게 된다.

난이도

금련산은 해발 413m이고 황령산은 해발 427m다. 서울 남산이 해발 270m니, 그 높이를 대충 짐작할 수 있다. 바닷가 주변이라 해발 0m에서 올라가기 때문에 상승고도는 온전히 400m 이상을 올라가야 한다. 평지(금련산역)에서 금련산 정상까지는 약 3㎞ 남짓 된다. 이후 황령산까지 1㎞는 능선을 따라가기 때문에 경사가 그리 가파르지 않다. 문제는 금련산 정상까지의 3㎞ 구간이다. 해발고도나 코스 길이만 보면 별로 어렵게 느껴지지 않지만 경사도가 남다르다. 중간중간 순간 경사도가 10%는 우습게 넘어가 버린다. 지도를 보면 도로가 산 능선을 따라 한 번에 올라간다. 남산이나 북악의 업힐을 생각하고 덤볐다가는 큰 코 다치는 코스다. 초보자는 촉수 엄금! 업힐을 어느 정도 탄다는 중급자도 단단히 각오해야 한다. 대신 정상의 전망은 그 모든 고생을 보상해 주고도 남는다.

주의구간

자전거 전용도로는 없다. 주간 · 야간 할 것 없이 관광객들의 차량이 빈번하게 출입한다. 주변 차량 통행에 주의를 기울여야 한다. 도로 양 옆으로 보행자가 통행할 수 있는 노견이 있지만 중간중간 주차한 차량으로 이용이 어려울 수 있다.

생명의 정원으로 떠나는 자전거여행

순천 순환코스
(동천 자전거길·순천만국가정원·순천만자연생태공원)

시내에서 출발해
동천 자전거길과 무진길을 지나
순천만생태공원과 연결된다.
코스가 시장과 가깝다는 점도
아주 마음에 든다.

코스 상태 전 구간 포장 | 일부 자전거 전용도로 | 안내표지 있음(동천 자전거길)

20점

난이도
코스 주행 거리 24km (하) 상승고도 27m (하)
최대 경사도 5% 이하 (하) 칼로리 696kcal

접근성
버스 317km
반포대교
(서울 강남고속버스터미널)
순천종합버스터미널

9시간 53분
1박 2일 추천

소요 시간

왕편	코스 주행	복편
3시간 50분	2시간 13분	3시간 50분

1 자전거문화센터로 가는 순천만국가정원 사잇길. **2** 순천만 모노레일과 나란히 가는 동천 자전거길. **3** 동천 자전거길. **4** 자전거문화센터. **5** 이사천교량교.

생명의 정원, 순천만으로 떠나는 자전거여행 코스다. 대한민국 생태수도란 말이 알려주듯이 순천만은 거대한 갯벌과 갈대밭 속에 다양한 생명을 품고 있다. 고요해 보이는 갈대숲을 조금만 자세히 들여다보면 짱뚱어와 뻘게 같은 갯벌의 주인들이 부지런히 살아 숨쉬고 있는 것을 볼 수 있다. 이곳을 여행하는 데 가장 어울리는 이동수단은 튼튼한 두 다리와 자전거다.

순천의 자전거길은 아주 쉽다. 도심을 가로지르는 동천을 따라 순천만까지 자전거도로로 안전하게 연결되어 있다. 오르막 한 곳 나오지 않는다. 이런 이유로 순천으로 자전거여행을 떠난다면 몸도 마음도 가볍게 움직이면 되겠다. 심지어 자전거를 놓고 가도 무방하다. 피팅(fitting) 때문에 죽어도 내 자전거만 고집하는 사람이라도 말이다. 저렴한 가격으로 공영자전거를 대여할 수 있다. 가장 맘에 드는 것은 20여 곳의 무인 대여소 간에 서로 교차 반납이 가능하다는 점이다. 출발지로 다시 되돌아올 필요 없이 편도로 이동하고 자전거를 반납하면 된다. 순천역에서 자전거를 대여해 순천만에서 자전거를 반납하는 식으로 라이딩을 즐길 수 있다.

순천에 왔다면 순천만생태공원과 순천만국가정원은 반드시 둘러봐야 할 관광지다. 아쉽게도 두 곳 모두 자전거 출입이 금지되어 있다. 자전거를 대여했다면 반납하고 도보로 이동해야 하고, 개인 자전거를 가져갔다면 자전거 보관대에 자전거를 묶어놓고 움직여야 한다. 이런 까닭에 순천에서는 장거리 라이딩에 필요한 클릿슈즈가 어울리지 않는다. 편한 신발과 평 페달이 어울린다. 물론 자물쇠는 별도로 챙겨야 한다. 동천 자전거길은 봄이면 벚꽃길이 된다. 이사천 합수부를 지나면 본격적인 갈대밭으로 들어서게 되는데, 가을이면 누렇게 익은 갈대가 바람에 출렁인다. 경관이 좋을 뿐만 아니라 역과 터미널, 그리고 주요 관광지와 시장이 모두 동천 주위에 있어 자전거로 이동하기 좋다. 순천만국가정원을 라이딩 하지 못하는 것이 아쉽다면 중간에 동천에서 빠져 나와 자전거문화센터를 들러 보자. 가는 길이 국가정원을 가로지르고 있다. 마치 정원 속을 라이딩 하는 것 같아 소소한 위로를 받을 수 있다.

보급 및 음식

순천의 별미 짱뚱어탕

순천만 일대에서 잡히는 짱뚱어로 만드는 짱뚱어탕은 이곳에서만 맛볼 수 있는 독특한 음식이다. 강변장어구이집은 장어(25,000원)와 짱뚱어탕(4인 전골 40,000원)을 전문으로 내놓는 집이다. 일품식당은 꼬막정식을 내놓는다(게장꼬막정식 17,000원).

순천시내에는 중앙시장을 중심으로 아랫장(남부시장)과 웃장(북부시장)이 자리 잡고 있다. 웃장에는 국밥 골목이 형성되어 있는데 제일식당에서는 돼지국밥(7,000원)을 시키면 순대와 수육을 서비스로 준다. 중앙시장 초입에는 순천의 대표적인 빵집인 화월당이 자리 잡고 있다. 볼카스테라(1,500원)와 찹쌀떡(1,000원), 두 종류만 판매한다. 미리 전화로 예약해야 한다. 순천역 인근에는 7,000원짜리 백반을 시키면 15첩 반상을 받을 수 있는 식당들이 인기. 흥덕식당과 알선식당이 소위 내일러들의 성지로 알려져 있다.

강변장어구이집 061-742-4233, 전라남도 순천시 대대동 594
일품식당 061-742-5799, 전라남도 순천시 순천만길 668
제일식당 061-753-4655, 전라남도 순천시 북문1길 7
화월당 061-752-2016, 전라남도 순천시 중앙로 90-1
흥덕식당 061-744-9208, 전라남도 순천시 역전광장3길 21
알선식당 061-744-7103, 전라남도 순천시 역전광장3길 22

숙박 및 즐길거리

순천만자연생태공원과 순천만국가정원 두 곳을 모두 둘러보는 통합권을 8,000원에 판매한다. 이틀 동안 사용할 수 있는 1박 2일권은 12,000원에 판매한다. 순천만국가정원과 순천만자연생태공원을 연결하는 무인 궤도차량 스카이큐브가 운행되고 있다. 요금은 편도 6,000원, 왕복 8,000원이다. 순천만국가정원 남문에서 출발한다.

순천만생태공원

코스 정보

지가용으로 이동했을 경우 라이딩은 장대공원에서 시작한다. 장대공원 자전거대여소(11번)도 인접해 있다. 인근의 순천역(8번), 버스터미널(7번)에도 무인 자전거대여소가 있어 자전거를 대여할 수 있다. 장대공원에서 동천 자전거길로 진입한다. 자전거길을 따라 남쪽으로 내려오다 보면 순천만국가정원 사잇길로 진입한다. 동천교와 꿈의 다리 사이에 동천교를 건널 수 있는 인도교가 있다. 이 다리를 넘어간다. 자전거도로를 빠져나오면 국가정원 남문에 도착한다. 남문을 지나 약 300m 직진하면 우측으로 오산마을로 들어가는 사잇길이 나온다. 이 길로 들어서면 국가정원을 가로질러 자전거문화센터가 있는 서문까지 이동할 수 있다(순천만국가정원에는 남문과 서문에 무인 자전거대여소가 있다). 왔던 길을 되돌아 나와 동천 자전거길을 타고 다시 남쪽으로 내려간다. 이사천 교량교를 넘어 순천문학관을 지나면 순천만생태공원(순천만습지)에 도착하게 된다. 되돌아올 때는 식사를 위해 중앙시장을 목적지로 삼는다. 순천만국가정원에서 인도교를 건너지 말고 계속 북쪽으로 올라가면 이수교를 건너기 전에 옥천과 만나는 합수부와 만나게 된다. 좌회전해 옥천을 따라 올라가면 얼마 지나지 않아 남문교에서 자전거길에서 벗어나 시장으로 진입할 수 있다.

Tip

순천시에서는 온누리 공영 자전거를 운영하고 있다. 순천시내 27개 무인 자전거대여소에서 자전거를 대여한 다음 어느 무인 대여소에서나 교차 반납할 수 있어 아주 편리하다. 순천시 온누리 공영 자전거 홈페이지(http;//bilk.suncheon.go.kr)에서 자전거 무인대여점의 위치와 대여 가능 자전거 대수, 그리고 반납 가능한 보관대의 수를 실시간으로 확인할 수 있다. 관광객을 위한 1일 이용권을 이용할 수 있다. 1일 이용권은 1,000원이고 연속 3시간 이상 사용은 불가하다. 반납 후 재사용은 가능하다.

난이도

24km 길이의 코스로, 상승고도는 27m에 지나지 않는다. 업힐 한 번 나오지 않는다. 이 책에서 소개하는 전주 코스와 더불어 가장 난이도가 낮은 코스다. 초보자도 부담 없이 둘러볼 수 있는 구간이고 생활형 자전거부터 로드, MTB까지 제약이 없다.

주의구간

전 구간 자전거 전용도로를 이용한다. 당연히 차량으로 인한 스트레스도 없다. 단 동천의 좌측길(지도상)을 따라가야만 순천만생태공원까지 자전거길로 연결된다.

교통

IN/OUT 동일

대중교통 서울 센트럴시티터미널에서 순천종합버스터미널행 차편이 약 30분 간격으로 운행된다. 06:10에 첫차가 출발하며, 요금은 30,800원(우등, 편도)이다. 3시간 50분 소요된다. 동서울종합터미널에서도 순천행 차편이 있다. 첫차는 07:20에 출발하고, 31,500원(편도)이다. 4시간 20분 소요된다.

순천은 내일러들의 성지로 불릴 만큼 기차 여행객들이 즐겨 찾는 도시 중 한 곳이다. 용산역에서 순천역까지 KTX로 이동하면 2시간 30분 내외로 도착할 수 있다. 단 자전거 거치대는 설치되어 있지 않다. 대신 자전거 거치대가 설치되어 있는 남도해양관광열차(S-train)가 1일 1회 왕복 운행된다. 4시간 17분 소요되고, 30,500원(편도)이다. 운행 일정과 예매는 코레일 홈페이지에서 확인한다.

자가용 자가용으로 이동하는 경우, 순천만생태공원 인근 장대공원 주차장(전라남도 순천시 조곡동 200-20)에 주차하고 움직이는 것이 좋겠다. 주차료는 무료다.

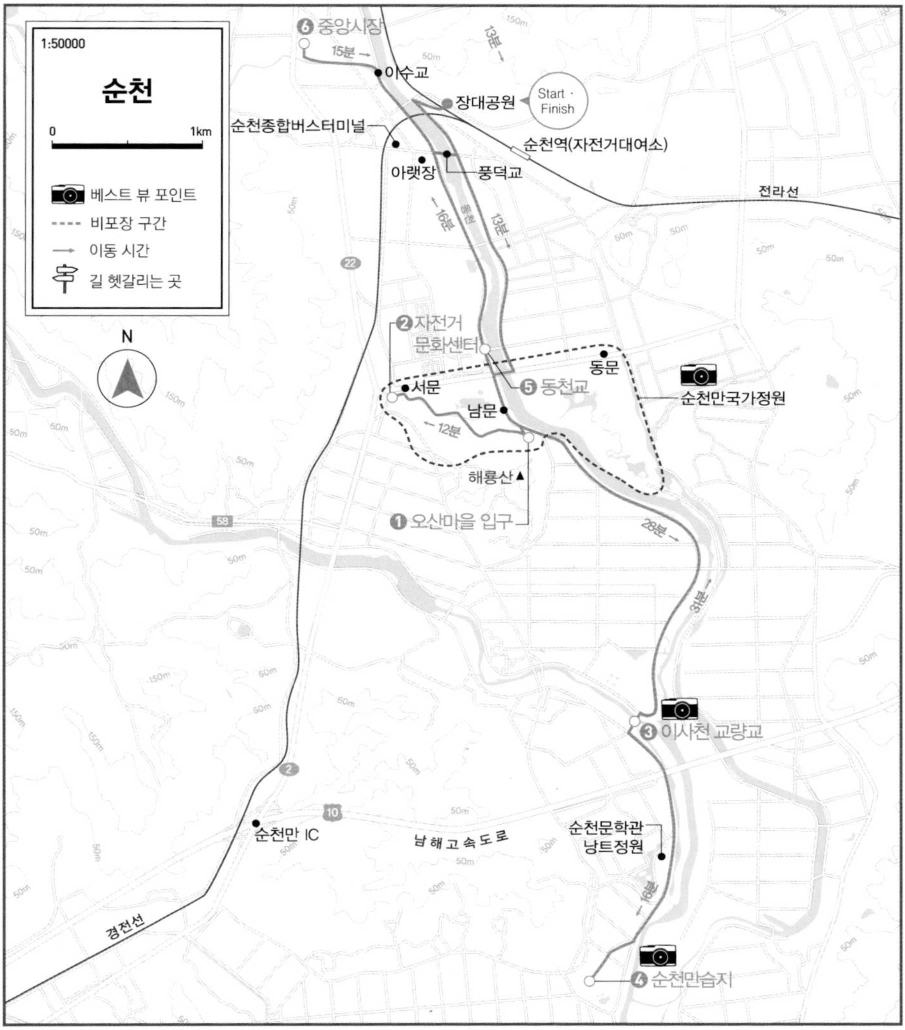

1:50000

순천

0 1km

베스트 뷰 포인트
비포장 구간
이동 시간
길 헷갈리는 곳

N

❻ 중앙시장
15분
이수교
13분
장대공원
Start · Finish
순천종합버스터미널
순천역(자전거대여소)
아랫장
풍덕교
전라선
16분
13분
❷ 자전거 문화센터
동문
❺ 동천교
순천만국가정원
서문
남문
12분
해룡산▲
❶ 오산마을 입구
28분
31분
❸ 이사천 교량교
순천만 IC
남해고속도로
순천문학관 낭트정원
16분
경전선
❹ 순천만습지

고도표

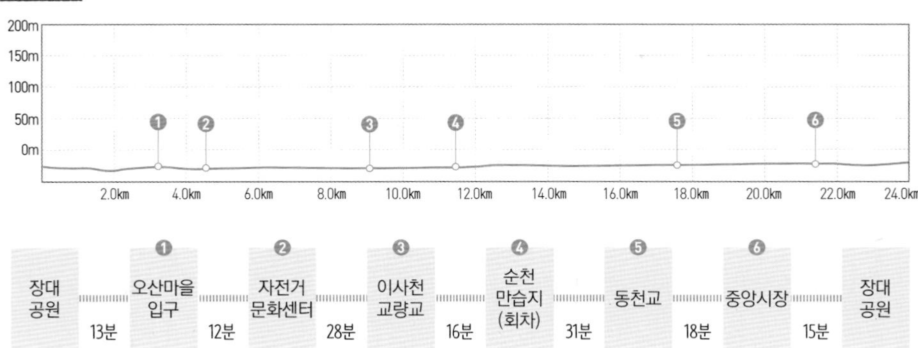

자전거 타고 떠나는 근대 여행

군산 순환코스 (군산 구도심·군산내항·은파유원지)

근대 항구거리 투어에 먹방을 더하고,
은파유원지 호수 라이딩까지 보탠다면
군산은 근사한 자전거여행지로 변한다.
벚꽃 피는 봄이라면 더 좋겠다.

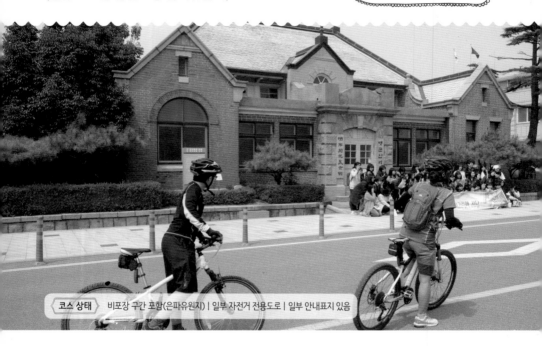

코스 상태 비포장 구간 포함(은파유원지) | 일부 자전거 전용도로 | 일부 안내표지 있음

30 점

난이도

코스 주행 거리 23km (하) 상승고도 125m (하)
최대 경사도 5% 이하 (하) 칼로리 646kcal

접근성

버스 199km

반포대교 (서울 강남고속버스터미널) → 군산고속버스터미널

소요 시간

왕편	코스 주행	복편
2시간 30분	4시간 56분	2시간 30분

1 근대문화벨트의 중심, 백년광장. **2** 초원사진관. **3** 일본식 사찰 동국사. **4** 은파유원지로 향하는 자전거. **5** 은파유원지의 벚꽃길.

군산과 경주는 서로 닮은 듯 다른 도시다. 자전거 여행자가 바라본 느낌은 그렇다. 경주가 신라 천 년의 역사를 간직한 곳이라면 군산은 1900년대 초반 일제시대의 흔적이 강하게 남아 있다. 대표적인 수탈 항구였기에 도시 곳곳에 왜색 짙은 건축물들이 있다. 군산세관, 조선은행, 히로쓰 가옥과 동국사 등이 구도심에 자리 잡고 있다. 도심 속을 달리면 마치 타임머신을 타고 과거로 되돌아간 느낌마저 든다. 과거 아픈 역사의 흔적들이지만 그 독특한 분위기 탓에 이 도시를 찾는 여행객들은 점점 늘어나고 있다. 군산시에서는 아예 근대역사박물관을 세우고 1930년대 모습을 재현해놓아 관광객들의 향수를 자극하고 있다.

사실 도심만 돌아본다면 이동 거리는 10㎞ 정도면 충분하다. 자전거가 있으면 편리하겠지만 도보로도 충분한 거리다. 라이딩 코스가 한 곳 정도 더해져야 진정한 자전거 여행지가 아니겠는가? 이런 아쉬운 마음을 은파유원지가 채워 준다. 경주에 보문호수가 있다면 군산에는 은파호수공원이 있다. 외지 관광객들은 구도심 지역만 돌아보고 되돌아가지만 은파유원지는 군산시민들에게 사랑받는 곳이다. 정확히 호수의 경계를 따라 10km 길이의 순환 산책로가 조성돼 있다. 널찍한 탐방로를 산책 나온 시민과 자전거가 공유한다. 호수와 맞붙어 잘 다져진 흙길을 사각사각 소리를 내며 달리는 라이딩의 재미가 제법 쏠쏠하다. 서울 같으면 자전거 출입이 금지될 것 같은 분위기의 길이기에 더욱 반갑다. 보행자와 라이더가 서로 배려하며 계속 길을 공유했으면 하는 바람이다. 수변에는 온통 벚나무가 심어져 있다. 이곳도 봄이 되면 벚꽃길로 바뀐다. 날짜를 잘 맞춘다면 도심 속의 벚꽃 라이딩을 즐길 수 있다.

금강을 경계로 충청남도를 마주 보고 있는 군산은 이웃 전주 못지않게 다양한 먹거리로 사랑받는 곳이다. 이성당의 야채빵과 중동호떡은 전국적으로 알려진 먹거리가 되었다. 해물이 듬뿍 담긴 짬뽕도 이 지역을 대표하는 음식으로 발돋움했다. 주머니 사정이 가벼운 자전거 여행객들에게 라이딩 후 출출해진 허기를 달랠 만한 음식들이 많아 선택의 기로에 서게 된다.

코스 정보

고속버스를 타고 도착했다면 출발지는 군산고속버스터미널이다. 군산 관광의 중심지인 군산근대역사박물관까지는 1.5㎞ 거리다. 대부분의 볼거리가 박물관 인근에 모여 있다. 터미널을 등지고 우측 방향으로 해망로를 따라 올라가면 된다. 인도가 아스팔트 포장된 자전거 · 보행자 겸용 도로다. 자가용으로 이동하거나 공영 자전거를 이용한다면 박물관 인근 공영주차장에서 라이딩을 시작하면 된다. 스탬프 투어의 관광지들은 한 곳에 모여 있어 도보로 이동하기에도 충분한 거리다. 스탬프 투어를 마쳤으면 구도심으로 이동한다. 이성당, 초원사진관, 신흥동 히로쓰 가옥, 동국사 순서로 돌아보면 된다. 동국사까지 돌아봤으면 출발지로 되돌아가도 되고, 라이딩을 계속 하려면 대학로를 따라 은파호수유원지로 향한다. 일반적으로 호수길은 시계 방향으로 도는 것이 좋지만 이곳에서는 시계 반대 방향으로 도는 것이 좋다. 호수순환길 일부 구간이 일방통행이기 때문이다. 은파호수길 순환코스는 비포장 구간을 포함하고 있다. 노면 상태는 단단하게 다져져서 생활형 자전거로 주행하기에 부담이 없다.

Tip

공용 자전거 대여: 군산에는 3곳(백년광장, 철새전망대, 은파공원)에서 공영자전거 대여소가 운영되고 있다. 홈페이지(http://gunsan.anybike.co.kr)에서 자전거 대여소의 위치와 대여 가능 자전거 수량을 실시간으로 확인할 수 있다. 그중 백년광장 대여소가 군산근대역사박물관 인근에 있다. 3시간에 1,000원이고, 초과 시 1시간당 500원이 추가 부과된다. 무인 대여소이고 휴대전화 인증 후 사용할 수 있다.

난이도

23㎞ 길이의 코스로 상승고도는 125m다. 근대역사박물관과 구도심 지역은 언덕 없는 평지 구간이다. 구도심을 벗어나 은파호수공원으로 향하면 중간에 작은 언덕 한 곳을 넘어야 한다. 은파호수길을 제외한다면 수록된 자전거 코스 중 가장 짧고 난이도가 낮은 코스다. 공용 자전거를 이용해서도 부담 없이 둘러볼 수 있는 구간이다. 자전거도 생활형부터 로드, MTB까지 제약이 없다.

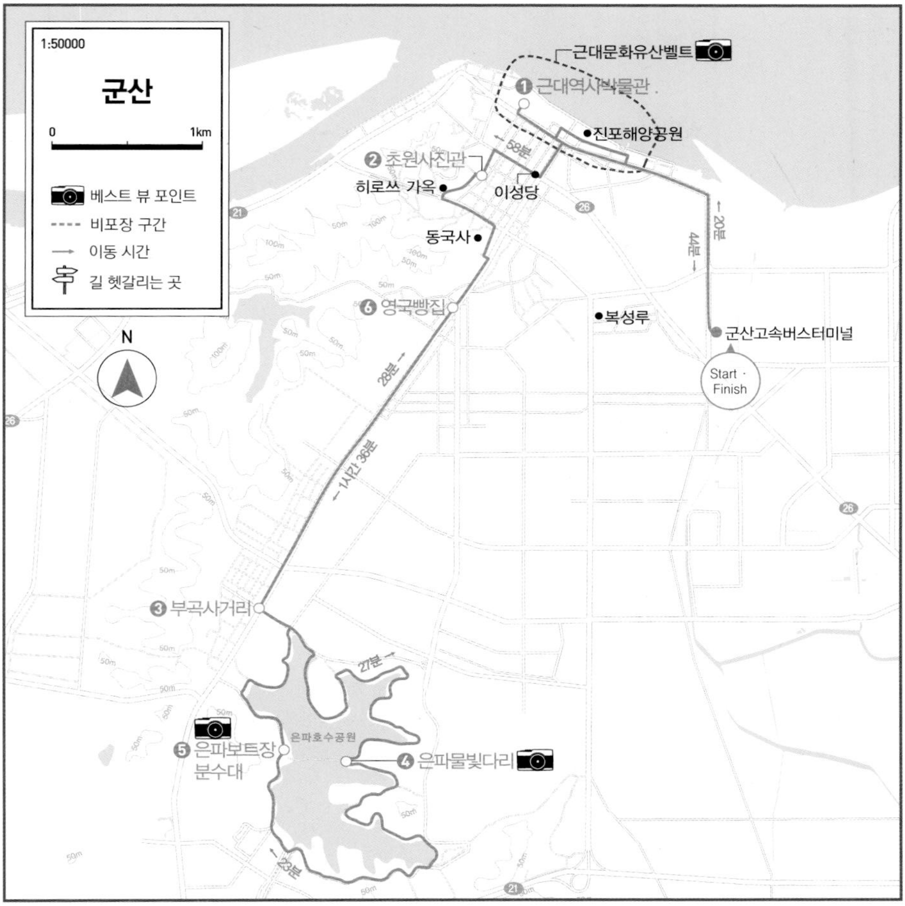

1:50000

군산

0 1km

베스트 뷰 포인트
비포장 구간
이동 시간
길 헷갈리는 곳

N

근대문화유산벨트
❶ 근대역사박물관
진포해양공원
58분
❷ 초원사진관
히로쓰 가옥
이성당
동국사
❻ 영국빵집
복성루
20분
44분
군산고속버스터미널
Start · Finish
28분
1시간 36분
❸ 부곡사거리
27분
은파호수공원
❺ 은파보트장 분수대
❹ 은파물빛다리
23분

고도표

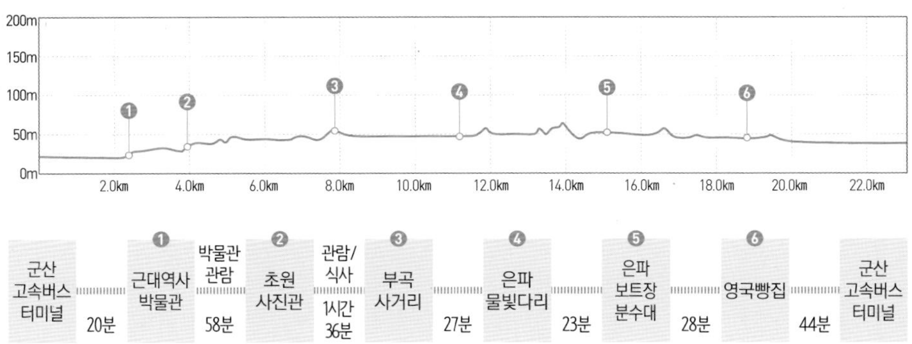

주의구간

은파호수공원까지 돌아본다면 일반 공도 구간을 주행해야 한다. 동국사에서 은파호수공원 입구까지는 편도 3㎞ 거리다. 차도나 보행자 겸용 자전거도로(인도)를 이용해 이동해야 한다. 항시 우측 방향에서 자동차나 행인이 나오는지 멈춰서서 확인하며 천천히 주행해야 한다.

교통

IN/OUT 동일

대중교통 서울 센트럴시티터미널에서 군산종합버스터미널행 버스가 약 20분 간격으로 운행된다. 06:00에 첫차가 출발하며, 요금은 20,100원(우등, 편도)이다. 2시간 30분 소요된다. 동서울종합터미널에서도 군산행 차편이 있다. 첫차는 07:30에 출발하고 요금은 20,900원(편도)이다. 3시간 30분 소요된다. 군산 역시 내일러들의 성지로 불릴 만큼 기차여행객들이 즐겨 찾는 도시 중 한 곳이다. 무궁화호, 새마을호 열차가 용산에서 군산까지 운행되고 있으며, 3시간 20분 내외로 도착할 수 있다. 단 자전거 거치대는 설치되어 있지 않다.

자가용 군산근대역사박물관 옆 공영주차장(전라북도 군산시 해망로 240)이 있으며 무료로 운영되고 있다.

보급 및 음식

군산은 다양한 먹거리로 관광객들을 유혹하는 도시다. 구도심 지역의 복성루는 짬뽕(9,000원) 한 메뉴로 전국적인 유명세를 타는 음식점이다. 짬뽕 맛집에서 항상 빠지지 않는 곳이다. 그릇이 넘칠 정도로 담겨 나오는 해산물이 인상적이다. 일요일은 휴무이고, 16:00까지 영업한다. 항상 대기 줄이 길게 생긴다. 한일옥은 맑은 뭇국(9,000원)을 잘하는 식당이다. 깔끔한 밑반찬과 시원한 국이 잘 어울린다. 초원사진관 맞은편에 있다. 이성당 역시 전국적으로 알려진 빵집이다. 단팥빵(1,500원)과 야채빵(1,800원)이 가장 인기 있다. 워낙에 아침부터 줄을 서야 하는 곳이지만, 최근에 줄이 더 길어졌다. 07:30에 영업을 시작하고, 첫째, 셋째 일요일은 휴무다. 동국사에서 은파호수로 넘어가는 중간에 있는 영국빵집도 군산의 유명 빵집이다. 이성당에서의 줄 서기에 지쳤다면 추천한다. 단팥빵, 야채빵이 이 집 메인이지만 필자 입맛에는 부추빵도 맛있었다.

복성루의 짬뽕

영국빵집의 단팥빵

복성루 063-445-8412, 전라북도 군산시 월명로 382
한일옥 063-446-5491, 전라북도 군산시 구영3길 63
이성당 063-445-2772, 전라북도 군산시 중앙로 177
영국빵집 063-466-3477, 전라북도 군산시 대학로 144-1

즐길거리

대표적인 군산의 볼거리는 근대 항구거리에 모여 있다. 스탬프 투어도 운영하고 있는데, 근대역사박물관에서 시작해 근대미술관, 진포해양공원 등 8곳을 모두 돌아보며 스탬프를 찍으면 마지막 방문지인 진포해양공원에서 기념품을 받을 수 있다. 이 중 역사관과 미술관, 해양공원은 입장료를 내야 한다. 통합권(성인 3,000원)을 끊으면 3곳을 모두 입장할 수 있다. 관람 시간은 09:00~18:00이며, 매주 월요일은 휴관한다. 관람을 위해 자전거 자물쇠를 휴대하는 것이 좋다.

NOTE 떠나고 싶은 나만의 여행 코스를 적어보세요.

대한민국
자전거길 가이드

초판 1쇄 2016년 6월 1일
개정판 1쇄 2020년 9월 15일
개정판 2쇄 2022년 1월 18일

글 · 사진 | 이준휘

발행인 | 박장희
부문 대표 | 이상렬
제작 총괄 | 이정아
편집장 | 손혜린
책임편집 | 문주미

표지 디자인 | ALL designgroup
본문 디자인 | 변바희, 김영주
마케팅 | 김주희, 김다은

발행처 | 중앙일보에스(주)
주소 | (04513) 서울시 중구 서소문로 100(서소문동)
등록 | 2008년 1월 25일 제2014-000178호
문의 | jbooks@joongang.co.kr
홈페이지 | jbooks.joins.com
네이버 포스트 | post.naver.com/joongangbooks
인스타그램 | @j__books

ISBN 978-89-278-1151-0 14980
ISBN 978-89-278-1136-7 (세트)

TREK
BONTRAGER
P
ALL NEW DOMANE
SMOOTHER IS FASTER
부드러울수록 강하다.
완전히 새로워진 프론트 ISOSPEED, 조절식 리어 ISOSPEED, ISOCORE 핸들바 로 탄생한,
거친 남자의 자전거, 도마니!
trekbikes.com/domane